U0235049

"十四五"国家重点出版物
出版规划项目

国家出版基金项目
NATIONAL PUBLICATION FOUNDATION

工业
污染源
控制与管理
丛书

Management of Industrial Pollutants
in China

中国工业污染源监管机制

李艳萍　乔琦　刘静　等编著

化学工业出版社
·北京·

内容简介

本书是《工业污染源控制与管理丛书》的一个分册，全书以工业源的环境监管机制为主线，从历史分析的角度，梳理了我国工业发展历程和未来；从理论分析的角度，剖析了工业源环境监管的主体定位、模式演变和理论依据；从系统分析的角度，阐述了涵盖环境统计制度、排污许可制度、环境经济制度、清洁生产制度、环境信息披露制度等的多项工业源环境监管制度的起源发展、演变历程、体系设计、核心制度、典型案例等内容。

本书提出了工业污染源监管从单纯行政监管向行政+市场双重监管模式的转变，从污染单要素监管向污碳协同监管的转变，从末端治理向全生命周期的监管范围的转变，旨在为工业绿色低碳发展监管机制提供参考，可供从事工业污染源控制与管理等的科研人员和管理人员参考，也可供高等学校环境科学与工程、生态工程及相关专业师生参阅。

图书在版编目（CIP）数据

中国工业污染源监管机制 / 李艳萍等编著. -- 北京 ：化学工业出版社，2024. 10. --（工业污染源控制与管理丛书）. -- ISBN 978-7-122-46084-4

Ⅰ．X501

中国国家版本馆CIP数据核字第2024CG5313号

责任编辑：刘　婧　刘兴春　左晨燕　　文字编辑：王云霞　王文莉
责任校对：宋　夏　　　　　　　　　　　装帧设计：王晓宇

出版发行：化学工业出版社
　　　　　（北京市东城区青年湖南街13号　邮政编码100011）
印　　装：北京建宏印刷有限公司
787mm×1092mm　1/16　印张18³/₄　彩插2　字数389千字
2025年1月北京第1版第1次印刷

购书咨询：010-64518888　　　　　售后服务：010-64518899
网　　址：http://www.cip.com.cn
凡购买本书，如有缺损质量问题，本社销售中心负责调换。

定　　价：148.00元　　　　　　　　　版权所有　违者必究

工业是大国根基，稳住工业是稳住经济大盘的关键之举，其健康有序发展对中国式现代化建设具有重大历史意义。制造业是实体经济的主体，振兴实体经济必须做大做强制造业，推进新型工业化，减污降碳协同增效，发展新质生产力，协同实现打赢污染防治攻坚战、美丽中国建设和"双碳"目标。

目前，工业污染源环境监管存在的问题主要包括：处于部门分块监管状态；单纯依靠行政手段"自上而下"的监管机制；呈现出"重监督而轻激励、重末端而轻过程、重污碳而轻协同"的状态；监管中相关能力建设不足；等等。我国目前的环境监管手段更多的是依赖行政命令的控制型模式，该监管模式色彩强烈，部分法律法规和标准对涉及主体的权利义务的界定模糊。随着"双碳"目标的提出和污染防治攻坚战形势的日益严峻，工业污染源环境监管模式迫切需要在运用行政、法律、经济等综合治理手段方面进行探索和创新，特别是针对监管过程中政府、企业和公众的权利义务的界定，如何最大限度地调动各个主体的能动性，实现监管的成本最小化、效益最大化目标，是新时期工业污染源监管的根本路径。

本书以工业污染源的监管为主线，系统梳理了我国工业体系历史跨越、监管思路变迁、相关理论基础，从历史和发展的视角阐述了我国生态环境统计制度、排污许可制度、环境经济制度、清洁生产制度、环境信息披露制度等多种工业污染源监管制度的起源发展、制度体系、新时期发展趋势与挑战，提出了基于全生命周期的多元共治、激励相容制度协同创新机制和管理体系，旨在为我国工业绿色低碳发展监管提供理论参考依据和案例借鉴。

本书共8章，主要由李艳萍、乔琦、刘静、张昕、赵一澍、赖明敏等编著，具体分工如下：第1章由李艳萍、乔琦、刘静、白璐、况悦编著；第2章由李艳萍、赖明敏、赵一澍、银洲、刘静、张玥编著；第3章由乔琦、刘静、白璐、张玥编著；第4章由张昕、李艳萍、刘静、乔琦、赵亚洲编著；第5章由刘静、李艳萍、乔琦、银洲、况悦、赵亚洲编著；第6章由李艳萍、张昕、赵亚洲、张青玲、刘静编著；第7章由赵一澍、赖明敏、李艳萍、刘静、况悦、张玥编著；第8章由刘静、赵亚洲、银洲、乔琦编著。全书最后由李艳萍统稿并定稿。在此一并感谢在本书编著过程中予以指导、帮助和支持的生态环境部、国家发展改革委等部委，以及中国环境监测总站、生态环境部环境规划院、生态环境部环境工程评估中心等单位。

本书力求向读者呈现权威、科学、客观的相关规范政策解读及案例的理念和原则，但限于编著者水平及编著时间，书中难免出现不足和疏漏之处，敬请读者提出修改建议。

编著者

2024年2月

目录
CONTENTS

第5章 环境经济制度 ··· 119

第6章 工业源清洁生产制度 ······························· 152

我国工业源环境 监管历程

1.1 工业发展历程

伴随着共和国前进的脚步，沐浴着改革开放的春风，中国工业走过了不平凡的75年。75年来，中国在几乎一穷二白的基础上，建立起独立的、比较完整的、有相当规模和较高技术水平的现代工业体系，实现了由工业化起步阶段到工业化初级阶段，再到工业化中级阶段的历史大跨越，从一个物资极度匮乏、产业百废待兴的国家发展成为世界经济发展引擎、全球制造业基地。中国工业为我国经济的繁荣、人民生活的富裕安康，以及世界经济的发展做出了卓越贡献。

1.1.1 中国工业发展的几个阶段

按照历史的顺序及特点，中国工业大体分为5个发展阶段。

（1）工业发展恢复期（1949～1957年）

这一阶段是中国历史上经济发展比较快的时期。一方面，中国仅用3年的时间就奇迹般地在战争废墟上恢复了国民经济，工业生产迅速增长。1949～1952年，工业总产值由140亿元增加到343亿元，同比增长1.45倍，年均增长34.8%。同时，在整个"一五"期间，我国工业生产取得了巨大成就。其中最突出的标志，是中国接受了苏联和东欧国家的资金、技术与设备援助，建设了以"156项重点工程"为核心的近千个工业项目。在这些骨干项目的带动下，工业快速建立起来。"一五"期间，我国工业增加值年均增长19.8%，农业增加值年均增长3.8%。工业生产增长明显快于农业。在工农业总产值中，工业的比重由1952年的43.1%提高到1957年的56.7%，上升13.6个百分点。这些项目的建成投产，推动成立了一系列新的工业部门，在中国大地上史无前例地形成了独立自主的工业体系雏形，奠定了社会主义工业化的初步基础。

（2）工业发展调整期（1958～1965年）

由于中华人民共和国成立以后国民经济恢复和第一个五年计划顺利完成，1958～1960年3年工业增加值增长1.1倍，随后大幅度下降，1961年比1960年下降39%，1962年又比1961年下降13.3%。1958～1962年5年间平均每年仅增长2.7%。1961年我国被迫实行"调整、巩固、充实、提高"的八字方针，对国民经济发展进行3年的综合治理，我国国民经济发展得到了较好的恢复。工业增长速度明显加快，1963～1965年间工业增加值年均增长21.4%，比"二五"期间高18.7个百分点。

（3）工业发展波动期（1966～1977年）

1967年全国工业增加值比上年下降15.1%，1968年又比1967年下降8.2%，1969年、1970年增速在30%以上，1976年又下降3.1%。1976年中国历史出现了转机。从1976年10月至召开党的十一届三中全会前的2年间，国民经济还未完全走向正轨。中华人民共和国成立的最初28年，中国在几乎一片废墟上成功地构造了相对独立、比较完整的工业体系。工业化进程由起步阶段进入了工业化初级阶段，为后30年的大发展打下了一定的基础。

（4）工业经济腾飞期（1978～2008年）

1978年12月，中国共产党十一届三中全会召开，开启了改革开放的新时期，工业经济从此插上了腾飞的翅膀，工业经济获得空前发展。2008年全部工业增加值达129112亿元，比1978年增长25.4倍（按可比价计算），年均增长11.5%；2007年规模以上工业企业（年主营业务收入在500万元以上的工业企业，下同）实现利润27155亿元，固定资产原值198739亿元，分别是1978年的45倍和57倍。制造业大国地位初步确立，2007年中国在全球制造业排行榜上与日本并列第二。工业生产能力大幅提高，我国在能源、冶金、化工、建材、机械设备、电子通信设备制造和交通运输设备制造及各种消费品等工业主要领域已形成了庞大的生产能力。一个具有一定技术水平的、门类比较齐全的、独立的工业体系已经建立起来。工业主导地位显著增强，实现了工业化初级阶段到工业化中级阶段的历史大跨越。

（5）工业绿色低碳转型期（2009年至今）

2008年国际金融危机以后，第四次全球产业转移开始启动，一部分高端制造业在欧美发达国家"再工业化"战略的引导下回流，对我国产业优化升级形成了较大的竞争压力。2022年，全国高技术制造业、装备制造业增加值占规模以上工业增加值比重分别达到15.5%和31.8%，较2012年分别提高了6.1个百分点和3.6个百分点，2023年上半年规模以上高技术制造业增加值同比增长1.7%。通过实施能效提高、节能降耗、产品设备升级等措施，近10年来，中国能耗强度累计下降26.4%，以年均3%的能源消费增速支撑了6.2%的经济增长，相当于少用14亿吨标准煤，少排放二氧化碳近30亿吨。加速推动工业绿色发展转型，组织绿色制造标杆创建，截至2023年3月，累计培育国家层面绿色工厂3616家、绿色工业园区267家、绿色供应链企业403家，带动推广绿色产品近3万种。推进传统产业节能降碳改造，在钢铁、有色金属、建材、石化、化工、纺织等行业创建86家能效"领跑者"企业，行业内先进绿色数据中心电能利用效率（PUE）降至1.1左右，带动各地近7万家制造业企业实施智能制造，建设数字化车间和智能工厂9000余个，其中2500余个基本完成了数字化转型，209个探索了智能化升级。2012～2022年，规模以上工业单位增加值能耗累计下降幅度超过36%，大宗工业固体废物资源综合利用率提高近10个百分点。

1.1.2　中国工业发展的特征

经过70多年的艰苦努力，中国工业取得了令世人瞩目的辉煌成就，主要呈现以下几方面的发展特征。

（1）工业化进程快速推进

工业总量规模不断扩大。75年来，工业生产基本行驶在快车道上。工业增加值从1952年的119.8亿元增加到2023年39.91万亿元。2003年规模以上工业企业利润76858亿元。分经济类型看，国有控股企业利润22623亿元、股份制企业56773亿元、外商及中国港澳台商投资企业17975亿元、私营企业23438亿元。分门类看，采矿业利润12392亿元，制造业57644亿元，电力、热力、燃气及水生产和供应业6822亿元。规模以上工业企业每百元营业收入中的成本为84.76元，营业收入利润率为5.76%。2023年末规模以上工业企业资产负债率为57.1%，全年规模以上工业产能利用率为75.1%。

（2）工业体系日渐完善

中华人民共和国成立之初，工业部门所剩无几。经过70多年的建设，工业行业发生了根本性变化。钢铁、有色金属、电力、煤炭、石油加工、化工、机械、建材、轻纺、食品、医药等工业部门逐步发展壮大，一些新兴的工业部门如航空航天工业、汽车工业、电子工业等也从无到有，迅速发展起来。根据联合国产业分类，目前我国已拥有39个工业大类、191个中类、525个小类，联合国产业分类中所列的全部工业门类我国都有。一个行业比较齐全的工业体系已经形成。根据联合国工业发展组织资料，按照国际标准行业分类，如今在22个大类中，我国制造业占世界比重位列第一的有7个大类，15个大类位列前三。2023年，稳增长政策"组合拳"有力有效，全年规模以上工业增加值同比增长4.6%，制造业总体规模连续14年位居全球第一。

（3）工业生产规模迅速扩张

2023年工业经济呈现稳中向上、回升向好的态势。省份、行业增长面"双扩"，十大重点行业、十个工业大省增长"稳定器"作用凸显。"新三样"带动作用进一步增强，产品出口额首次破万亿元，造船市场份额连续14年位居世界第一。2022年新培育国家中小企业公共示范平台274家。专精特新发展再上台阶。建立优质中小企业梯度培育体系，累计培育专精特新"小巨人"企业8997家，带动各地培育省级专精特新中小企业7万多家。

（4）工业结构逐步完善

工业体系中轻重工业调整大体分为3个阶段。
① 中华人民共和国成立初期至1978年，重工业化特点非常明显。为改变重工业薄

弱局面，从"一五"开始我国就集中力量重点发展重工业。但1958年开始的"大跃进"，片面强调发展重工业，最终导致轻重工业比例关系严重失调。1960年，轻重工业总产值的比例为33.4∶66.6。经过3年调整，失衡的轻重工业比例关系重新趋于协调。20世纪70年代开始，轻重工业生产结构再次出现不协调状态。1978年轻重工业总产值比例为43.1∶56.9。轻重工业结构的失衡，使得国家不得不对消费品实行调拨分配，大多凭票证限量供应，市场处于全面紧张状态。

② 1978年到20世纪80年代末，为轻重工业均衡化调整时期。这一阶段主要对轻工业实行了"六个优先"的政策，以纺织工业为代表的轻工业获得了快速发展。1989年轻重工业总产值比例为48.9∶51.1，轻重工业基本协调增长。

③ 20世纪90年代初至今，工业增长明显转向以重工业为主导的格局，再次出现了重化工业势头。2008年轻重工业总产值比例为28.9∶71.1。但此次重化工业的增长机制与改革开放前的情况有着本质的不同。改革开放前是不计客观条件的盲目"跨越"，改革开放后是在房地产、汽车等消费结构升级的推动下发生的，是基本符合工业化进程演变规律的。这一时期的显著特点是电子信息产业高速增长，并持续成为带动我国工业发展的第一大产业。钢铁、机械、建材、化工等行业生产能力大幅度增长，也成为工业生产的重要支柱产业。从产业结构来看，2023年我国第一、第二、第三产业增加值占国内生产总值的比重分别为7.1%、38.3%、54.6%。

（5）工业水平提升迅速

我国的高新技术起步较晚，但发展迅猛。电子信息、生物工程、航空航天、医药制造、新能源和新材料等高技术工业从无到有，蓬勃发展，成为带动我国工业实现跨越式发展的重要因素。2008年高技术制造业增加值比上年增长14%，高技术工业增加值占全部规模以上工业增加值的9.6%，高技术制造业规模已位居世界第二。计算机、移动通信手持机、抗生素、疫苗等产品的产量位居世界第一。中国正成为世界高技术产品的重要生产基地，并开始向研发制造基地转型。2000～2007年，中国高技术产品出口额年均增长38%。2008～2014年中国高技术产品出口实现高速增长，2014～2016年为负增长阶段，2016～2020年为高速增长阶段，高技术产品出口额增长的变化不但与产品结构、产业发展阶段有着密切联系，而且受到国际环境的深刻影响。

（6）工业产品出口竞争力增强

目前，家电、皮革、家具、自行车、五金制品、电池、羽绒等行业已成为中国在全球具有比较优势、有一定国际竞争力的行业。轻工产品已出口到世界200多个国家和地区，在世界贸易量中占有极大的比重，为世界人民享受到物美价廉的日用消费品做出了巨大的贡献。从出口商品结构看，我国出口商品结构不断优化升级。1978年，初级产品出口所占比重略高于工业制成品。如今，初级产品所占比重已下降到个位数，工业制成品比重已上升到90%以上。在出口的工业制成品中，机电产品占出口总额的比重已超过

50%，高新技术产品占出口总额的比重已超过25%，机电、高新技术产品在我国出口贸易中的主导地位日益明显。2021年，中国信息与通信技术（ICT）产品出口额为8575亿美元，占全球ICT产品出口总额的30.97%，是美、德、日三国出口之和的2倍多。

1.2 工业源环境监管的背景和意义

1.2.1 工业污染源

工业生产资源能源消耗是污染排放的主要来源，其代谢模式主要有三种，在不同工业发展阶段起着不同作用。

（1）污染物直接排放的代谢模式

其为第一种模式（见图1-1），绝大部分工业废物不加处理就排入环境，以环境破坏为代价造就了工业内部的高度经济性。受制于资源环境容量，工业废物的排放受到法规限制，不得不对废物加以处理以达到排放标准。

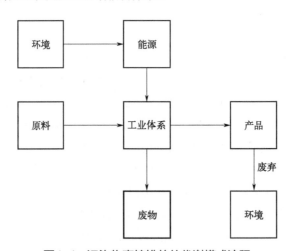

图1-1 污染物直接排放的代谢模式流程

（2）污染物环境末端治理的代谢模式

其为第二种模式（见图1-2），这一模式对于遏制工业污染的迅速蔓延发挥了历史性的作用，但由于其内在弊端，这种模式也是不可持续的，末端处理与生产过程相割裂，只是被动处理废物；末端治理虽然是一种有效的环境保护手段，但是其效果往往受到时空限制。由于环境污染问题往往是长期积累形成的，因此末端治理难以解决根本问题。为了实现更好的生态环境保护效果，需要结合其他环境保护措施，如源头控制、环境影响评价等，来实现环境保护的目标。

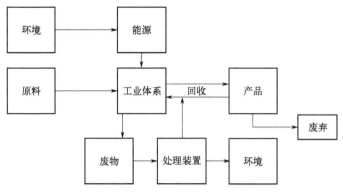

图1-2 污染物环境末端治理的代谢模式流程

（3）"资源—产品—废物—资源"的循环代谢模式

一种理想的工业生态系统包括四类主要行为者，分别为资源开采者、资源处理者（制造商）、消费者和废物处理再用者。由于集约再循环，各系统内不同行为者之间的物质流远远大于出入生态系统的物质流。理想的工业体系以技术替代资源、以服务替代产品、重复物质和能源的最优化交换等，使输入体系的能源和原料是有限的，体系内一个过程的废弃物是另一个过程的原料，物质以完全循环的方式闭路运行。在近几年的工业发展过程中，工业体系正艰难地和部分地转变，这是由一些资源（主要是一些可以更新的资源，如水、土地等）的稀少，以及各种各样的污染和立法的或经济的因素（例如贵金属的回收利用）造成的。现代工业体系与自然生态系统的根本差别在于后者以太阳能驱动而前者以不可再生的矿物能源驱动，后者物质闭环运行而前者资源利用以不可逆方式包含在产品之中，这是现代工业体系不可持续性的本质，因而也成为现代工业体系迈向理想工业生态系统的内在驱动力。工业生态学思想的主旨就是促使现代工业体系不断转换，包括4个方面：

① 将废物作为资源重新利用；

② 封闭物质循环系统和尽量减少消耗性材料的使用；

③ 工业产品与经济活动的非物质化（减物质化）；

④ 能源的脱碳（减碳）。

"资源—产品—废物—资源"的循环代谢模式流程如图1-3所示。

污染源，一般是指因生产、生活和其他活动向环境排放污染物或者对环境产生不良影响的场所、设施、装置以及其他污染发生源。

工业污染源是指工业生产中产生对生态环境有毒有害物质的生产场所、设备、装置等。工业污染源主要通过排放废气、废水、废渣和废热污染大气、水体和土壤，产生噪声、振动等危害周围环境。工业污染源主要涉及大气、水、土壤环境污染，还会产生工业固体废物及噪声、电磁辐射、放射性污染等。

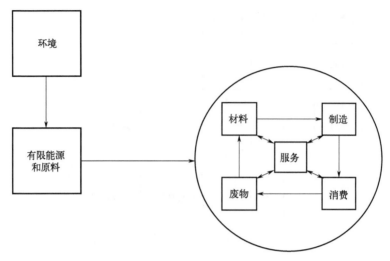

图1-3 "资源—产品—废物—资源"的循环代谢模式流程

从存在形式看，工业污染源主要是固定污染源。例如，固定工艺环节的排放。

从排放方式看，工业污染源主要有点源、面源、高架源等。例如，固定出口排放污水、雨水径流进入土壤、高空烟囱排放等。

从排放时间看，工业污染源主要有连续源、间断源和瞬间源，如连续生产排出污染物、取暖锅炉烟囱排气、工厂突发事故造成的排放等。

通常，工业污染源的污染影响主要体现在以下几个方面：

① 大气污染。主要由燃烧化石燃料、生产过程排放的有害气体和颗粒物等引起，例如二氧化硫、氮氧化物、挥发性有机物、颗粒物等。这些污染物会对人类健康和环境造成严重损害，如导致呼吸系统疾病、酸雨、温室效应等。

② 水体污染。主要来自工业废水排放、农业、养殖等活动引起的污染，其中含有大量的有毒有害物质、微生物和营养盐等，对水生生物和人类健康都有危害。

③ 土壤污染。主要来源于工业废弃物、农药、化肥等化学品的使用和排放，这些有害物质会影响土壤的生态系统，威胁人类和动植物的健康。

④ 噪声污染。主要是机器设备、交通运输等产生的噪声，对人体产生不良影响，如干扰听力、引起头痛和失眠等。

⑤ 固体废物污染。主要来源于生活垃圾、建筑垃圾、工业固体废物等，其中含有大量的有害物质和化学品，对环境和人类健康产生严重威胁。

1.2.2　工业污染源行业分类

自1978年改革开放以来，中国迅速启动了现代工业化进程，经过40多年的发展，中国已由落后的农业国成长为世界第一制造大国。在世界500多种主要工业产品中，中国有220多种产品产量位居世界第一。40多年来，中国国内生产总值（GDP）扩大了

269倍，成为世界第二大经济体，经济总量占世界份额达到16%以上。在国民经济三大产业所占比重中，第二产业一直占据国内生产总值的40%左右，第二产业特别是工业的增长成为中国经济快速增长的主要动力之一。根据《国民经济行业分类》（GB/T 4754—2017），与工业生产相关的行业包括3个门类，即B采矿业，C制造业，D电力、热力、燃气及水生产和供应业，41个行业大类（代码06～46），共计666个小类行业。这些行业都是工业污染物的潜在排放源，通过各种生产行为向环境排放废水、废气和固体废物（含危险废物）等污染物。

（1）采矿业（包括06～12大类）

指对固体（如煤和矿物）、液体（如原油）或气体（如天然气）等自然产生的矿物的采掘，包括地下或地上采掘、矿井的运行，以及一般在矿址或矿址附近从事的旨在加工原材料的所有辅助性工作，例如碾磨、选矿和处理，均属本类活动；还包括使原料得以销售所需的准备工作；不包括水的蓄集、净化和分配，以及地质勘查、建筑工程活动。

（2）制造业（包括13～43大类）

指经物理变化或化学变化后成为新的产品，不论是动力机械制造还是手工制作，也不论产品是批发销售还是零售，均视为制造。建筑物中的各种制成品、零部件的生产应视为制造，但在建筑预制品工地，把主要部件组装成桥梁、仓库设备、铁路与高架公路、升降机与电梯、管道设备、喷水设备、暖气设备、通风设备与空调设备，照明与安装电线等组装活动，以及建筑物的装置，均列为建筑活动。本门类包括机电产品的再制造，指将废旧汽车零部件、工程机械、机床等进行专业化修复的批量化生产过程，再制造的产品达到与原有新产品相同的质量和性能。

（3）电力、热力、燃气及水生产和供应业（包括44～46大类）

主要涉及电力、热力、燃气及自来水等产品的集中供应活动。

1.2.3 工业污染源排放规律

各种工业生产过程排放的废物含有不同的污染物，如煤燃烧排出的烟气中含有一氧化碳、二氧化硫、苯并［a］芘和粉尘等；化工生产废气中含有硫化氢、氮氧化物、氟化氢、甲醛、氨等；电镀工业废水中含有重金属（铬、镉、镍、铜等）离子、酸、碱、氰化物等；火力发电厂排出烟气和废热等。此外，由于化学工业的迅速发展，越来越多的人工合成物质进入环境；地下矿藏的大量开采，把原来埋在地下的物质带到地上，从而破坏了地球物质循环的平衡。重金属和各种难降解的有机物，在人类生活环境中循环、富集，对人体健康构成长期威胁。工业污染源对环境危害最大。

工业污染源是目前我国各类污染源中主要污染物的最主要排放源，也是管理和监管难度最大的一类排放源。《第二次全国污染源普查公报》数据如下。

（1）基本情况

2017年末，工业企业或产业活动单位247.74万个。

工业源普查对象数量居前5位的地区：广东省55.48万个，浙江省43.18万个，江苏省25.56万个，山东省16.62万个，河北省14.27万个。上述5个地区合计占工业源普查对象总数的62.61%。

工业源普查对象数量居前3位的行业：金属制品业31.19万个，非金属矿物制品业23.08万个，通用设备制造业22.68万个。上述3个行业合计占工业源普查对象总数的31.06%。

（2）水污染物

2017年末，工业企业的废水处理设施33.12万套，设计日处理能力2.98亿立方米，废水年处理量392.00亿立方米。

2017年，水污染物排放量：化学需氧量90.96万吨，氨氮4.45万吨，总氮15.57万吨，总磷0.79万吨，石油类0.77万吨，挥发酚244.10t，氰化物54.73t，重金属176.40t。

化学需氧量排放量位居前3位的行业：农副食品加工业17.90万吨，化学原料和化学制品制造业11.92万吨，纺织业10.98万吨。上述3个行业合计占工业源化学需氧量排放量的44.85%。

氨氮排放量位居前3位的行业：化学原料和化学制品制造业1.09万吨，农副食品加工业0.63万吨，纺织业0.34万吨。上述3个行业合计占工业源氨氮排放量的46.29%。

总氮排放量位居前3位的行业：化学原料和化学制品制造业3.84万吨，农副食品加工业2.03万吨，纺织业1.84万吨。上述3个行业合计占工业源总氮排放量的49.52%。

总磷排放量位居前3位的行业：农副食品加工业2637.74t，化学原料和化学制品制造业948.79t，食品制造业806.89t。上述3个行业合计占工业源总磷排放量的55.61%。

石油类排放量位居前3位的行业：汽车制造业1295.99t，金属制品业1117.91t，石油、煤炭及其他燃料加工业731.69t。上述3个行业合计占工业源石油类排放量的40.85%。

挥发酚排放量位居前3位的行业：石油、煤炭及其他燃料加工业160.39t，化学原料和化学制品制造业46.44t，黑色金属冶炼和压延加工业17.74t。上述3个行业排放量合计占工业源挥发酚排放量的92.00%。

氰化物排放量位居前3位的行业：石油、煤炭及其他燃料加工业19.78t，化学原料和化学制品制造业15.02t，黑色金属冶炼和压延加工业7.28t。上述3个行业合计占工业源氰化物排放量的76.89%。

重金属排放量位居前3位的行业：有色金属矿采选业32.17t，金属制品业26.06t，有色金属冶炼和压延加工业24.26t。上述3个行业合计占工业源重金属排放量的46.76%。

（3）大气污染物

2017年末，工业企业脱硫设施7.67万套，脱硝设施3.44万套，除尘设施89.79万套。

2017年，大气污染物排放量：二氧化硫529.08万吨，氮氧化物645.90万吨，颗粒物1270.50万吨，挥发性有机物481.66万吨。

二氧化硫排放量位居前3位的行业：电力、热力生产和供应业146.26万吨，非金属矿物制品业124.59万吨，黑色金属冶炼和压延加工业82.31万吨。上述3个行业合计占工业源二氧化硫排放量的66.75%。

氮氧化物排放量位居前3位的行业：非金属矿物制品业173.97万吨，电力、热力生产和供应业169.24万吨，黑色金属冶炼和压延加工业143.42万吨。上述3个行业合计占工业源氮氧化物排放量的75.34%。

颗粒物排放量位居前3位的行业：非金属矿物制品业371.62万吨，煤炭开采和洗选业193.13万吨，黑色金属冶炼和压延加工业131.12万吨。上述3个行业合计占工业源颗粒物排放量的54.77%。

挥发性有机物排放量位居前3位的行业：化学原料和化学制品制造业107.57万吨，石油、煤炭及其他燃料加工业67.75万吨，橡胶和塑料制品业40.36万吨。上述3个行业合计占工业源挥发性有机物排放量的44.78%。

（4）工业固体废物

① 一般工业固体废物。2017年，一般工业固体废物产生量38.68亿吨，综合利用量20.62亿吨（其中综合利用往年贮存量3497.84万吨），处置9.43亿吨（其中处置往年贮存量3525.71万吨），本年贮存量9.31亿吨，倾倒丢弃量158.98万吨。

② 危险废物。2017年，危险废物产生量6581.45万吨，综合利用和处置量5972.78万吨，年末累积贮存量8881.16万吨。

可以看出，污染源数量多的行业不一定是排放量大户，而电力、热力生产和供应业及化学原料和化学制品制造业污染源数量不多却是排放大户，这与不同行业的排放特征密切相关。第一次全国污染源普查（一污普）和第二次全国污染源普查（二污普）结果比较如图1-4所示（书后另见彩图）。十年来废水、废气、固体废物处置量均显著减少。

我国经济的快速发展，创造了举世瞩目的"中国奇迹"。但是长期粗放式的发展方式，也使我们面临环境污染严重、生态系统退化、资源约束趋紧的严峻形势。21世纪初以来，我国环境治理力度已明显加大，生态环境状况逐步得到改善。"十四五"时期，我国生态文明建设进入了以降碳为重点战略方向、推动减污降碳协同增效、促进经济社会发展全面绿色转型、实现生态环境质量改善由量变到质变的关键时期。在新的发展阶段，工业领域依然是我国经济社会发展的重要支柱，工业增加值占国内生产总

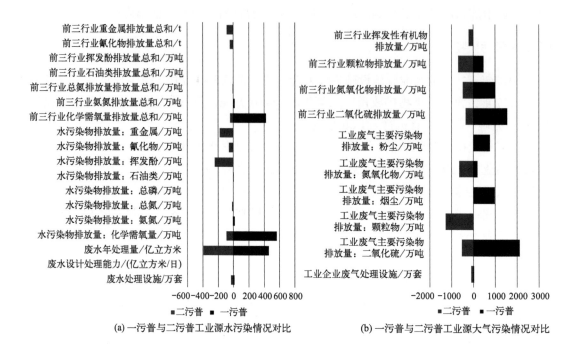

(a) 一污普与二污普工业源水污染情况对比   (b) 一污普与二污普工业源大气污染情况对比

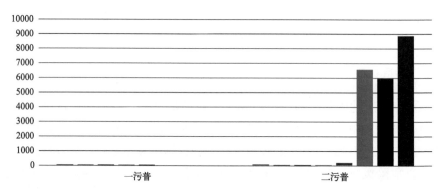

(c) 一污普与二污普工业固体废物污染情况对比

图1-4 一污普和二污普结果比较

值（GDP）的31%，全国29%的就业人口来自工业领域。工业领域蓬勃发展对于我国经济社会健康稳定、民生福祉持续改善具有重要作用。然而，工业领域也是能源消耗的主体，排放了大量的温室气体和污染物。工业能源消费占全国能源消费总量的65%以上，排放了全国80%以上的二氧化碳和75%以上的二氧化硫、颗粒物等大气污染物。因此，工业领域绿色低碳转型是我国实现碳达峰、碳中和和落实深入打好污染防治攻坚战必须牵住的"牛鼻子"。

我国的资源环境瓶颈问题目前缺少可借鉴的国际经验，给我国工业可持续发展带来了巨大的挑战。清洁生产在我国至今尚未得到普及，工业污染防治总体上仍以传统末端治理为主，整体治理水平有待提高，且治污费用相当高昂，企业不堪重负。因此，亟须全面分析我国工业发展战略布局，诊断我国工业行业工艺技术现状和污染排放总体特征，从工业发展的可持续性、产业布局的社会经济性和污染控制技术的经济可达性等角度重新审视工业发展战略。

从总体上看，我国生态环境保护仍滞后于经济社会发展，工业污染控制仍然任重道远。党的十九大报告将建设美丽中国作为全面建设社会主义现代化国家的重大目标，把污染防治作为决胜全面建成小康社会的三大攻坚战之一。因此，创新我国污染控制的思路及方法势在必行。实现传统产业绿色化，为最大限度减少我国不可再生一次资源的消耗、保护生态环境提供技术支撑，已成为中国环境保护和经济社会可持续发展的必然选择。

1.3　工业污染源监管历程

中华人民共和国成立70多年来，我国社会经济发展从"一五"至"五五"时期的"优先发展重工业、建立独立完整的工业体系"，到"六五"至"七五"时期的"搞好综合平衡，处理各方面关系"，到"八五"至"十五"时期的"解决温饱问题的人民生活为主，强国和富民相统一"，到"十一五"至"十三五"时期的"以科学发展观、新发展理念为统领，实现从总体小康到全面建成小康社会"，再到"十四五"时期的向"立足新发展阶段，坚定不移贯彻创新、协调、绿色、开放、共享的新发展理念，加快构建以国内大循环为主体、国内国际双循环相互促进的新发展格局"的方向前行。生态环境保护规划理念也伴随着社会经济发展重点不断更迭，"五五"至"八五"时期，主要针对工业污染，重点是加强工业矿业和重点城市污染治理，以污染治理为主，"九五"环保规划中则提出"可持续发展战略"思想，并在"十五"环境保护规划中进一步强化，"十一五"环境保护规划则明确了"建设环境友好型社会"的理念，提出要"深入实施可持续发展战略"。"十二五"环境保护规划中提出"加快建设资源节约型、环境友好型社会"，提出了"坚持在发展中保护，在保护中发展"的战略思想，"十三五"生态环境保护规划中则提出落实"创新、协调、绿色、开放、共享的新发展理念"，提出加强生态文明建设并明确"以提高环境质量为核心"。习近平总书记提出的"两山"理念在"十二五""十三五"等各类生态环境保护规划中均得到体现。习近平生态文明思想"八个坚持"则在"十四五"生态环境保护规划中贯彻落实，成为规划编制重要指导思想。

中国的环保工作直到20世纪70年代才开始。尽管随着经济的快速增长和社会的迅猛发展，局部地区的生态退化和环境污染逐渐显现出来，但并没有引起足够的重视，具体的环境保护措施也很少。1972年6月，中国参加了在瑞典斯德哥尔摩召开的联合国人类环境会议，极大地推动了中国环境保护事业的发展，中国政府开始制定国家环境保护政策和方针。

（1）20世纪70年代：环境保护八项原则

1972年6月5日，联合国在瑞典首都斯德哥尔摩举行第一次人类环境会议，通过了著名的《联合国人类环境会议宣言》及保护全球环境的"行动计划"，中国代表团积极参与了上述宣言的起草工作，并在会上提出了经周恩来总理审定的中国政府关于环境保护的八项原则，即"全面规划，合理布局，综合利用，化害为利，依靠群众，大家动手，保护环境，造福人民"。这八项原则被称为"三十二字方针"。1973年8月"三十二字方针"在北京召开的第一次全国环境保护会议上被批准为环境保护的指导方针，并在我国环境保护的第一个国家文件《关于保护和改善环境的若干规定（试行草案）》和1979年9月13日颁布的《中华人民共和国环境保护法（试行）》（后简称《环境保护法》）中得到重申。此外，这八项原则中的目标和基本措施明确了环境保护工作的总体原则和方向，明确了环境保护工作的一些重点和重大问题。中国环境保护工作于1973年正式开始。通过不断地探索、执行、审查和修订环境保护工作实施过程，逐步建立了一套符合中国国情的环境管理系统，为加强环境保护提供有效的保障。在中国环境保护工作的初始阶段，从1973年到1979年，提出并实施了"三同时制度""环境影响评价制度""排污收费制度"，也称为"老三项"环境保护制度，为中国环境保护工作的行政管理制度奠定了基础，并表明中国环境保护工作的制度化。此外，"老三项"环境保护制度对污染预防及控制外汇和新的污染源产生了影响，极大地促进了中国环境保护工作的执行。

（2）20世纪80年代：环境保护八项制度

在总结第一次全国环境保护会议以来环境保护工作实践经验的基础上，1983年12月第二次全国环境保护会议提出了"经济建设、城乡建设、环境建设，同步规划、同步实施、同步发展，实现经济效益、社会效益和环境效益相统一"的环境保护战略方针，即"三同时、三统一"战略。这一战略是对"三十二字方针"的重大改进和升华。它在总结我国历史进步的基础上，结合我国国情和环境保护的实践经验，为解决环境问题指明了正确道路，标志着环境管理理念和指导思想的重大提升。

20世纪80年代初步建立的中国环境管理体系，最突出的特点就是强化行政管理。许多环境问题主要是由管理不善造成的，可以通过加强和改进管理来解决。以当时公认的智慧和条件，实施环境保护最实际、最有效的方法是采用政府强制管控的行政和监管方案。于是加强环境管理、通过行政指令监督环境治理、通过监测促进环境保护等措施就成了主导性的政策策略，经过当时的实施证明是非常有效的。

1989年在第三次全国环境保护会议期间，通过从环境保护工作实践中汲取的经验和从建立环境管理体系中汲取的经验，提出了中国环境保护工作的道路应符合中国国情的想法。因此，颁布了五种不同的环境管理方案，包括环境保护目标责任制、城市环境综合整治定量考核制度、排污申报登记与排污许可证制度、污染集中控制制度、污染限期治理制度，即"新五项"环境保护制度。中国环境管理的基本体制框架建立在这八项环境保护制度，包括"老三项"环境保护制度和"新五项"环境保护制度的基础上。

（3）20世纪90年代："33211"环境工程

20世纪90年代，环境法律法规进一步修订和完善，重点地区环境治理显著推进，行政管理优势逐步显现。1991年，环境保护规划目标首次纳入国民经济和社会发展第八个五年计划（"八五"计划）。1992年8月，中国中央政府在《中国环境与发展十大对策》中明确提出实施可持续发展战略，这是中国第一个环境与发展指导性文件。同年，首次将环境统计数据纳入国民经济和社会发展年度统计公报，集中体现了近20年来环境保护工作的突破和成就。可持续发展战略标志着对20世纪80年代主导的"三同时、三统一"原则的实质性转变。可持续发展战略将环境保护和经济社会发展作为一个整体系统，旨在体现环境问题，体现中央政府对社会发展的最新认识。

我国不断完善环境保护法律体系，发布或修订了《中华人民共和国水污染防治法》《中华人民共和国大气污染防治法》《中华人民共和国海洋环境保护法》《中华人民共和国固体废物污染环境防治法》《中华人民共和国环境噪声污染防治法》等多项法律法规。在环境保护机构能力建设方面，国家环境保护局于1988年升格为国务院直属机构（副部级），1998年升格为国家环境保护总局（正部级），极大地推进了环境保护事业的发展。国家层面关注环境保护状况，加强环境保护政策支持和资源配置。环境管理方面，通过不断强化行政管理，确定了"33211"环境保护工程，即重点抓好三河（淮河、海河、辽河）、三湖（太湖、巢湖、滇池）污染治理，"两控区"（酸雨控制区、二氧化硫控制区）以及北京市和渤海的污染防治工作。

（4）21世纪00年代：综合环境治理

这一阶段，中国政府整合各种力量和资源，出台了多项重大环保举措，开启了综合治理环境的新局面。此外，环境税、绿色金融等多种政策工具也被设计和推广。从法律制度上看，2002年1月召开的第五次全国环境保护会议明确提出，环境保护是政府的重要职能，全社会要按照社会主义建设的要求，共同致力于环境保护。2003年10月，中共十六届三中全会提出科学发展观。2005年10月，中共十六届五中全会提出建设资源节约型、环境友好型社会的纲领。2006年4月，第六次全国环境保护大会提出，把环境保护摆在更加重要的战略地位。2007年10月，党的十七大报告提出建设生态文明，基本形成节约能源资源和保护生态环境的产业结构、增长方式、消费方式。此外，还颁布了《中华人民共和国清洁生产促进法》《清洁生产促进法》、《中华人民共和国环境影响评价法》《环境影响评价法》、《中华人民共和国放射性污染防治法》《放射性污染法》、《中华人民共和国可再生能源法》《可再生能源法》、《中华人民共和国循环经济促进法》等法律。环境保护部作为国务院环境保护管理的综合部门，成为负责决策、规划、建设等方面统筹协调的极其重要的职能机构。为了提高环境政策的有效性，各政府部门和机构实施了多样化的金融、税收计划和优惠的投资政策（即信贷和贷款）。2002年，实行特许经营制度，允许民间资本和外资投资污水处理、垃圾处理、供热等领域。随后，一系列有利于环境保护的激励和价格政策相继出台，如2004年对具有脱硫设施的火电厂实行电价补偿政策等。

税收方面，对"节能环保"企业实行前三年免征所得税、后三年减半征收所得税（三免三减半）的政策。废水处理、再生水和废物处理行业的企业可免征或立即退还增值税。脱硫后的产品增值税可减半征收。环保设备、仪器的投资可以在所得税中扣除。在投资方面，2007年7月开始实施的绿色信贷政策，要求国有银行和商业银行对绿色产业给予大力支持。上述财税、信贷和其他投资优惠政策的实施，开启了我国环境治理市场化的新路径，不仅促进了环境基础设施建设，也带动了更多社会资源大力投入环保，取得了显著的环境效益。

总之，这一阶段的环境保护立法力度空前，行政法规密集出台，建立了强有力的控制和管理架构。特别是《环境影响评价法》的制定实施，体现了政府环境保护态度的重大转变，从"先污染、后治理"的认识转变为"先评价、后建设"的硬性要求。这是更加注重预防为主原则的关键且有益的举措。随后，2004年、2006年、2007年发生了一系列重大事件，各行业数千亿元的投资因无法达到环评要求而被暂停或取消，彰显了政府严格落实环境治理政策的决心。此外，财税环境政策的运用，也展现了吸引更多资本投入环境治理的新途径。

（5）21世纪10年代：生态文明建设

经过几十年的环境保护实践，随着政策导向、经济结构和社会条件的不断演变，中国环境治理的全面转型已成为必然。从环境保护上升为国家战略开始，到环境保护立法和环境保护制度的完善、环境保护监督管理和公众参与，带动了环境保护社会力量的快速壮大。我国环境保护事业发展进入新时代，制度体系更加科学专业，政策工具更加创新，社会各界智慧和支持更加丰富。

2012年11月召开的中共十八大提出，把生态文明建设放在突出地位，融入经济建设、政治建设、文化建设、社会建设各个方面和全过程，努力建设美丽中国，实现中华民族永续发展。生态文明不仅是重要的理念创新，也是我国重大的国家治理战略。"美丽中国"是每个中国人的梦想，是中国梦的核心内容。2013年11月召开的中共十八届三中全会提出建立系统全面的生态文明体系，并提出了资源产权、生态红线等理念。2015年5月中共中央、国务院印发的《关于加快推进生态文明建设的意见》提出，生态文明建设是中国特色社会主义事业的重要内容，关系人民福祉，关乎民族未来，事关"两个一百年"奋斗目标和中华民族伟大复兴中国梦的实现。

2014 年 4 月，第十二届全国人大常委会第八次会议修订《环境保护法》，明确政府的环境责任，细致阐明企业和经营者的环境责任，对公民的环境权利、义务进行了具体规定。此外，进一步确认了环境经济政策的有效性，明确了环境公益诉讼的程序，对违反排放标准的处罚和责任力度也大大提高。2015 年 7 月，环境保护部发布的《环境保护公众参与办法》，明确了落实环境保护公众参与的具体措施。2015 年，中共中央办公厅、国务院办公厅印发《生态环境损害赔偿制度改革试点方案》（中办发〔2015〕57 号），在吉林等 7 个省市部署开展改革试点，取得明显成效。2015 年 10 月，党的十八届五中全会通过的《中共中央关于制定国民经济和社会发展第十三个五年规划的建议》中提出，坚持绿色发展，着力改善生态环境，坚持绿色富国、绿色惠民，为人民提供更多优质生态产品，推动形成绿色发展方式和生活方式，协同推进人民富裕、国家富强、中国美丽。2016 年 12 月，国家发展改革委、国家统计局、环境保护部、中央组织部制定了《绿色发展指标体系》和《生态文明建设考核目标体系》，作为生态文明建设评价考核的依据。2017 年 12 月，中共中央办公厅、国务院办公厅印发了《生态环境损害赔偿制度改革方案》，通过在全国范围内试行生态环境损害赔偿制度，进一步明确生态环境损害赔偿范围、责任主体、索赔主体、损害赔偿解决途径等，形成相应的鉴定评估管理和技术体系、资金保障和运行机制，逐步建立生态环境损害的修复和赔偿制度，加快推进生态文明建设。上述法令、规定的颁布实施，为我国环境保护实践提供了更加系统的制度体系、更加严格的监督执法原则、更加多元化的参与工具。通过制度建设、依法实施、公众参与、多元共享治理等多层次治理转型，我国环境治理已成为国家治理体系现代化的标志，其创新性、效率性显著增强。

根据《全国污染源普查条例》规定和《国务院关于开展第二次全国污染源普查的通知》（国发〔2016〕59 号）要求，开展第二次全国污染源普查工作。根据《第二次全国污染源普查公报》结果，2017 年末，全国普查对象数量 358.32 万个（不含移动源）。包括工业源 247.74 万个，约占 70%，工业也是第一污染源。工业源普查对象数量居前 3 位的行业：金属制品业 31.19 万个，非金属矿物制品业 23.08 万个，通用设备制造业 22.68 万个。上述 3 个行业合计占工业源普查对象总数的 31.06%。根据国际能源署（IEA）2018 年数据，中国工业（含电力与热力部门）碳排放占比最高，达到 79%。

（6）21 世纪 20 年代：减污降碳协同增效和美丽中国

充分发挥减污降碳协同增效的总抓手作用，推动经济社会发展全面绿色转型，是习近平生态文明思想的应有之义。2020 年中国宣布"二氧化碳排放力争于 2030 年前达到峰值，努力争取 2060 年前实现碳中和"。其后召开的中央经济工作会议、全国生态环境保护工作会议都进一步细化了减污降碳协同增效的内容。《中共中央　国务院关于深入打好污染防治攻坚战的意见》《2022 年政府工作报告》《减污降碳协同增效实施方案》

《碳排放权交易管理办法（试行）》《工业企业污染治理设施污染物去除协同控制温室气体核算技术指南（试行）》等政策文件的出台为减污降碳协同增效目标提出了新的思路和要求。在企业生态环境责任方面，推动从以环境影响评价为主向环境影响评价、排污许可、企业环境信息公开、生态环境损害赔偿共抓转变，正在建立以排污许可证为核心的固定污染源监管制度。目前，企业环境信息公开制度不断健全，生态环境损害赔偿进入全国试行阶段。截至2019年9月10日，全国共计核发火电、造纸等重点行业排污许可证6.7万余张，登记企业排污信息4.3万余家，管控大气污染物排放口24.89万个、水污染物排放口5.14万个。截至2020年底，全国各省区市已将273.44万家固定污染源纳入排污许可管理范围，对33.77万家核发排污许可证，对应发证但暂不具备条件的3.15万家下达排污限期整改通知书，对236.52万家污染物排放量很小的企业填报排污登记表，已经基本实现固定污染源排污许可"全覆盖"。

减污降碳协同增效的提出并非一蹴而就，中国长期以来的实践为其诞生提供了孕育摇篮，亟待建立健全减污降碳协同体系，促进"双碳"目标实现，为建设美丽中国保驾护航。

1.4 工业污染源监管机制

改革开放几十年来，我国工业发展水平迅速提高，建成了世界上最完整的工业体系，但也承受着粗放式发展带来的负面影响，尤其是重化工行业造成的环境污染。在充分借鉴国内外工业污染治理相关的先进理念与高新技术的基础上，对国内外工业污染控制理念、策略、政策、评价方法等方面的发展历程以及不同控制阶段的自主创新和有益实践进行了系统总结。纵观社会发展，工业污染控制的历程大致经历了直接排放/稀释排放、末端治理、清洁生产和全过程控制5个阶段（图1-5）。

1.4.1 直接排放/稀释排放阶段

20世纪40年代以前，由于工业尚不发达，污染物排放未超过环境容量，因此环境污染问题并不突出。工业产生的污染物基本不经任何处理便直接排入大气、水等环境介质。20世纪40～50年代，人们开始逐渐意识到工业生产排放的污染物对环境的危害。为了减少环境影响，采取了稀释排放措施。

稀释排放就是用稀释剂（水、空气等）与污染物混合均匀，污染物被稀释至所要求的浓度后排放，从而实现污染物低浓度达标排放。这种方式采取了将污染物转移到其他环境介质的方法，耗费了大量资源且实际的污染物排放量并没有减少。

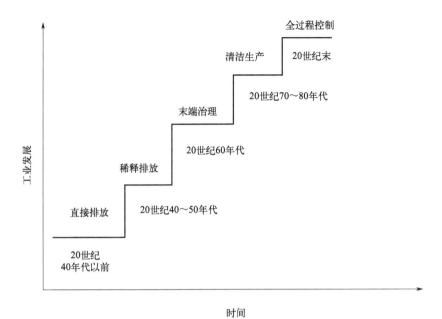

图1-5　社会发展过程中工业污染防治方式变革

1.4.2　末端治理阶段

20世纪60～70年代初，经济快速发展，经历了资源枯竭、污染严重的发展阶段。工业界不得不从直接排放、稀释排放转向污染治理，即针对生产末端产生的污染物开发行之有效的治理技术，使污染物对自然界及人类的危害降低，称为"末端治理"，即"先污染后治理"模式。末端治理阶段在环境管理发展过程中是一个重要的阶段，有利于消除污染事件，也在一定程度上减缓了生产活动对环境的污染和破坏趋势。但随着时间的推移、工业化进程的加速，末端治理的局限性也日益显露：

① 处理污染的设施投资大、运行费用高，使企业生产成本上升，经济效益下降；

② 末端治理往往不是彻底治理，而是污染物的转移，如烟气脱硫、除尘形成大量废渣，废水集中处理产生大量污泥等，所以不能根除污染；

③ 末端治理未涉及资源的有效利用，不能制止自然资源的浪费。

末端治理在一定程度上能够消除污染事件，与稀释排放相比有了很大进步；但这种仅限于控制排放出口达标的方法，不仅使企业总生产成本上升，而且污染物易发生转移而产生二次污染，环境持续恶化的趋势并未得到有效遏制。

以美国为例，1972年提出排放标准，1977年在国家污染排放削减系统（NPDES）中颁布了基于技术及水质的排放限制与许可证制度和基于反退化要求的排放限制，实施排污交易等。后颁布了以源头控制和清洁生产为核心内容的《污染预防法》（P2A），将工业污染控制重点由末端转入源头和过程。"有毒物质排放清单（TRI）"则进一步将工业有毒物质控制导向化学品进入流通领域前的污染预防。

在污染防治策略方面，随着人类生态环境保护意识的不断提升及科学技术的飞速进步，20世纪70年代以来产生了污染预防、工业生态学、绿色化学、清洁生产、循环经济、生命周期评价、环境标志等新概念、新实践（图1-6），并提出了最佳可行技术（BAT）和最佳环境实践（BEP）体系的概念。同期欧洲一些国家提出了清洁生产-绿色产品设计的理论和方法，带动了工业界的绿色制造，获得了绿色产品，并大大促进了资源加工产业的绿色化升级。

发展以低能耗、低污染、低排放为标志的"绿色经济"，被认为是人类社会走向生态文明的重要途径。当前，美国、欧盟、日本、韩国等国家和地区正在实施的"绿色新政"，旨在加强对绿色经济的引导和扶持，推动投资转向"绿色经济"领域。目前，发达国家已经进入工业高加工度化的发展阶段。从工业污染防治的发展史来看，发达国家不论从污染防治立法还是控污战略制定方面都远早于我国，基本处于预防、全过程控制及循环经济的阶段；新常态下，我国作出了推动绿色、循环、低碳发展，建设生态文明和美丽中国的重大战略部署，也对清洁生产工作提出了新的挑战。但我国在相当长的一段时期内仍将处于工业化的中级阶段，工业污染防治仍以末端治理为主，源头和全过程控制刚起步。

在污染物末端治理技术的评价方面，欧美主要基于最佳可行技术（BAT）评价开展。欧盟制定了基于BAT的政策来预防和控制工业排放，开展了广泛的最佳可行技术评价工作，辅助人们按照欧盟《综合污染预防与控制指令》（96/61/EC）来确定BAT。美国是在1970年《清洁空气法》和1972年《清洁水法》框架下施行分介质管理，制定基于技术的排放标准是其工业污染控制体系最为突出的特点。实施有毒污染物、常规污染物和非常规污染物三类污染物排放控制。工业点源的污染物排放标准分为"直接排放"和"间接排放"，三类污染物分类控制。欧美针对污染物末端治理方面构建的指标体系主要涉及技术的资源、能源消耗指标，污染排放指标，环境影响指标，经济成本指标等。欧盟重视环境效应指标，对各种类别的环境效应进行量化。而美国更重视排放标准的成本效益分析，如在排放标准可能导致的技术改造费用、不达标企业关闭带来的经济和社会影响等方面给予了更为详细的分析。

随着环境污染防治技术的不断进步，我国环境保护工作者也摸索建立了多种环境污染防治技术评估方法，主要是根据污染防治的类别，如水污染防治、大气污染防治等分别构建相应的技术评估指标体系，研究多集中在污水处理厂设计和建设运行或者某一行业水污染防治技术方面，而对整个工业污染防治技术的评估指标体系研究较少。自2007年发布《国家环境技术管理体系建设规划》后，开始建立污染防治技术管理体系，以行业环境污染防治技术评估制度为基础，以技术政策、BAT指南和工程规范等技术指导文件为核心，为环境管理目标的设定以及环境管理制度的实施提供了技术支持，目前相关部门已陆续发布了钢铁、造纸、禽畜、农村、污泥、电镀等30余项BAT，但目前我国对污染物末端治理技术的系统评价仍任重道远。

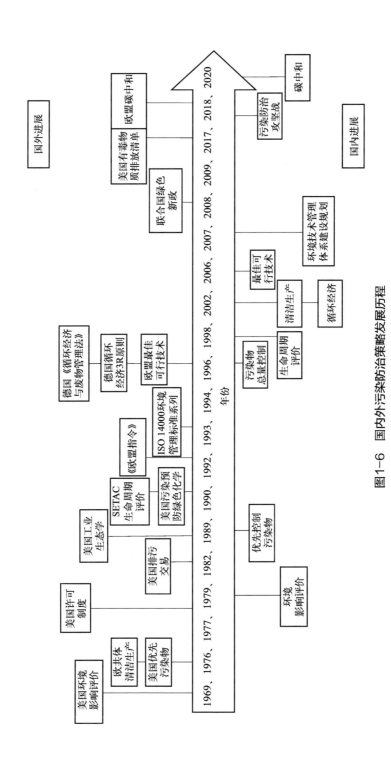

图1-6　国内外污染防治策略发展历程

1.4.3　清洁生产阶段

20世纪70年代初，"环境与发展"问题已成为人类发展中最突出、最紧迫和全球性的问题，也引起了首脑层的广泛关注。清洁生产起源于1960年的美国化学行业污染预防审计。"清洁生产"一词最早可以追溯到1976年，当时的欧共体在巴黎举行了"无废工艺和无废生产国际研讨会"，会上提出"消除造成污染的根源"的思想。1989年，联合国环境规划署正式提出清洁生产概念，并给予清晰定义。1994年以来，26个国家陆续成立了国家清洁生产中心。目前，全球已有超过70个国家在化工、造纸、制药、皮革、冶金、电镀、电池等重点行业部分或完全实施清洁能源及固体废物资源化利用等清洁生产技术。20世纪70年代末期以来，发达国家政府和大型化工企业采用清洁工艺，将工业污染物管理的重点从末端治理转向源头污染预防，开辟了治理污染的新途径。欧盟、日本、美国等发达国家和地区加强环境立法，并采取了一系列以预防为主的综合防治环境污染的措施，政府和企业加大环境治理资金投入，研究开发及应用污染防治技术和设施。同时推行清洁生产工艺和污染物治理技术，加强对废弃物的回收利用，使用清洁能源，创建生态工业园，实施排污交易等，大大削减了向环境中排放危险物质的数量。

随着清洁生产理论的持续更新以及实践经验的不断丰富，为了推行清洁生产，多国相继开发了多种清洁生产指标以评价清洁生产的实施水平。国际上应用较多的评价指标主要包括美国ICI公司开发的环境负荷因子、废弃物产生率，荷兰开发的生态指标、气候变化指标，荷兰及挪威环保局开发的环境绩效指标，美国国家环境保护署（EPA）提出的减废情况交换所，经济合作与发展组织（OECD）提出的可持续发展评价指标体系等。国外设立的这些清洁生产评价指标比较完整具体，横向上涵盖了原辅材料和能源、生产过程及产品指标，纵向上包括了环境污染、技术、管理和经济指标。这些评价指标对于我国构建某一具体行业的评价指标体系具有较大的参考价值。近年来，国内外学者在评价行业清洁生产技术时也量化分析了节水、节能、减污间的耦合关系，指导企业精准筛选最优清洁生产，为企业精准筛选最优清洁生产技术提供了支持。

1993年，在我国第二次全国工业污染防治工作会议上提出了"三个转变"，即从"末端治理"向生产全过程控制转变，从单纯浓度控制向浓度与总量控制相结合转变，从分散治理向分散与集中治理相结合转变。此次会议确定了清洁生产在我国工业污染控制中的地位，是我国改变传统工业发展模式，推行清洁生产的重要标志。2003年1月1日，我国开始实施《中华人民共和国清洁生产促进法》，标志着我国工业污染防治工作的战略重点已从末端治理技术转为清洁生产。随着社会不断发展及新的清洁生产问题的出现，2012年我国对其进行了修正。

自2003年起，国家环境保护总局、国家发展改革委、信息产业部等已经开始着手清洁生产指标体系的构建工作。2003～2010年，国家环境保护总局以及发展和改革委分别逐步推出了涉及多个行业的50多项清洁生产标准及30项清洁生产评价指标体系（试行），指导了清洁生产标准及清洁生产审核的进行。国家发展改革委、环境保护部、工业和信息化部联合于2014年、2016年先后发布了《清洁生产评价指标体系制（修）订计划（第一批）》及《清洁生产评价指标体系制（修）订计划（第二批）》，2016年4月印发《清洁生产审核办法》，截至2019年底，已发布钢铁、水泥、电力、制浆造纸、稀土、有色金属等50余项重点行业的清洁生产评价指标体系。目前，三部委正在继续推动完善清洁生产评价指标体系。

目前，我国清洁生产评价指标体系内容主要分为：

① 通用指标（一级指标），适用于不同行业，主要包括生产工艺装备及技术、资源能源消耗、废物回收利用／资源综合利用、污染物排放控制、产品特征、清洁生产管理要求6大类指标；

② 特定指标（二级指标），适用于某个行业，分为定性、定量及定性和定量相结合等类型；

③ 延伸指标，即产品生命周期除生产阶段外其他阶段指标。

根据综合评价所得分值将清洁生产等级划分为三级：Ⅰ级为国际清洁生产领先水平；Ⅱ级为国内清洁生产先进水平；Ⅲ级为国内清洁生产基本水平。我国目前的清洁生产评价主要是为清洁生产审核提供依据，而对清洁生产技术选择的先进性、合理性及经济性等缺乏一定的指导作用。目前的趋势为逐步建立健全清洁生产技术装备、技术、产品评价和标准认证体系，形成完善的清洁生产技术标准体系。

1.4.4　全过程控制阶段

工业生产全过程减污降碳以工业过程的综合成本最小化为目标，其科学内涵是：依据系统工程、循环经济、绿色化学、清洁生产及生命周期评价等理论和方法，综合运用最佳可行技术和最佳环境实践（BAT/BEP），执行和（或）制（修）订相应环境法律法规，确保以最少的人力、物力、财力、时间和空间，实现工业生产综合成本最小化；实现工业全过程废弃物的减量化、资源化、无害化；实现工业生产的低碳化、绿色化、智能化；实现人与自然和谐相处、永续发展。

工业生产全过程减污降碳是一个大型的复杂过程系统综合问题，其实现的核心是统筹多个单元（或装置）、多个尺度（分子、单元、系统），突出系统思维，挖掘协同效应，实现污染控制和碳减排协同，追求产品生产和废物处理过程碳减排的总成本最低。

① 在分子尺度，通过精准识别污染物与含碳物质，尤其是含碳复合污染物的形态结构、性质及其相互作用关系和调控方法，建立构效关系预测模型；

② 在单元尺度，系统梳理不同技术创新的减污降碳机理，分析研究典型操作单元设备结构和操作条件对污染物与含碳物质转移转化的影响规律、碳污耦合特征，提出反应 - 传递协同调控策略，建立过程单元构效关系预测模型；

③ 在系统尺度，进行全过程技术组合，发展全过程减污降碳超结构优化模型，研究

生产过程、控污过程与碳排放之间的相互作用关系和多单元过程组合机制，建立流程尺度的构效关系预测模型。

通过以上关键科学问题的研究，逐步建立工业全过程减污降碳集成优化软件工具，直接支撑重点行业减污降碳技术创新和过程集成，帮助寻求最佳系统减污降碳方案，从而实现工业生产局部与整体之间、经济效益与环境影响之间的协同优化。

制造业是立国之本、强国之基，新型工业化是实现四个现代化同步的关键动力，共同推进现代化建设。针对当前中国工业绿色发展转型过程面临的资源配置不合理、绿色生产技术落后以及能源利用率较低等现实困境，从政策层面发挥要素乘数效应，更好地赋能工业绿色发展转型。生产力的进步有基于技术的革命性突破、通过生产要素重新配置改变生产关系、引发产业转型升级的历史逻辑。相较于传统生产力，新质生产力具有数据信息是关键性要素、颠覆式创新为根本策源、能够实现全社会绿色低碳转型、产生强溢出效应等特征，这些共同构成了工业领域新质生产力的基本框架。

工业文明已经深刻改变了人类的生产与生活方式，我们也深刻认识到了环境与经济和谐发展的重要性。生态环境是人类社会生存和发展的基础，建设生态文明是中华民族永续发展的千年大计，全面贯彻新发展理念，摆脱过去习惯性依赖的发展模式，坚持走注重品位的"高质量发展"道路，才能推动经济社会全面绿色发展，实现经济效益、社会效益、环境效益三效合一。我国基本形成了符合国情且较为完善的环境制度体系，在生态文明和环境保护法制与体制改革、生态环境目标责任制、市场经济政策体系以及多元有效的生态环境治理格局方面取得了重大成就，对环境保护事业发展发挥了不可替代的支撑作用，为深入推进生态文明建设和"美丽中国"伟大目标实现提供了重要保障。

参考文献

[1] 工业和信息化部. 新中国60年报告：从一穷二白到现代工业体系的跨越[R]. 2009-09-21.

[2] 生态环境部. 中国应对气候变化的政策与行动2023年度报告[R]. 2023-10-27.

[3] 国家统计局. 中华人民共和国2023年国民经济和社会发展统计公报[R]. 2024-02-29.

[4] 国家质量监督检验检疫总局，国家标准化管理委员会. 国民经济行业分类：GB/T 4754—2017[S]. 2017-06-30.

[5] 环境保护部、国家统计局、农业部. 第一次全国污染源普查公报[R]. 2017-12-31.

[6] 生态环境部、国家统计局、农业农村部. 第二次全国污染源普查公报[R]. 2020-06-09.

[7] 黄润秋. 推进生态环境治理体系和治理能力现代化[N]. 经济日报，2021.

[8] 王金南，秦昌波，万军. 国家生态环境保护规划发展历程及展望[J]. 中国环境管理，2021, 5: 21-28.

[9] 生态环境部. 企业按证排污政府依证监管，固定污染源将进行"一证式"管理[EB/OL]. 2019-10-15.

[10] 国际能源署. 全球能源与二氧化碳现状2018[R]. 2018.

[11] 张笛，曹宏斌，赵赫，等. 工业污染控制发展历程及趋势分析[J]. 环境工程，2022, 40(1): 1-7, 206.

[12] 曹宏斌，赵赫，赵月红，等. 工业生产全过程减污降碳：方法策略与科学基础[J]. 中国科学院院刊，2023, 38(2): 342-350.

[13] 王建事，于尚坤，胡瑞，等. 中国工业高质量发展的时空演变及其科技创新驱动机制[J]. 资源科学，2023, 45(6): 1168-1180.

[14] 史丹，杨丹辉，李晓华，等. 现代化进程中的中国工业：发展逻辑、现实条件与政策取向[J]. 中国工业经济，2024(3): 1-19.

[15] 汪彬，王寅. 中国式现代化背景下新型工业化的现实挑战与实现路径[J].工信财经科技，2024, 2: 11-19.

[16] 邓洲，吴海军，杨登宇. 加速工业领域新质生产力发展：历史、特征和路径[J]. 北京工业大学学报(社会科学版), 2024, 4(24): 1-10.

[17] 赵晶晶，肖文涛. 我国生态环境保护工作发展历程及趋势[J]. 辽宁省社会主义学院学报，2022, 3(92): 105-108.

[18] 侯鹏，高吉喜，陈妍，等. 中国生态保护政策发展历程及其演进特征[J]. 生态学报，2021, 41(4): 1656-1667.

[19] 王金南，董战峰，蒋洪强. 中国环境保护战略政策70年历史变迁与改革方向[J]. 环境科学研究，2019(10): 1636-1644.

第 **2** 章
工业源环境监管的
理论基础

□ 工业源环境监管主体
□ 环境监管制度理论设计

2.1　工业源环境监管主体

2.1.1　政府监管

（1）政府监管的演进过程

市场失灵的现象呼唤着政府部门的及时介入，作为对市场失灵的修正与应对，政府监管应运而生，承担起调节与指导市场的重任。政府监管作为时代的产物，其发展与演进紧密伴随着经济社会的进步和政府与市场关系的动态调整。随着时代的变迁和要求的提升，政府监管也在不断优化和完善。政府监管理念的历史演进可划分为四个阶段：首先是以亚当·斯密为代表的自由放任监管理念，强调市场的自发调节；其次是以凯恩斯为代表的政府全面监管理念，主张政府全面干预经济生活；再次是对政府监管的质疑与反质疑阶段，各种观点交锋，对政府监管的必要性和效果进行了深入的讨论；最后，各方对政府监管的重要性达成了共识，认识到适度、有效的政府监管对保障市场健康运行和社会公共利益至关重要。这四个阶段不仅揭示了政府监管理念的发展历程，也为未来的政府监管改革提供了宝贵的启示和借鉴。

（2）政府环境规制的失灵

政府作为环境治理的核心主体，其角色定位和职责功能一直是学术界探讨的焦点。理论上，政府需通过制定和执行环境政策、法规来确保资源的合理利用和环境的保护。实践中，从命令控制型到市场激励型，再到公众参与型的管理模式，政府的职能不断适应新的环境治理需求而演进。特别是在循环经济的背景下，政府不仅是规制者，更是推动者，通过政策引导和市场机制创新，促进污染源的有效控制和资源的综合循环利用。

在当前的国内研究中，生态环境部门的统一监督管理问题以及政府环境监管对企业绿色技术创新的影响受到了广泛关注。何伦凤等在其论文中详细解释了《环境保护法》第10条第1款中的"统一监督管理"条款，并指出了该条款存在规范用语模糊、内部规则冲突、适用功能失位等问题。提出了通过明确"统一监督管理"职责的履行程序、保障生态环境部门统一监管执法能力、搭建统管条款下的部门履职问责机制等措施，强化该条款中职责履行的施策方向。陈鹏鹏从政府监管部门的角度，对生态环境自动监控系统的规范与标准进行了研究。他认为，生态环境自动监控系统规范与标准的完善是保障环境监测工作科学性和可靠性的重要手段。郑思齐等在2013年的实证研究中发现，一个地区的公众环境诉求越强烈，当地政府在向企业征收排污费用时的力度就会越大，这直接反映出环境规制的执行更为严格。以上表明公众的环境意识和诉求对于推动政府加强环境管理、促进环境保护具有积极意义。同时，环境产权界定不清，使得企业往往为追求利益最大化而选择规避环境治理责任，导致市场机制的失灵。

然而，由于政府管理半径的局限性和环境问题的错综复杂性，地方政府难以实时监督企业的环境行为。随着社会公众对环境质量要求越来越高，环境信访和环境群体事件呈现出对地方政府和企业环境行为监督、约束和纠偏的作用。

2.1.2 企业管理

企业是环境监管的直接对象和关键执行者。基于循环经济的企业环境成本控制理论指出，企业在生产经营过程中实施环境成本内部化，通过清洁生产、废物资源化等手段降低环境损害，并实现经济效益与环境效益的"双赢"。然而，企业在实际操作中面临的困难包括核算基础不统一、认知偏差以及技术需求等问题，这些挑战要求企业不断探索新的环境管理策略和技术解决方案。环境问题因其历史性、复杂性、区域性和外部性，使得环境治理同样具有长期性、复杂性和集体性等特点。在环境治理实践中，企业追求经济利益最大化，但生态问题的复杂性和公共属性导致治理主体间信息不对称，可能会引发规避责任、搭便车、寻租、逆向选择和道德风险等投机行为。樊根耀将这些行为视为企业的个体行为假设，认为企业作为环境治理主体，符合制度经济学中的个体行为假定理论，表现为财富最大化、有限理性和机会主义倾向三大特征。

（1）企业环境治理的驱动因素

环境治理不仅是企业应当履行的社会责任，而且在追求经济效益的过程中企业环境治理往往更多地依赖于外部的引导和推动力量。Ambec和Barla的观点表明，若投资回报率可观，环境规制政策会对企业的环保型研发活动产生积极的推动作用。Claver等的研究也揭示，环境管理政策对企业的创新能力和财务绩效均有正面的影响。张小军的研究进一步发现，来自企业治理利益相关者、内部经济利益相关者和外部社会利益相关者的压力均对企业采取绿色创新战略起到了积极的推动作用。施平的研究则指出，企业进行环境管理的三大驱动因素分别是政府环境规制、相关利益者以及市场竞争，其背后的核心因素是价值创造。

（2）企业环境治理的行为研究

企业运营管理的核心目标是追求最大的经济利益，同时致力于在环境保护与经济发展这两条并行轨道上不断探索与寻求，以实现"双赢"，即在促进经济发展的同时也积极履行环保责任。Aragon-Correa的研究显示，多数企业倾向于采用控制和预防的方式应对环境责任问题。郭庆则指出，企业正逐渐从末端治理模式转向清洁生产，强调预防污染的重要性，认为事前预防优于事后治理。李云雁进一步主张，企业的日常经营应与环境保护相协调，构建经济利益与环境保护的良性互动链，要求企业在生产、销售等环节更加注重资源节约、减少浪费和污染控制。杨剑梅等的研究则将我国企业的环境综合治理划分为达标排放、清洁生产以及与城市融合发展三个阶段，分别对应着短期、中期和长期目标。自党的十八大以来，越来越多的钢铁企业积极担当绿色产业链的角色，推动绿色材料、产品和理念的传播，不断提升绿色价值。综上所述，企业正逐渐从被动应对的末端治理向主动预防的管理模式转变，积极履行社会责任，走上绿色可持续的发展道路。

2.1.3　公众参与

公众和其他社会组织扮演着监督者和参与者的双重角色。随着信息透明化和社会监督机制的建立，公众对环境问题的关注度显著提高，他们通过各种渠道参与到环境监管中来，成为推动环境政策实施和维护环境权益的重要力量。此外，非政府组织和社区组织等也在环境教育和倡导、环境项目实施等方面发挥作用，为环境监管提供了多元化的解决方案。向盼薇等从公众感知视角出发，对互联网平台监管机制进行了深入研究。他们对5610份用户调查数据的分析发现，加强反垄断治理措施能够提高监管的公众感知度，且该影响存在年龄异质性；价格歧视和反垄断治理对于监管公众感知度的作用呈现相互增强效应；企业承担主体责任能够提高监管的公众感知度。

王宇哲和赵静研究发现，公众环境关注度越高，空气污染治理类企业的股票收益率越高，即公众通过"用钱投票"为环境友好型企业提供资金支持，对环境不友好型企业实施"市场惩罚"。因此，在环境治理中引入公众参与型的非正式环境规制作为政府环境治理模式的补充已逐渐成为各国的主流选择。赵莉等从内部控制视角探讨了政府环境监管对企业绿色技术创新的影响。他们的研究表明，政府环境监管对企业绿色技术创新具有正向影响，企业内部控制在政府环境监管对绿色技术创新的影响过程中发挥部分中介作用，市场化水平负向调节政府环境监管与绿色技术创新的关系。阮青松等则研究了地方政府环境关注度对企业绿色创新的影响。他们的研究结果表明，地方政府环境关注度可以显著提升企业的绿色创新水平，且通过了一系列的稳健性检验。他们还发现，地方政府环境关注度与企业绿色创新的正相关关系在经济发达地区企业、披露环境信息企业、大规模企业以及未通过环境管理体系认证的企业中表现得更显著。

综上所述，各主体间的互动与合作是实现有效环境监管的关键。政府需要发挥领导作用，同时激发企业和公众的积极性；企业应采取主动措施，响应政策号召，投资环保技术和管理创新；公众及社会组织则应加强自身能力建设，积极参与环境治理，共同构建多元共治的环境监管体系。未来，随着环境治理需求的不断变化和治理理念的更新，不同主体间的角色和互动模式也将不断演进，以期达到更加高效和谐的环境监管效果。

2.2 环境监管制度理论设计

在国内研究现状中，新污染物的环境监管问题引起了学者们的广泛关注。王腾指出，新污染物的三大特征，即"高生物毒性""环境持久性""生物累积性"，在传统生态环境监管思维下将导致"累积性环境健康风险""弥散性生态环境风险""突发性环境社会风险"。面对这一风险叠加的挑战，传统环境监管面临多重困境，包括无法解决新污染物环境健康风险的积极预防性需求，难以应对新污染物生态环境风险的协同性治理需求，以及难以满足新污染物社会风险的应急性防治需求。中国的监管改革受到了西方后设监管理论的显著影响。刘鹏等指出，后设监管作为一种新兴的监管方式，在西方国家已经取得了一定的成效。这种监管方式通过赋予监管对象更多的自由、平衡成本与收益的分析以及改进社会责任心来建立和运行。在中国的监管环境中，后设监管有助于提高监管的经济性，减少监管捕获，降低腐败风险，并促进监管民主化和企业社会责任感的形成。然而，该监管方式与中国特定的监管环境结合也可能带来一系列风险，因此需要采取相应的措施以实现善治。

在环境管制领域，王锋正等的研究关注了政府治理、环境管制与绿色工艺创新之间的关系。他们使用中国30个省级地区2000 ~ 2013年的面板数据，发现地方政府治理和环境管制对企业绿色工艺创新有显著影响。特别是地方政府的综合治理质量以及知识产权保护和对生产者合法权益的保护水平，在环境管制对企业绿色工艺创新的影响中起到了显著正向调节作用。

赵若楠等探讨了排污许可证制度在中国环境管理制度体系中的新定位。他们认为，虽然排污许可证制度在中国已有20余年的历史，但其功能并未得到充分发挥。实际上，排污许可证制度可以通过明确产权来降低交易成本，从源头上解决因产权不清晰导致的"搭便车"问题和外部性问题。他们指出，我国的环境管理制度之间缺乏衔接与联系，并建议加强排污许可证制度与其他环境管理制度之间的协调。

在探讨污染源监管制度的理论框架与实践进展时，不可忽视的是不同主体环境监管理论的深刻内涵及其应用。环境监管作为一个多维度问题，涉及政府、企业和公众等多方利益相关者，每个主体都承担着不同的角色和责任，并在环境治理中发挥着各自的作用。

2.2.1 全生命周期理论

全生命周期理论是以生物的生命特征为基础，将其扩展到产品、项目或技术等领域的一种理论。它描述了这些实体从出生（或开始）、成长、成熟到衰老（或衰退、结束）的完整过程。全生命周期理论是生命周期评价（LCA）的基础和指导框架，而LCA则是全生命周期理论的具体实践和应用。

在探讨污染源监管制度的理论框架与实践进展时，全生命周期理论提供了一个重要视角。这一理论强调从原材料的采集、生产、使用，到产品的废弃和回收阶段，每个环节都应纳入环境影响的考量之中。通过全面分析和评估产品或服务在整个生命周期内可能产生的环境负担，决策者能够更有效地识别和管理污染风险，进而制定出更为科学合理的监管措施。

在全生命周期理论的指导下，污染源监管不再局限于对单一环节或末端排放的控制，而是着眼于整个系统的环境表现。这种思维方式促进了清洁生产技术的采用和循环经济的发展，鼓励企业优化设计，减少资源消耗和废物产生，提高能效，从而实现经济活动与环境保护的协调统一。生命周期评价（LCA），有时也称为"生命周期分析""生命周期方法""摇篮到坟墓""生态衡算"等。其最早应用可追溯到1969年美国可口可乐公司对不同饮料容器的资源消耗和环境释放所做的特征分析。该公司在考虑是否以一次性塑料瓶替代可回收玻璃瓶时，比较了两种方案的环境友好情况，肯定了前者的优越性。

2.2.1.1　全生命周期理论的现状与发展

在国内，生命周期评价（LCA）作为资源环境效率分析的标准方法，正处于快速发展阶段。马雪等指出，随着国内外有关LCA政策文件的出台，其在国内环境保护和国际贸易中将会发挥更加重要的作用。他们从国内LCA的方法学研究、软件工具开发、应用现状方面进行了分析，并发现数据质量评价和本地化影响评价方法建立取得了一定进展，LCA在各个层面得到了广泛应用，但国内数据库建设及专业软件工具开发需继续加强。郭焱等对产品生命周期评价中的关键问题进行了理论梳理与分析，包括归因生命周期评价和归果生命周期评价问题、功能单位定义和系统边界界定问题、清单分析阶段的数据质量和不确定性问题、清单分析方法的选择问题、清单数据的分配问题、影响评价阶段的评价方法选择问题、生命周期评价范围的拓宽和加深问题。他们提出了针对这些关键问题的主要解决办法，并预测未来的生命周期评价将沿着生命周期可持续评价的方向发展，不仅考虑环境的影响，还将经济和社会的影响包括在内。夏添等研究了生命周期评价清单分析的算法。他们提出了一种适于求解LCA清单数据的算法，阐明了算法基于清单分析的理论模型，运用了高斯消元法的原理以及详细的求解过程。他们的研究表明，该算法能够提高计算结果的准确性和计算速度。莫华等对生命周期清单分析的数据质量评价进行了研究，他们强调数据质量的重要性，并提出了一种数据质量评价方法。

综上所述，国内的生命周期评价研究正在快速发展，已经取得了一些重要的进展，但仍面临一些挑战，如数据库建设和专业软件工具的开发等。未来的研究将更加关注生命周期可持续性评价，这不仅包括环境影响，还包括经济和社会影响。同时，数据质量和清单分析方法的研究也将继续深化。

2.2.1.2　相关领域应用

1998年，国家质量技术监督局积极参与并推动了ISO 14000系列标准的实施与推进，开始全面引进 ISO 14040 系列标准，并将其等同转化为国家标准，相应的国家标准号为 GB/T 24040。到目前为止，已经完成了 ISO 14040（原则与框架）、ISO 14041（目的与范围的确定和清单分析）、ISO 14042（生命周期影响评价）和 ISO 14043（生命周期解释）等转化工作。此外，在许多关于清洁生产、环境标志、环境管理体系等方面的专著和培训教材中，都有专门介绍生命周期理论和方法的章节。

在 LCA 实践方面，目前我国进行完整 LCA（包括简化型或速成型 LCA）研究的报道相对较少。但据了解，我国一些研究机构利用与国外机构合作的机会，进行了一些探索性的研究。例如，与美国合作，利用 LCA 进行"中国山西省和其他富煤地区把煤转化成汽车燃料"的研究，以及利用中-欧国际合作项目"工业初级产品生产过程中的生态可持续性研究"，进行了一种汽车产品的 LCA 研究。

在国内研究现状方面，LCA 作为一种有效的清洁生产工具，已经被逐步引入我国，并在诸多领域得到不同程度的应用。徐李娜等在《生命周期评价在清洁生产中的应用》中详细介绍了生命周期评价方法的概念、技术框架，并探讨了其在清洁生产领域的应用前景。孙启宏在《生命周期评价在清洁生产领域的应用前景》中也强调了 LCA 在我国清洁生产审计、产品生态设计、废物管理、生态工业等方面的作用。杨雪松等在《生命周期评价在清洁生产中的应用》中详细分析了生命周期评价的框架结构，并讨论了其在清洁生产中的应用。石晓枫在《生命周期评价在企业清洁生产中的应用》中也探讨了企业在清洁生产中如何应用生命周期评价。

从这些研究中可以看出，生命周期评价在我国清洁生产领域的应用已经得到了广泛的关注和研究。然而，目前还存在一些问题，例如 LCA 方法的引进和消化吸收还不够，需要建立符合中国国情的 LCA 方法学体系和数据支撑体系。在未来的发展趋势上，预计生命周期评价将在清洁生产中发挥更大的作用。一方面，随着环保意识的提高和环保法规的完善，企业将更加重视清洁生产和环境保护，生命周期评价将成为企业审计和决策的重要工具。另一方面，随着科技的发展，生命周期评价的方法和技术也将得到进一步的提升和完善，使其在清洁生产中的应用更加广泛和深入。

按照 ISO 14040 标准实施企业清洁生产审核的预评估工作既烦琐又耗时，通常需要数月至数十个月的时间，同时还需要大量的数据支持。这些数据往往涉及行业的基础数据，通常需要向专业部门购买，并可能需要购置相关设备进行监测，因此成本高昂。鉴于时间、精力和财力的限制，许多企业在清洁生产审核过程中选择不使用 LCA 工具。然而必须认识到，企业的生产、产品与服务仅是产品全生命周期中的一环。清洁生产审核中的预评估阶段，其核心在于对全生命周期中特定环节的废物产生、回收与再生、能源和资源消耗进行全面、精准的分析，以识别出清洁生产的优先领域。

在实际操作中，可以借鉴 LCA 的核心理念，对 LCA 过程进行合理简化。具体而言，可以根据产品的工艺流程，将企业的生产活动与服务分解为不同的阶段，并采用矩阵表达、定量与定性相结合的数据形式，对这些阶段进行以下 3 个方面的深入分析：

① 关注原材料与能源的获取，分析各阶段的需求与构成，力求避免或减少使用对环

境有害的材料与能源，从源头上预防污染。

② 针对制造加工环节，评估生产工艺与设备的先进性，探讨技术革新方案，优化那些导致原材料、能源浪费或大量污染物产生的工艺与设备，确保生产过程的清洁与高效。

③ 运输环节也不容忽视。需要评估产品在运输过程中的安全性，确保运输工具的合理选择，防止产品洒落与泄漏，特别要关注化学物品的安全运输，防止污染与事故的发生。

产品使用阶段同样重要。这包括产品的准备、消费、操作与存储等环节，还需要考虑产品的再利用与回收，如现场再利用、离开现场的再利用以及产品返回生产阶段等，实现资源的最大化利用。

最后，废物管理也是全生命周期评估的关键一环。需要对每个阶段的废物进行妥善处理，如无害化集中处理、处置等，确保环境的安全与可持续。在国内，关于生命周期评价在清洁生产审核中的重要作用的研究已经引起了广泛关注。李铮等指出，生命周期评价（LCA）是一种有效的清洁生产诊断和评价工具。他们强调了其在清洁生产审核工作中所涉及的 3 个方面、7 个阶段和 35 个步骤中的重要作用。

朴文华等以水泥企业为例，运用生命周期评价方法进行了清洁生产审核。他们发现，在整个水泥生产过程中，石灰石和煤炭的资源能源耗竭潜值和资源消耗量最大，而环境排放影响中熟料煅烧阶段对各个类型的环境影响远远高于其他几个阶段。

黄贤峰等也对生命周期评价在清洁生产审核中的运用进行了深入研究。他们认为，生命周期评价作为国际上环境管理的一个重要技术工具，可将其指导思想和原则运用于清洁生产审核过程。在清洁生产审核各阶段运用生命周期评价方法，可提高清洁生产审核的技术水平及效果，丰富清洁生产审核的技术和方法，促进企业清洁生产。

综上所述，国内对生命周期评价在清洁生产审核中的研究已经取得了一些成果，但仍然需要进一步深入。未来，随着人们环保意识的提高和技术的发展，生命周期评价在清洁生产审核中的应用将更加广泛，其方法和模型也将更加完善。

2.2.1.3　全生命周期理论的应用前景

在国内研究现状方面，生命周期评价（LCA）已在我国多个领域得到应用。例如，生物质材料领域，生命周期评价被用于评估产品的环境影响，并已纳入 ISO 14000 环境管理系列标准。赵志全等对乙烯行业也采用了生命周期评价进行环境评估，该研究分析了包括原油生产、原煤生产、原料生产、乙烯生产和电力生产 5 个环节在内的 13 种污染物排放对乙烯行业的环境影响。在乙烯行业的研究中，虽然经过近 10 年发展，我国乙烯行业在资源利用效率和缓解尾气排放两方面都有显著的提升，但仍需继续改进。此外，生命周期评价也被应用于固体废物环境管理，为我国建立科学的固体废物环境管理模式提供了重要的工具。在绿色建筑领域，全生命周期评价被用于评估建筑项目的环境影响，以促进可持续发展。这些研究结果表明，生命周期评价在我国的应用已经取得了一定的进展，并在一定程度上推动了环境保护和可持续发展。然而，尽管生命周期评价在我国得到了广泛应用，但仍存在一些不足之处，例如，在生物质材料领域针对目前我国生物质材料研究的LCA应用不足。

基于以上分析，可以预测未来生命周期评价在我国的应用将进一步扩大。随着环境保护意识的提高和可持续发展需求的增加，生命周期评价将成为评估产品、工艺或活动环境影响的重要工具。同时，随着技术的不断进步和应用的深入，生命周期评价在各个领域的应用也将更加广泛和深入。

2.2.2　清洁生产理论

清洁生产理论起源于对环境问题日益严重的关注和人类对可持续发展的追求。随着工业化和城市化的快速发展，环境污染和资源消耗问题日益突出，给人类生存和发展带来了巨大挑战。为了解决这些问题，清洁生产理论应运而生，它强调在生产过程中实现资源的高效利用和环境的最低影响，以实现可持续发展。清洁生产理论的核心是"预防优于治理"，即在生产过程中就注重节约原材料和能源，尽可能使用无毒无害的原材料，减少废弃物的排放，并从全生命周期的角度考虑产品对环境的影响。这种理论要求企业在产品设计、生产、使用和处置等各个环节都充分考虑环境因素，实现经济效益和环境效益的"双赢"。清洁生产理论的重要性不言而喻。它不仅能够减少环境污染和资源消耗，提高生产效率，降低生产成本，还能增强企业的竞争力和社会责任感。同时，清洁生产也是实现可持续发展战略的重要手段，有助于推动经济社会与环境的协调发展。清洁生产是一种旨在减少生产过程对环境的影响、提高资源利用效率和产品质量的管理策略。它涉及从产品设计、原材料采购、生产过程到产品使用的整个生命周期，力求在生产过程中最大限度地减少废物和污染物的产生。

2.2.2.1　清洁生产理论的起源

1979年，欧洲共同体理事会实施了清洁生产政策，同年11月，在日内瓦召开的在环境领域内进行国际合作的全欧高级会议上，理事会通过了《关于少废无废技术（工艺）和废物利用宣言》。该宣言强调，无废工艺融合了广泛的知识、方法和手段，旨在满足人类需求的同时，实现自然资源和能量的高效利用，并致力于保护我们赖以生存的环境。随后，在1984年联合国欧洲经济委员会（UNECE）于塔什干举办的国际会议上，无废工艺得到了更为详尽的阐释：无废工艺是一种特定的生产方法，它涵盖流程、企业、地区乃至整个生产综合体。通过这种方法，所有的原料和能量在从原料、资源到生产，再到消费，最终回到二次原料、资源的循环过程中，得到了最为合理和全面的利用。同时，这一生产过程对环境的影响极小，不会破坏其正常功能。

联合国环境规划署（UNEP）给出的清洁生产的概念是：

清洁生产是一种新的创造性的思想，该思想将整体预防的环境战略持续应用于生产过程、产品和服务中，以增加生态效率和减少人类及环境的风险。

——对生产过程，要求节约原材料和能源，淘汰有毒原材料，减少和降低所有废弃物的数量和毒性。

——对产品，要求减少从原材料提炼到产品最终处置的全生命周期的不利影响。

——对服务，要求将环境因素纳入设计和所提供的服务中。

2002 年我国颁布了《中华人民共和国清洁生产促进法》，并于 2003 年 1 月 1 日起实施，该法中明确给出了清洁生产定义：

清洁生产是指不断采取改进设计、使用清洁的能源和原料、采用先进的工艺技术与设备、改善管理、综合利用等措施，从源头削减污染，提高资源利用效率，减少或者避免生产、服务和产品使用过程中污染物的产生和排放，以减轻或者消除对人类健康和环境的危害。

2.2.2.2　清洁生产理论的现状

在国内研究现状中，物质平衡理论在经济和环境系统的影响方面得到了广泛关注。成都理工大学的李源等在其研究中指出，物质平衡理论作为基础理论，在经济环境系统中具有深远的影响。他们认为，物质平衡理论不仅能解释外部性理论、资源容量与环境承载等经济现象的发生，还是可持续发展、循环经济、环保理论等方面的理论基础，对经济发展起到了举足轻重的作用。现状分析表明，物质平衡理论在国内外经济环境领域的研究已取得了一定的成果。学者们通过运用物质平衡理论，对经济和环境系统中的各种现象进行了深入的探讨，为解决实际问题提供了理论支持。然而，目前的研究仍存在一定的局限性，如对物质平衡理论的深入挖掘和拓展不足，以及在实际应用中的局限性等。趋向预测方面，随着经济环境问题的日益严重，物质平衡理论在经济和环境系统中的应用将得到更加广泛的关注。未来研究将更加注重物质平衡理论的深入挖掘和拓展，以期为经济和环境系统的可持续发展提供更为有力的理论支持。同时，学者们也将努力克服现有研究的局限性，将物质平衡理论应用于更多实际问题的解决中，以期为经济和环境系统的协调发展做出更大的贡献。

最优化理论为清洁生产提供了坚实的理论基础。清洁生产实质上是一个求解问题的过程，即在满足特定生产条件下，寻求原料消耗最小化、产品产出率最大化的最优解。这个问题可以通过数学的最优化理论进行建模和分析。很多时候，将废物最小化作为目标函数，而清洁生产则是寻求在资源、环境等约束条件下的最优解决方案。从行为生态学的角度来看，最优化理论也揭示了自然选择的倾向，即动物总是追求最有效的基因传递方式，这也体现在它们对时间分配和能量利用的最佳状态追求上。然而，必须认识到废弃物产生的客观性，生产资料无法完全转化为商品，总会产生一定量的废弃物。为了避免环境污染，人类不仅需要关注使用价值生产上的劳动，还必须投入劳动来减少废弃物排放、保护环境。这意味着生产商品所需的社会必要劳动时间不仅包括传统意义上的劳动时间，还应涵盖资源利用和环境保护上的劳动时间。如果将污染控制与生产过程割裂开来，必然会增加生产商品所需的全部社会必要劳动时间。而清洁生产的实施则能有效缩短这一时间。清洁生产强调在生产过程中尽可能地消除污染，从而大幅减少末端治理的费用，降低治理技术开发的难度。这样一来，从整体上，清洁生产使得生产商品所需的全部社会必要劳动时间得到了最大限度的减少。

社会化大生产理论的核心在于以最小的劳动消耗，产出尽可能多的满足社会需求的产品，这被视为社会主义建设的最高指导原则。随着机器的持续改进，原本在旧有形式下无法利用的物质得以转变为新的生产中可资源化利用的形态。科学的进步，特别是化学领域的突破，使得我们发现了废弃物的潜在价值。当前，社会化大生产的深入发展和科学的不断进步，为清洁生产提供了坚实的基础和必要条件。环境污染作为一种外部不经济性现象，对社会造成了负面影响，而传统的末端治理方式在一定程度上加剧了这种外部不经济性。为了有效弱化这种外部不经济性，推行清洁生产显得至关重要。

在社会资源总量保持恒定的情况下，企业实施清洁生产不仅能够提升社会产品的总量，进而增加社会总效益；而且能够通过减少废弃物的产生，降低企业将治理成本转嫁给社会的机会成本，从而有效地削弱外部不经济性。因此，清洁生产不仅是环境保护的有效手段，也是推动社会经济可持续发展的重要途径。

2.2.2.3　清洁生产理论的发展

北京化工研究院环境保护研究所的杨再鹏等，将实践和理论结合，阐述了循环经济理论的理念及循环经济和清洁生产的关系。实现循环经济理论在技术层面应当开发和应用清洁生产、末端治理和报废产品回用三种技术；在社会层面应当发挥政府和公民两方面的作用。中国工程院院士、清洁生产专家段宁进一步指出，清洁生产、生态工业和循环经济是当今环保战略的三个主要发展方向，三者有共同之处，又有各自明确的理论、实践和运行方式。他着重从理论上探讨环境管理延伸到企业、企业群落和国民经济一切相关领域的必然性和合理性，提出并论述了生态工业与循环经济的前提和本质是清洁生产，从优质资源、生态和环境总量保有量的角度探讨了循环经济对我国国际竞争力的重要性。刘海涛在其期刊论文中，对清洁生产与环境影响评价、清洁生产审核、生命周期评价等的相互关系和侧重点进行了分析，并阐述了清洁生产的研究现状、方法比较和权重确定方法。该研究明确了影响评价合理性的重要因素是评价方法与指标体系的相互匹配。

从以上研究中可以看出，国内对清洁生产效益综合评价方法的研究已经开始，但是还处于初级阶段，主要集中在理论探讨和方法研究上，实证研究和案例研究还相对较少。未来，随着环保意识的提高和政策的推动，清洁生产将会得到更广泛的应用，因此，清洁生产效益综合评价方法的研究将会更加深入，不仅会在理论研究上有新的突破，也会有更多的实证研究和案例研究出现。同时，随着科技的发展、数据分析和处理技术的进步，清洁生产效益综合评价方法也将会更加科学和精确。在过去的几十年里，随着工业化进程的加快，环境污染问题日益严重，传统的环境保护措施已难以满足可持续发展的需求。在这种背景下，清洁生产应运而生，成为解决环境问题的重要手段之一。

2.2.3　工业生态学理论

2.2.3.1　工业生态学理论的起源与发展

工业生态学并非全新的概念。20世纪60～70年代的科技文献中已经时而出现这个词了，但是没有更为深入的研究。20世纪80年代末90年代初，工业生态学一词首先在与美国国家工程院关系密切的一些工程技术人员中重新被提出。从此以后，工业生态学走上了充满活力的发展之路。

1989年，美国通用公司的研究部副总裁Robert Frosch和负责发动机研究的Nicolas Gallopoulos在《科学美国人》杂志上发表了题为《可持续工业发展战略》的文章，首次正式提出了工业生态学的概念。他们将整个工业系统视为一个生态系统，强调了工业活动与自然生态系统之间的相似性和互动性，从而开启了工业生态学的研究大门。

进入20世纪90年代后，工业生态学进入蓬勃发展的阶段。1997年，全球第一份工业生态学杂志的出版标志着该领域学术交流的开始。1997年，美国权威期刊《环境科学与技术》发布了《21世纪优先研究领域专题报告》，明确将工业生态学列为未来二十年环境研究领域中需特别加强关注的六大优先领域之一。这一举措不仅进一步充实了循环经济理论的内容，还推动了循环经济从理论走向实践的重要步伐。同年，美国地质勘探局（USGS）认识到物质与能量流动研究对于工业生态学的重要性，进一步推动了该学科的发展。到了2000年，工业生态学的研究和实践已经取得了显著的进展，无论是在理论研究还是在实际应用方面都有了长足的发展。

工业生态学秉持着一种核心理念，即自然界中并不存在绝对的"废物"。它坚信，任何具有潜在利用价值的物质，都有机会被转化为珍贵的"原料"，进而实现资源的最大化利用和循环再生。产品的废弃物处置问题同产品的设计和加工制造过程一样重要（见图2-1，书后另见彩图）。如今，工业生态学已经成为推动工业可持续发展的重要学科，它涵盖了原料与能量流动（工业代谢）、物质减量化、技术变革、环境友好的生命周期规划设计与评价等多个研究领域。随着全球对环境保护和资源高效利用的关注度不

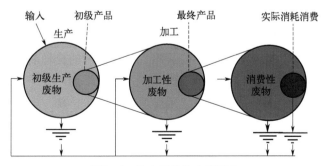

图2-1　生态工业的串联耦合

断提高，工业生态学将继续拓展其研究边界，为解决工业发展与生态环境保护之间的矛盾提供更多的理论和实践指导。

在国内研究领域，生态系统控制论的发展历程及其合理性受到了广泛关注。赵绪涛等在其研究中指出，控制论在生态系统研究中得到广泛应用，但其合理性受到质疑。他们通过对生态学中传统的"自然平衡"观念的分析，认为1948年维纳出版《控制论》之后，生态学家将控制论应用于生态系统研究中是顺理成章的。生态城市及城市生态系统理论和生态工业园区生态系统理论已引起广泛关注。同样，南京大学环境学院的袁增伟等在《生态学报》上发表了题为《生态工业园区生态系统理论及调控机制》的文章，深入分析了生态工业园区生态系统的特点，提出了基于社会子系统、环境子系统、经济子系统和资源子系统的四维一体的生态工业园区复合生态系统结构框架，并给出了系统功能协调度、调节费用及系统效益之间的理论变化曲线。部分学者从可持续发展的角度出发，关注城市生态化控制理论以及城市复合生态系统理论研究的核心与宗旨。重庆大学城市学院的景星蓉等发表了题为《生态城市及城市生态系统理论》的文章，探讨了生态城市建设的复杂系统及其与周边的协调关系，提出了建立生态城市指标体系的一些新观点。

可持续发展理论的形成是一个漫长且复杂的历史过程。在20世纪50～60年代，随着经济增长、城市化进程加速、人口膨胀以及资源消耗加剧，人们开始感受到环境压力，并对传统的"增长即发展"模式产生了怀疑，并就此展开了深入的讨论。1962年，美国蕾切尔·卡逊的著作《寂静的春天》震撼了全球。她描绘了一幅因农药污染而导致的可怕景象，警示人们可能会失去那原本明媚的春天。这部作品在全球范围内引发了关于发展观念的激烈争论，促使人们开始重新审视人类与自然的关系。十年后，巴巴拉·沃德和雷内·杜博斯的《只有一个地球》问世，这部著作将人类对于生存与环境的认识提升到了一个新的高度——可持续发展的境界。同年，罗马俱乐部这一非正式的国际知名学术团体发布了研究报告《增长的极限》，明确提出了"持续增长"和"合理的持久的均衡发展"的概念，为可持续发展理论的形成奠定了重要基础。1987年，以挪威首相布伦特兰为主席的世界环境与发展委员会发表了报告《我们共同的未来》，正式提出了可持续发展概念，并全面论述了人类共同关心的环境与发展问题。这份报告受到了世界各国政府组织和舆论的高度重视。在1992年的联合国环境与发展会议上，可持续发展的要领得到了与会者的广泛共识与承认。可持续发展理论的基本特征可以概括为3个方面：a. 经济可持续发展是基础，它强调经济增长的同时要注重质量和效益；b. 生态（环境）可持续发展是条件，它要求保护生态环境，实现资源的合理利用和循环再生；c. 社会可持续发展是目的，它旨在改善人类生活质量，实现社会的公平与和谐。这三个方面相互依存、相互促进，共同构成了可持续发展理论的完整框架。

2.2.3.2 工业生态学理论的应用

在国内，工业生态学作为一门新兴的交叉学科，无论是在理论研究还是在实践活动上都取得了显著的进步。清华大学环境学院的石磊等指出，工业生态学需要界定其学术范畴和理论基础，主要研究领域包括社会代谢、工业共生、基础设施与产业相互选择以及工业发展的可持续性等。西北大学城市与环境学院的李同升等学者从国外工业生态学的研究进展出发，深入分析了我国工业生态学当前的研究状况。他们结合国际发展趋势，提出了我国工业生态学未来的研究框架和主要研究领域。在他们的研究中，详细综述了工业生态学的主要研究进展，所涉及的领域包括原料与能量流动、物质减量化、技术变革与环境、生命周期规划设计与评价、为环境设计（特别是关注生态平衡与可持续发展的设计理念）、延伸生产者责任、生态工业园以及产品导向的环境策略等。这些研究不仅揭示了中国工业生态学的当前状况，也为未来的研究方向提供了有价值的参考。

工业生态学是一门研究工业系统与环境之间相互作用的跨学科科学。在中国，随着经济的快速增长和环境保护意识的提高，工业生态学逐渐成为学术界和政府部门关注的焦点。李同升等的研究为我们提供了一个全面了解中国工业生态学发展现状和未来趋势的窗口。他们提到的原料与能量流动、物质减量化等研究领域，反映了中国在提高资源利用效率和减少环境污染方面所做的努力。技术变革和环境的探讨则强调了技术创新在实现可持续发展中的关键作用。

与此同时，钟书华和柯金虎等的研究则聚焦于生态工业园区，这是工业生态学的重要研究内容。他们指出，在美国、法国、加拿大、丹麦等发达国家，将传统工业开发区改建成生态工业园区的趋势已经明显。而在我国，随着环境日益恶化，数百个各种层次、各种类型的工业开发区也面临着改建为生态工业园区的问题。

然而，尽管国内在工业生态学领域的研究已经取得了一定的进展，但与国际先进水平相比，仍存在一定的差距。例如，我国在原料与能量流动、物质减量化、技术变革和环境治理等方面的研究仍有待深入。此外，我国在生态工业园区的建设和改造方面也面临着一些挑战，例如如何有效利用现有资源、如何实现经济效益和环境效益的双重提升等。

工业生态学作为一门致力于实现工业系统与自然环境和谐共存的学科，正面临着一系列的挑战与机遇。挑战主要包括技术瓶颈、政策限制和经济激励等问题，而机遇则来自技术进步、政策支持和市场需求的增长。

在我国，有许多学者探讨了工业生态学面临的挑战与机遇。例如，石磊等发表的文章《中国产业生态学发展的回顾与展望》就对中国产业生态学的发展历程进行了回顾，并指出，虽然中国在产业生态学领域取得了一定的进展，但仍面临着许多挑战，如技术创新不足、政策体系不完善等。同时，他们也看到了巨大的发展机遇，如政府对绿色发展的重视、市场需求的增长等。

总的来说，工业生态学正站在一个新的历史起点上，面临着前所未有的挑战与机遇，只有通过不断的技术创新、政策完善和市场开拓才能推动工业生态学的健康发展，实现工业与自然的和谐共生。

2.2.4 循环经济理论

2.2.4.1 循环经济理论起源与发展

循环经济作为一种在生产、流通和消费等各环节中积极实践的减量化、再利用和资源化活动，是生态文明建设不可或缺的重要组成部分。鉴于其具备显著的战略性、宏观性、长期性和复杂性特征，推进循环经济发展势必要依靠强有力的规划措施来加以引导和保障。通过科学规划、系统布局和精准施策，我们可以更好地推动循环经济的深入发展，为生态文明建设贡献重要力量。1962年，美国经济学家Boulding提出"宇宙飞船经济理论"，将地球比作太空中的飞船，强调资源循环利用对持续发展的重要性。他认识到环境问题的根源在于经济过程，并于1966年发表《一门科学——生态经济学》，正式提出"生态经济学"概念，将生态经济理念融入社会发展各领域。循环经济的提出推动了20世纪60年代末的资源与环境国际经济研究。20世纪80年代，可持续发展研究兴起，1987年世界环境与发展委员会在《我们共同的未来》中探讨了资源高效利用、再生和循环的管理，将循环经济与生态系统相联系。1990年，英国经济学家Pearce等在《自然资源和环境经济学》中首次提出"循环经济"概念。

在国内循环经济的研究中，张德元认为，经过20多年的持续推进，我国的循环经济理念已经深入人心，示范试点广泛开展，法规政策体系不断完善，发展成效得到国际社会广泛认可。刘海伦则认为，2023年是全面贯彻党的二十大精神的开局之年，我国将深入推进生态文明建设和绿色低碳发展，积极稳妥推进碳达峰、碳中和，加快打造绿色低碳供应链。周宏春提出，循环经济是实现绿色低碳发展、构建生态文明的重要途径。他强调了循环经济在提高资源效率、减少环境污染和促进经济转型升级中的关键作用。在推进的过程中，这些学者的观点反映了中国在循环经济发展方面的积极态度和取得的进展。张德元强调的是循环经济理念在中国社会的广泛接受和实施情况。刘海伦着眼于未来，指出2023年是全面贯彻党的二十大精神的开局之年，并强调碳达峰、碳中和的目标。周宏春则从资源与环境政策的角度出发，认为循环经济对于实现绿色低碳发展和建设生态文明至关重要。杨再鹏等将实践和理论结合阐述了循环经济理论的理念及循环经济和清洁生产的关系。他们指出，在我国当前国情条件下，实施循环经济的重点是：扎扎实实地推行清洁生产，开展废旧物品的回用。政府的职责是制定实施循环经济的法规、宏观规划；民众应提高循环经济和可持续发展的意识，自觉地可持续消费。

总的来说，这些观点表明中国正致力于把推动循环经济作为实现可持续发展的重要手段，通过提高资源利用效率、减少废弃物排放和促进绿色低碳技术的应用来推动经济社会发展与环境保护相协调。吴飞美从生态伦理的角度出发，探讨了我国循环经济的生态伦理要求，主要包括资源消耗最小化、能源利用最大化、污染排放清洁化、循环发展理性化。

这些研究显示，我国的循环经济发展已经进入新的阶段，不仅需要政策的引导和支持，更需要科技的创新和推动。同时，循环经济的发展也需要社会各界的参与和支持，包括政府、企业和公民。未来，我国的循环经济将会更加深入地融入经济社会发展的各个领域，成为推动我国经济社会高质量发展的重要力量。

2.2.4.2　基于循环经济理论的污染源监管发展

在探讨污染源监管制度的理论框架与实践进展时，循环经济理论以其独特的视角和深刻的内涵，为环境保护和资源节约提供了重要的理论支撑。该理论不仅强调资源的高效利用和废物的最小化，而且倡导一种全新的生产和消费模式，以实现经济活动与环境可持续性的和谐共生。

循环经济理论的核心在于重新定义经济增长与环境之间的关系，将废弃物视为资源的一种形态，进而通过科学的管理和技术的创新，实现废物的资源化、减量化和无害化。这种理念的提出，对传统以"取—制—弃"为特征的线性经济模式提出了挑战，倡导构建一个闭环的、可再生的系统，从而减少对自然资源的依赖，降低环境污染。在污染源监管领域，循环经济理论的应用促进了污染预防和控制策略的创新。通过推广清洁生产技术、优化工业结构、实施生态设计和加强产品的生命周期管理等措施，企业和社会的污染排放得到了有效控制。同时，政策制定者和监管机构也开始重视循环经济理念，将其融入环境法规和标准中，推动污染源监管制度的改革与发展。然而，尽管循环经济理论为污染源监管提供了新的思路和方法，但在实际操作过程中仍面临诸多挑战。

近年来，国内学者在各污染源领域展开了研究。在党中央提出科学发展观和构建社会主义和谐社会的背景下，发展循环经济、建设生态文明是建设资源节约型、环境友好型社会的重要途径。我国学者针对油气开采企业在勘探开发作业中形成的环境污染问题及其传统污染治理模式中存在的缺陷，从循环经济思想理论出发，综合运用生态学、系统科学等理论，提出了一种以油气开采企业为主体、全社会参与的环境污染治理新模式。四川省面积广阔，区域内差异显著，农业生态保护工作不到位使得四川省水土流失、环境污染、土地退化较为严重。农业循环经济是一种符合科学发展观理念的农业发展模式，是实现农业可持续发展的重要措施和必要途径，特别是对于四川这个农业大省而言实施循环经济意义重大。根据循环经济的理论、方法及原则，对农村雨污水、农村固体废物的污染控制及其资源化利用途径进行了系统的介绍，并提出了实现农村循环经济和农业可持续发展的一些建议。在循环经济建设中，畜禽养殖粪便环境污染治理是一个重要环节。目前，我国在这方面的研究还处于起步阶段，但随着环保意识的提高和政策的推动，预计未来几年将会有更多的研究涌现。

展望未来，循环经济理论在污染源监管领域的深化应用，将需要跨学科的合作和创新思维。这不仅包括环境科学、经济学和管理学等领域的知识融合，还涉及公众参与、企业行为和政策导向等多方面的协同进步。通过综合运用多种手段和策略，循环经济理论有望为构建更加高效、公平和可持续的污染源监管制度提供坚实的理论基础和实践指导。

2.2.5 环境经济学理论

2.2.5.1 环境经济学理论的起源

环境经济学的起源可追溯至20世纪60年代的西方国家，当时环境污染和资源过度消耗问题开始引起经济学家的关注。他们提出了研究环境经济学的基本理论和方法，旨在分析资源利用的经济性以及环境污染和环境质量的经济效应。这一时期，一些经济学家如Harold Hotelling开始研究不可再生资源的保护措施和决策问题，为环境经济学的发展奠定了基础。

在20世纪80～90年代，环境经济学的理论研究更加深入，并开始广泛应用于实践。各国政府开始出台环境保护政策，推动环境经济学的发展。此时，环境经济学的研究范围逐渐扩大，不仅关注自然资源的经济利用和污染问题，还开始研究环境保护政策和环境治理的效果，以及如何制定科学的环境保护政策，实现环境保护与经济发展的协调。

进入21世纪，环境经济学继续发展并呈现出跨学科的研究趋势。随着全球环境问题的日益严峻，环境经济学开始更加注重可持续发展问题和宏观经济分析领域的研究。在国际层面，研究者强调了可持续发展的重要性，并认为它是环境经济学研究的"金钥匙"。同时，对于环境政策的制定，学者们提出需要在合理的环境评估基础上进行，并且经济与自然科学和哲学等是无法割裂的。因此，在探寻环境经济学的发展历程时，我们可以发现环境经济学是随着社会的发展和生产需求的增加而逐渐形成和发展起来的学科。

外部性是在没有市场交换的情况下，一个生产单位的生产行为（或消费者的消费行为）影响了其他生产单位（或消费者）的生产过程（或生活标准）。按照传统福利经济学的观点来看，外部性是一种经济力量对于另一种经济力量的"非市场性"的附带影响，是经济力量相互作用的结果（所谓非市场性，是指这种影响并没有通过市场价格机制反映出来）。从资源配置的角度分析，外部性表示当一个行动的某些效益或费用不在决策者的考虑范围内的时候所产生的一种低效率现象。从外部性的定义出发，其有两个明显的标志：外部性是随着生产或消费活动而产生的，其带来的影响是外部经济或外部不经济。据此可以划分出4种具体的形式：

① 生产的外部经济性；

② 消费的外部经济性；

③ 生产的外部不经济性；

④ 消费的外部不经济性。

外部性会导致市场失灵。庇古认为环境污染的外部性问题不能通过市场来解决，而必须依靠政府干预。政府征收一笔附加税或者发放补贴，对私人决策产生附加的影响，从而使私人决策的均衡点向社会决策的均衡点靠近。据此产生了"庇古税"，即由权威机构（政府）给外部不经济性确定一个合理的负价格，据此征收的税或费称为"庇古税"或"庇古费"，即"污染者负担"或"污染者付费"原则。这一原则将污染者强加给他人的外部成本内部化。庇古税的征收额度等于社会边际损害。外部性干扰了资源的最优配置，因为外部性发生于当社会不能为一件物品（或损害）制订正确的正的或负的价格，缺乏一个能够正常发挥作用的价格机制时。经济效率要求设计一种非均衡的价格机制：针对外部性的制造者设计一个非零价格，而对外部性的消费者使用一个零价格。正常的价格是消费者和供应者之间均衡的结果，它不能以非均衡的形式存在。但庇古税能够做到这一点，对外部性制造者提供激励，对外部性消费者不提供激励。

根据"科斯定理"，如果外部性的制造者和受害者之间不存在交易成本，只要其中一方拥有永久产权（不论是哪一方），市场交易将会产生最优结果。科斯条件下的庇古税原则是指，当外部性影响到很多人时，庇古税是有效率的。然而，如果外部性影响的人数较少时，科斯交易就可以纠正资源配置的偏差，庇古税反而会造成资源配置失误。对外部性制造者征收庇古税会引起受害者的策略行为，这种行为谋求改变税负，以社会支出的形式使受害者受益。如果受害者的策略是故意和过量接受外部性的损害，借以提高对污染者的征税额，那么对受害者征税是可行的，以控制这种反社会的对策行为。因此，在人数少的情况下，对污染者和受害者征收庇古税理论上是有意义的。但是，如果污染者和受害者数量都很少，科斯的产权交易方法是最有效的。

此外，生态经济学思想也逐渐融入环境经济学中，为其提供了更广阔的研究视野。环境经济学与污染源监管制度之间存在着紧密的关系。环境经济学为污染源监管制度的制定和实施提供了理论基础和方法论支持，而污染源监管制度则是环境经济学理论在实践中的应用和体现。

2.2.5.2　环境经济政策创新

在国内研究现状方面，近年来我国在全面推进美丽中国建设的环境经济政策创新方面取得了显著成果。董战峰等认为，全面推进美丽中国建设的核心在于推进人与自然和谐共生的现代化，需要深化环境经济政策改革，提供绿色发展新动力、绿色转型新动能、生态环境治理新效能，还强调了环境经济学学科建设的理论支撑作用，提出了通过强化绿色低碳发展的政策激励，促进提供更多优质生态产品、推进绿色生态共富的新思路和任务。他们主张科学设计环境经济政策的实施路径，为全面推进美丽中国建设提供坚实保障与关键动能。此外，郝春旭等指出，2022年环境经济政策体系建设不断完善，环境经济政策改革与创新工作取得积极进展，有力推动了高质量发展动力转换、绿色发展结构转型，在生态文明与美丽中国建设中发挥了重要作用。在污染场地风险管控环境经济政策方面，唐星涵等提出了从全生命周期的视角出发，按照"防、控、治、管"的思路，在场地污染预防与调查、污染场地风险管控与效果评估、污染场地治理修复、污染场地监管和再利用四个阶段纳入多样化、差异化的经济激励政策工具，形成税费、补贴、价格、交易等多种手段组合的污染场地风险管控环境经济政策体系。

现状分析及趋向预测方面，当前我国环境经济政策改革与创新取得了积极进展，但仍存在一些问题和不足。未来需要进一步优化环境经济政策，建立健全一套更加科学合理、公平长效、激发活力的环境经济政策体系，充分支撑环境质量改善与高质量发展。在污染场地风险管控方面，未来应加快污染场地风险管控的环境经济政策探索与创新，形成多样化、差异化的经济激励政策工具，为我国土壤污染防治提供有力支持。李珂等通过文献综述法，对我国学者在环境经济学的体系、理论研究，以及当前在环境市场制度、环境经济模型应用、环境经济政策创新、生态补偿制度四个方面的研究进展进行了综述。他们的工作为我国环境经济学的理论研究提供了重要的参考。

综上所述，我国在全面推进美丽中国建设的环境经济政策创新方面取得了一定成果，但仍需进一步完善和优化。未来应继续深化环境经济政策改革，推动绿色发展、生态文明建设，为实现美丽中国目标提供坚实保障。同时，加快污染场地风险管控环境经济政策探索与创新，为我国土壤污染防治提供有力支持。

2.2.5.3　环境经济学发展

国外环境经济学研究进展方面，于珊对国外文献进行总结，从国外环境经济学研究内容及研究维度界定、环境经济学与可持续发展、环境经济政策、环境经济学的研究范式四个方面对当前国外环境经济学研究进程进行梳理。她认为当前环境经济学研究内容不仅仅是在自然环境和经济领域，生态问题、可持续发展以及进化论等都是其相关的研究内容；可持续发展是环境经济学研究的"金钥匙"；环境政策的制定需要在合理的环境评估基础上进行；经济与自然科学和哲学等是无法割裂的，在探寻环境经济的研究范式上不能单纯地依据理论、模型和经验，还要广泛地将技术模式和人类的情感因素包含在内。

在国内环境经济学研究进展方面，申韬等综述了国内环境经济学研究的主要进展。他们认为经济发展导致的全球气候变化和环境恶化问题日益严重，环境经济学作为一门新兴交叉学科，在我国得到了广泛关注和快速发展。他们预测未来国内环境经济学研究将更加注重实证研究和案例分析，以期为解决我国实际环境问题提供更加有效的理论支持和政策建议。环境经济学教学改革领域，于潇针对当前全球环境问题日益突出的现状，分析了环境经济学教学的现状和问题，并探讨了环境经济学教学改革的必要性、原则、目标、理论基础、教学方法和实践路径。

参考文献

[1] 郭薇. 政府监管与行业自律[D]. 天津：南开大学，2024.

[2] 何伦凤，朱谦. 生态环境部门"统一监督管理"条款的解释论展开——以《环境保护法》第10条第1款为中心[J]. 中国地质大学学报（社会科学版），2024(02)：1-14.

[3] 陈鹏鹏. 政府监管部门角度下生态环境自动监控系统的规范与标准研究[J]. 大众标准化，2023, (23)：

127-129.

[4] 郑思齐，万广华，孙伟增，等．公众诉求与城市环境治理[J]．管理世界，2013(06): 72-84.

[5] 关斌．地方政府环境治理中绩效压力是把双刃剑吗？——基于公共价值冲突视角的实证分析[J]．公共管理学报，2020, 17(02): 53-69.

[6] 樊根耀．生态环境治理制度研究[J]．西北农林科技大学学报（社会科学版），2002(04): 103-106.

[7] Ambec S, Barla P. A theoretical foundation of the Porter hypothesis[J]. Economics Letters, 2002, 75: 355-360.

[8] Claver, López M, Molina J F, et al. Environmental management and firm performance: A case study[J]. Journal of Environmental Management, 2007, 84: 606-619.

[9] 张钢，张小军．企业绿色创新战略的驱动因素：多案例比较研究[J]．浙江大学学报(人文社会科学版)，2014, 44(01): 113-124.

[10] 施平．企业可持续发展能力视角下的环境管理和企业价值研究[D]．北京：中国地质大学，2013.

[11] 郭庆．中小企业环境规制的困境与对策[J]．东岳论丛，2007(02): 101-104.

[12] 李云雁．财政分权、环境管制与污染治理[J]．学术月刊，2012, 44(06): 90-96.

[13] 杨剑梅，赵雅兰．钢铁企业系统性、经济性绿色发展规划研究[C]．2015年中国环境科学学会学术年会，2015.

[14] 何文波．绿色低碳新动能引领世界钢铁发展新未来[N]．中国冶金报，2023-10-19(001).

[15] 向盼薇，齐佳音，方滨兴．公众感知视角的互联网平台监管机制研究——政府监管、市场环境及监管主体框架[J]．北京邮电大学学报（社会科学版），2023, 25(06): 35-49.

[16] 王宇哲，赵静．"用钱投票"：公众环境关注度对不同产业资产价格的影响[J]．管理世界，2018, 34(09): 46-57.

[17] Ouadghiri I E, Guesmi K, Peillex J, et al. Public attention to environmental issues and stock market returns[J]. Ecological Economics, 2021, 180: 106836.

[18] 赵莉，王慧娟．内部控制视角下政府环境监管与企业绿色技术创新——市场化水平的调节作用 [J]．科技进步与对策，2024, 41(19): 1-9.

[19] 阮青松，谢远鑫，吕大永．地方政府环境关注度促进企业绿色创新了吗？——来自A股上市公司的经验证据[J]．环境经济研究，2023, 8(03): 1-26.

[20] 王腾．面向新污染物风险治理的环境监管[J]．中国人口·资源与环境，2024, 34(01): 106-117.

[21] 刘鹏，王力．西方后设监管理论及其对中国监管改革的启示[J]．新视野，2016(06): 83-89.

[22] 王锋正，郭晓川．政府治理、环境管制与绿色工艺创新[J]．财经研究，2016, 42(09): 30-40.

[23] 赵若楠，马中，乔琦，等．关于稀土行业排污许可证申请与核发技术规范的思考[J]．环境工程技术学报，2019, 9(05): 609-615.

[24] 马雪，王洪涛．生命周期评价在国内的研究与应用进展分析[J]．化学工程与装备，2015(02): 164-166.

[25] 郭焱，刘红超，郭彬．产品生命周期评价关键问题研究评述[J]．计算机集成制造系统，2014, 20(05): 1141-1148.

[26] 夏添，邓超，吴军．生命周期评价清单分析的算法研究[J]．计算机工程与设计，2005(07): 1681-1683.

[27] 莫华，张天柱．生命周期清单分析的数据质量评价[J]．环境科学研究，2003(05): 55-58.

[28] 徐李娜，付桂珍．生命周期评价在清洁生产中的应用[J]．广东化工，2009, 36(05): 83-85.

[29] 孙启宏．生命周期评价在清洁生产领域的应用前景[J]．环境科学研究，2002(04): 4-6.

[30] 杨雪松，舒小芹，苏雪丽，等. 生命周期评价在清洁生产中的应用 [J]. 化学工业与工程，2001(03): 176-181.

[31] 石晓枫. 生命周期评价在企业清洁生产中的应用 [J]. 环境导报，1999(06): 23-25.

[32] 李铮，贾志斌，王锡良. 生命周期评价在清洁生产审核中的重要作用 [J]. 北方环境，2012, 24(05): 42-45.

[33] 朴文华，陈郁，张树深，等. 基于LCA方法的水泥企业清洁生产审核 [J]. 环境科学学报，2012, 32(07): 1785-1792.

[34] 黄贤峰，杨先科，黄绍洁，等. 生命周期评价在清洁生产审核中的运用 [J]. 环保科技，2010, 16(04): 26-28, 41.

[35] 何洪城，陈志明，赖敏辉，等. ISO 14000在黄酒清洁化生产企业的应用研究 [J]. 酿酒，2022, 49(06): 15-17.

[36] 赵志全，王峰，赵宁，等. 生命周期评价在我国乙烯行业环境评估中的应用 [J]. 环境科学学报，2014, 34(12): 3200-3206.

[37] 肖旭东. 绿色建筑生命周期碳排放及生命周期成本研究 [D]. 北京：北京交通大学，2021.

[38] 姬晓迪. 生命周期评价法在我国生物质材料领域中的应用 [J]. 化工新型材料，2015, 43(4): 1-4.

[39] 赵绪涛，肖显静. 生态系统控制论的发展历程及其合理性分析 [J]. 广东社会科学，2021(06): 68-78.

[40] 袁增伟，毕军，王习元，等. 生态工业园区生态系统理论及调控机制 [J]. 生态学报，2004(11): 2501-2508.

[41] 景星蓉，张健，樊艳妮. 生态城市及城市生态系统理论 [J]. 城市问题，2004 (06): 20-23.

[42] 李源，应杰. 论物质平衡理论对经济和环境系统的影响 [J]. 才智，2011(28): 27-28.

[43] 连颖. 蕾切尔·卡逊《寂静的春天》中的生态主义解读 [J]. 普洱学院学报，2023, 39(02): 80-82.

[44] 段宁. 清洁生产与清洁生产技术 [C]. 绿色工业高峰论坛暨2013年中国工业节能与清洁生产协会年会，2013.

[45] 乔琦. 循环经济和生态工业指标及规划指南研究 [Z]. 北京：中国环境科学研究院，2005-12-28.

[46] 孙启宏，段宁. 循环经济的主要科学研究问题 [J]. 科学学研究，2005(04): 490-494.

[47] 石磊. 工业生态学的内涵与发展 [J]. 生态学报，2008(07): 3356-3364.

[48] 石磊，陈伟强. 中国产业生态学发展的回顾与展望 [J]. 生态学报，2016, 36(22): 7158-7167.

[49] 李同升，韦亚权，周华. 生态工业园及其规划设计探讨 [J]. 经济地理，2005(05): 647-650.

[50] 李同升，韦亚权. 工业生态学研究现状与展望 [J]. 生态学报，2005(04): 869-877.

[51] 钟书华. 工业生态学与生态工业园区 [J]. 科技管理研究，2003(01): 58-60.

[52] 柯金虎. 工业生态学与生态工业园论析 [J]. 科技导报，2002(12): 33-35.

[53] 虞震. 我国产业生态化路径研究 [D]. 上海：上海社会科学院，2007.

[54] 孙启宏，白卫南，乔琦. 我国循环经济规划现状与展望 [J]. 环境工程技术学报，2014, 4(01): 1-7.

[55] Andersen M S. An introductory note on the environmental economics of circular economy[J]. Sustainability Science，2007, 2: 133-140.

[56] Pearce W D, Turner R K. Economics of natural resources and the environment[M]. New York: Harvester Wheatscheaf, 1990.

[57] 张德元. 新时期循环经济发展的机遇、挑战与对策 [J]. 中国经贸导刊，2023(12): 46-47.

[58] 刘海伦. 循环经济大发展再生资源迎来新机遇 [J]. 资源再生，2023(12): 1.

[59] 周宏春. 循环经济是中国绿色高质量发展的重要途径[J]. 科技与金融，2023(12): 5-11.

[60] 杨再鹏. 循环经济立法的思考[J]. 中国石化，2007(12): 70-71.

[61] 杨再鹏. 循环经济的过程和工作重点[J]. 化工环保，2007(05): 393-398.

[62] 杨再鹏，孙一，徐怡珊. 清洁生产与循环经济[J]. 化工环保，2005(02): 160-164.

[63] 吴飞美. 基于利益相关者理论的省域循环经济效率评价与创新研究[J]. 同济大学学报(社会科学版)，2022, 33(05): 115-124.

[64] 吴飞美. 基于生态伦理的我国循环经济发展研究[J]. 福州大学学报(哲学社会科学版)，2023, 37(05): 89-96.

[65] 李志刚. 基于科学发展观的循环经济动力机制构建[J]. 生产力研究，2007(17): 12-13, 33.

[66] 李志刚，李学林，谭祖雪. 基于循环经济理论的油气开采企业环境污染治理模式研究[J]. 生态经济，2010(03): 114-117.

[67] 白萍，党振华. 以循环经济理论为指导解决四川农业环境污染问题[J]. 职业时空，2011, 7(05): 3-4.

[68] 陈剑中，邱卫国，唐浩. 基于循环经济理论的农村环境保护策略[J]. 科技情报开发与经济，2009, 19(19): 114-116.

[69] 王腾，曹孟，王修川. 循环经济建设中的畜禽粪便环境污染治理[J]. 环境科学导刊，2008(03): 59-62.

[70] 王腾，连惠宇，王修川. 浅谈循环经济与畜禽粪便资源化[J]. 中国环境管理干部学院学报，2008(01): 56-58, 107.

[71] 王亚杰. 环境经济学综述[J]. 纳税，2017(14): 138.

[72] 董战峰，昌敦虎，郝春旭，等. 全面推进美丽中国建设的环境经济政策创新研究[J]. 生态经济，2023, 39(12): 13-18.

[73] 郝春旭，董战峰，程翠云，等. 国家环境经济政策进展评估报告2021[J]. 中国环境管理干部学院学报，2022, 14(03): 5-13.

[74] 郝春旭，董战峰，程翠云，等. 国家环境经济政策进展评估报告2022[J]. 中国环境管理干部学院学报，2023, 15(02): 58-65.

[75] 郝春旭，唐星涵，董战峰，等. 我国土壤污染防治经济政策体系构建研究[J]. 环境保护，2023, 51(03): 40-44.

[76] 李珂，尹宽. 我国环境经济学研究综述[J]. 生产力研究，2017(11): 150-155.

[77] 于珊. 国外环境经济学研究进展综述[J]. 经济视角，2021, 40(03): 9-17.

[78] 申韬，徐静怡. 国内环境经济学研究进展综述[J]. 西部经济管理论坛，2020(6): 8-14.

[79] 于潇. 环境规制政策影响经济增长机理研究[D]. 厦门：厦门大学，2019.

第 **3** 章
生态环境统计制度

- ☐ 生态环境统计制度内涵和意义
- ☐ 生态环境统计制度发展历程
- ☐ 生态环境统计制度体系
- ☐ 工业污染源普查
- ☐ 新时期生态环境统计制度发展挑战和趋势

3.1　生态环境统计制度内涵和意义

3.1.1　生态环境统计制度内涵

党的十八大以来，党中央多次对统计工作作出重要讲话和指示批示，为新时代统计改革发展提供了思想指引和根本遵循。生态环境统计是生态环境系统承担的部门统计工作，也是生态环境保护一项极为重要的基础性工作。根据《生态环境统计技术规范　排放源统计》（HJ 772—2022），生态环境统计的定义是：由生态环境主管部门依法组织实施的对环境污染物排放、生态环境质量、生态环境管理、应对气候变化、核与辐射安全及其他有关生态环境保护事项进行的各项统计调查活动。

生态环境统计基本任务是对生态环境状况和生态环境保护工作情况进行统计调查、统计分析，提供统计资料和统计咨询意见，实行统计监督。生态环境统计内容包括生态环境质量、环境污染及其防治、生态保护、应对气候变化、核与辐射安全、生态环境管理及其他有关生态环境保护事项。环境统计的类型有：普查和专项调查；定期调查和不定期调查。定期调查包括统计年报、半年报、季报和月报等。环境统计工作可为政府部门制定环境政策和环境规划、预测环境资源的承载能力等提供依据。

3.1.2　生态环境统计制度意义

2016年10月，习近平总书记主持召开中央全面深化改革领导小组第二十八次会议时指出，"防范和惩治统计造假、弄虚作假，根本出路在深化统计管理体制改革""要健全统一领导、分级负责的统计管理体制""确保统计资料真实准确、完整及时"。2021年8月，习近平总书记主持召开中央全面深化改革委员会第二十一次会议时强调，"要加快统计制度方法改革，加大现代信息技术运用，夯实统计基层基础"。党中央、国务院对统计工作作出一系列重要部署，要求更好地发挥统计作用，加快统计改革发展。《中华人民共和国统计法》及其实施条例修订出台，《部门统计调查项目管理办法》印发实施，为做好生态环境统计提供了工作遵循，也提出了新的要求。生态环境统计是生态环境保护的重要基础性工作。"十四五"时期，生态环境保护更加突出精准治污、科学治污、依法治污，生态环境统计支撑管理重要性日益突出。

把制度建设作为推进生态文明建设的重中之重，加快制度创新，强化制度执行，让制度成为刚性的约束和不可触碰的高压线，是践行习近平生态文明思想的内在要求。生态环境统计制度建设既是生态文明制度体系建设的重要组成，也是统计工作改革发展的重要内容。夯实生态环境统计制度，就是以习近平生态文明思想为科学指引，将党中央对统计工作的重要指示批示要求完整准确全面地落实到生态环境保护领域中来，为生态文明建设提供更加全面、细致、可靠的生态环境统计基础支撑。

适应生态文明建设新形势新要求，是深入打好污染防治攻坚战、推进美丽中国建设的重要保障。党的二十大报告指出，要深入推进环境污染防治，强调坚持精准治污、科学治污、依法治污，持续深入打好蓝天、碧水、净土保卫战。当前，我国污染防治触及的矛盾问题层次更深、领域更广，产业结构调整、污染治理、生态保护、应对气候变化需要统筹谋划，降碳、减污、扩绿、增长需要协同推进，新污染物治理与传统污染物防治工作交织，生态环境保护面临的形势极为复杂。必须满足新要求、适应新形势，发挥生态环境统计对生态环境保护的基础支撑作用。

保障生态环境统计质量，是提升生态环境治理体系和治理能力现代化水平的关键环节。生态环境统计制度体系和管理体系是现代环境治理体系有机整体的基础性保障。生态环境统计数据客观反映了生态环境治理进度和成效，只有应用真实准确的生态环境统计数据，才能更好地发挥现代环境治理效能。此外，自2019年起，党中央、国务院授权国家统计局对各地各部门开展统计督察及"回头看"。2023年1月，我国修订发布了《生态环境统计管理办法》，以独立章节增加了监督检查有关要求，在落实党中央、国务院关于统计督察安排部署的同时，将进一步有效防范生态环境统计造假、弄虚作假，高质量保障生态环境统计工作。

3.2 生态环境统计制度发展历程

（1）生态环境统计理念的形成阶段（1973～1989年）

中国的环境统计工作最早可追溯到20世纪50年代，当时的国土、水利、气象与矿产等统计中已有环境统计的少许内容。1973年第一次全国环境保护会议之后，北京、沈阳、南京等城市相继展开了工业污染源调查，各省（区、市）环境管理机构和环境监测站相继建立；1979年，国务院环境保护领导小组办公室组织了全国3500多家大中型企业的环境基本状况调查；1980年，国务院环境保护领导小组与国家统计局重点针对工业企业环境污染排放治理方面联合建立了环境保护统计制度；1981年，城乡建设环境保护部开始每年编制环境统计年报和环境统计分析报告；1989年，根据《中华人民共和国环境保护法》第十一条，开始编制《中国环境状况公报》。环境统计相关制度见表3-1。

表3-1 环境统计调查制度

流程环节	具体工作内容
制定环境统计调查方案	① 编制新的环境统计调查方案，必须事先试点或者充分征求有关地方环境保护行政主管部门、其他有关部门和基层单位的意见，进行可行性论证。

流程环节	具体工作内容
制定环境统计调查方案	② 内容包括项目名称、调查机关、调查目的、调查范围、调查对象、调查方式、调查时间、调查的主要内容、供调查对象填报用的统计调查表及说明、供整理上报用的综合表及说明和统计调查所需人员及经费来源。 ③ 环境调查方案的内容定期调整。 ④ 从已有资料或利用现有资料整理加工得到所需资料的，不得重复调查。 ⑤ 抽样调查、重点调查或者行政记录可以满足需要的，不得制发全面统计调查表；一次性统计调查可以满足需要的，不得进行经常性统计调查；年度统计调查可以满足需要的，不得按季度统计调查；季度统计调查可以满足需要的，不得按月统计调查；月以下的进度统计调查必须从严控制。 ⑥ 地方环境统计调查方案，其指标解释、计算方法、完成期限及其他有关内容，不得与国家环境统计调查方案相抵触
调查方案的审查批准	① 统计调查对象属于本部门管辖系统内的，应当经本级环境统计机构审核后，由本级环境保护行政主管部门负责人审批，报同级统计行政主管部门备案。 ② 统计调查对象超出本部门管辖系统的，应当由本级环境统计机构审核后，经本级环境保护行政主管部门负责人同意，报同级统计行政主管部门审批，其中重要的，报国务院或者本级地方人民政府审批
编制环境统计调查表	① 右上角标明统一编号、制表机关、批准或者备案机关、批准或者备案文号及有效期限。 ② 调查表中需统一规定指标的含义、数据采集来源、计算方法和汇总程序等
开展环境统计调查	① 统计标准和计量单位、统计编码及标准必须符合国家有关标准。 ② 污染物排放量数据应当按照自动监控、监督性监测、物料衡算、排污系数以及其他方法综合比对获取
加强环境统计数据的质量控制制度	县级以上地方环境保护行政主管部门应当采取现场核查、资料核查以及其他有效方式，对企业环境统计数据进行审查和核实
建立环境统计的周期普查和定期抽样调查制度	① 国务院环境保护行政主管部门定期组织开展全国污染源普查，并在普查基础上适时校正污染物排放统计数据。 ② 周期普查外的其他年份，组织开展环境统计定期抽样调查，并根据环境管理需要，适时开展专项调查

（2）生态环境统计推行阶段（1990～2015年）

污染源数据是重要的基础环境数据。全国污染源普查是重大的国情调查，是全面掌握我国环境状况的重要手段。早在1996年，国家环境保护局就组织了第一次全国乡镇工业污染源普查。1997年，以乡镇污染源调查工作为基础，环境统计增加了乡镇工业企业与社会生活等污染指标。2001年，进一步扩大了危险废物集中处置情况统计范围，细化了城市污水处理状况统计，增加了城市垃圾无害化处理情况统计调查。2003年，国家环境保护总局提出了新的要求，例如修订《环境统计管理暂行办法》、改革与完善统计指标和方法、开展"三表合一"试点工作等。2006年，又研究制定了"十一五"环境统计报表制度，在充实调查项目、扩大调查范围、提高数据质量要求和数据分析利用水平等

方面进行了改进。我国环境统计工作有专门的管理办法，国家环境保护总局令第37号
《环境统计管理办法》已于2006年10月18日经国家环境保护总局2006年第6次局务会议
通过，自2006年12月1日起施行。其中详细说明了环境统计机构和人员的职权、调查制
度、统计资料的管理和公布以及奖惩办法等。2007年，国务院印发《国家环境保护"十
一五"规划》，要求"加强环境统计能力建设，改革环境统计方法，开展统计季报制度，
全面、及时、准确提供环境综合信息"。2007年发布了《国务院办公厅关于印发第一次
全国污染源普查方案的通知》，第一次污染源普查工作的突出贡献是建立健全了全国重
点污染源信息档案库，为实施污染源清单监管清了脉络。各地区根据本地区产业结构
特点、污染源普查的需要和实际能力，可确定其他需要监测的污染源。由国务院于2007
年10月9日发布并实施的《全国污染源普查条例》中指出，污染源普查的任务是掌握各
类污染源的数量、行业和地区分布情况，了解主要污染物的产生、排放和处理情况，建
立健全重点污染源档案、污染源信息数据库和环境统计平台，为制定经济社会发展和环
境保护政策、规划提供依据。

我国环境统计资料的获取与管理流程如图3-1所示。

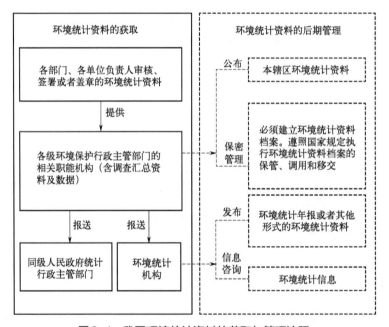

图3-1 我国环境统计资料的获取与管理流程

2008年起开展的第一次全国污染源普查范围包括了工业污染源，农业污染源，生活
污染源，集中式污染治理设施和其他产生、排放污染物的设施。其中工业污染源普查的
主要内容包括：企业基本登记信息，原材料消耗情况，产品生产情况，产生污染的设施
情况，各类污染物产生、治理、排放和综合利用情况，各类污染防治设施建设、运行情
况等。全国污染源普查领导小组办公室设在国务院环境保护主管部门，负责全国污染源
普查日常工作。县级以上地方人民政府污染源普查领导小组，按照全国污染源普查领导

小组的统一规定和要求，领导和协调本行政区域的污染源普查工作。普查人员依法直接访问普查对象，指导普查对象填报污染源普查表，污染源普查表填写完成后，由普查对象签字或者盖章确认，普查对象应对其签字或者盖章的普查资料的真实性负责。

全国污染源普查监管技术流程如图3-2所示。

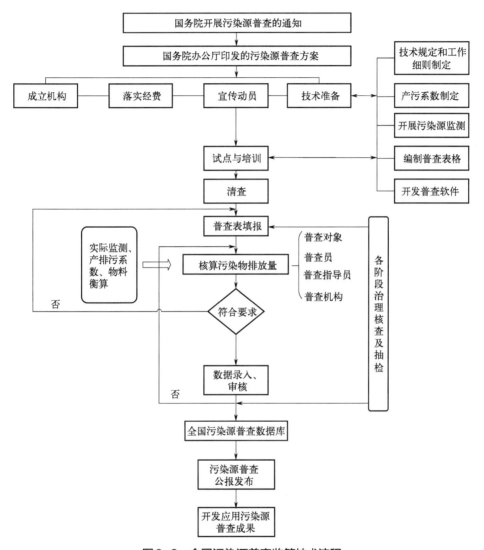

图3-2　全国污染源普查监管技术流程

2011年印发实施的《国家环境保护"十二五"规划》中更是明确要求完善污染减排统计体系，全面推进统计环境保护能力标准化建设，开展农业和农村环境统计。"十二五"时期，生态环境统计数据作为总量减排的基数，是总量减排核查核算的重要基础，同时反映总量减排核查核算结果，建立多领域专家联合会审制度，每年组织地方、行业、科研院所等数十位专家完成"三上两下"数据审核，建立全国环境统计数据库，同时全程参与集中核算，为总量减排核查核算高效实施提供了坚强保障。"十二五"期间，制定实施国家环境保护标准《环境统计技术规范 污染源统计》(HJ 772—2015)，明确规定了污染源统计的调查方案设计，数据采集与核算，数据填报、汇总和报送，数据审核以及统计报告编制的一般原则与方法等内容。该标准为规范污染源统计行为，保证污染源统计数据的质量提供了技术依据。

（3）生态环境统计完善阶段（2016年至今）

2017年以来，第二次全国污染源普查历时4年全面完成，普查范围包括工业污染源，农业污染源，生活污染源，集中式污染治理设施和移动源以及其他产生、排放污染物的设施。第二次全国污染源普查（以下简称"二污普"）是一次重大国情调查，抽调精干人员作为普查领导小组办公室成员专职开展普查工作，为普查工作的顺利完成提供了重要支撑。

"十二五"以来，生态环境统计先后制定并执行"十二五"和"十三五"环境统计报表制度，特别是2020年，生态环境部印发《生态环境统计改革工作方案》，以新的调查制度修订为主线，以强化排污单位和相关职能部门数据质量控制的主体责任为重点，加大更加快了生态环境统计改革创新提升步伐。环境统计工作在管理流程上采取"自上而下，分级管理"模式，形成了由企业、县级、地市级、省级和国家级的统计数据逐级上报的工作体系。各级环保部门的环境统计人员负责开展当地环境统计工作。在工作机制上采取"管理部门加技术支持单位"模式，各级环保部门依托事业单位为技术支持单位，采取以定期普查为基准、抽样调查和科学估算相结合、专项调查为补充的方法，开展环境统计工作。

2021年，国家统计局批准《排放源统计调查制度》，作为"十四五"生态环境统计制度的重要组成部分，排放源统计调查范围进一步优化，调查内容和技术方法进一步完善。

3.3 生态环境统计制度体系

生态环境统计制度体系主要包括统计、普查、调查、标准等几部分，形成了生态环境统计管理办法、全国污染源普查条例、生态环境统计调查标准规范、排放源统计调查制度等重要政策，在保障基础环境数据、数据质量控制、提升环境治理能力方面发挥了重要作用。

3.3.1 生态环境统计管理办法

生态环境统计是国民经济和社会发展统计的重要组成部分，也是生态环境保护的一项基础性工作。在新时代新征程上推进美丽中国建设，必须加强和规范生态环境统计管理，为生态环境管理决策提供有力服务支撑。生态环境部坚决贯彻落实党中央、国务院关于统计改革发展重大决策部署，2020年印发《生态环境统计改革工作方案》，启动生态环境统计改革工作。作为改革的重要内容，《生态环境统计管理办法》在统计范围内容、统计调查体系、统计数据质量保障、统计监督检查等方面做出了新规定、提出了新要求，对于深入打好污染防治攻坚战、推动减污降碳协同增效、推进美丽中国建设具有重要意义。

（1）突出统计质量管理

管理办法将强化质量管理融入生态环境统计调查的全过程，提出建立质量控制体系，明确统计调查对象应及时、准确、如实填报生态环境统计信息，落实各级生态环境部门质量控制和组织开展监督检查等职责，保障生态环境统计质量。

（2）理顺统计工作机制

管理办法进一步明晰统一领导、分级负责的统计管理体系，理顺企业填报、各级生态环境部门逐级审核汇总、按照规定统一发布的工作机制，明确生态环境统计综合机构和职能机构相应工作职责，督促各司其职、分工合作、协调配合，提高生态环境统计工作效能。

（3）压实统计工作责任

管理办法进一步明确统计调查对象、各级生态环境部门及相关单位和人员的职责，确保生态环境统计事有人管、活有人干、责有人担。统计调查对象对统计资料真实性、准确性、完整性等负主体责任，各级生态环境部门对收集、审核、录入的统计资料与统计调查对象报送的统计资料的一致性负责。

（4）防范和惩治统计造假、弄虚作假

管理办法严格落实中央文件及生态环境部《关于防范生态环境统计造假弄虚作假有关责任的规定（试行）》要求，增加了防范和惩治生态环境统计造假、弄虚作假有关内容，明确相关人员和机构责任。

（5）拓展统计成果应用

管理办法以强化应用、服务管理为重要目标，提出加强对生态环境统计资料的挖掘和分析，提供多样化应用产品，强化统计资料时效性，为生态环境管理提供多领域、多维度的信息服务和决策支持。

（6）加强统计资料管理

管理办法提出建立健全统计资料管理制度，做好资料管理、规范使用和统一发布，提高生态环境统计资料的一致性和权威性，加强对生态环境统计资料的保密管理，建立健全网络安全保护制度，加强信息化建设。

3.3.2 全国污染源普查条例

《全国污染源普查条例》是为了科学、有效地组织实施全国污染源普查，保障污染源普查数据的准确性和及时性，根据《中华人民共和国统计法》和《中华人民共和国环境保护法》制定，由国务院于2007年10月9日发布并实施。《全国污染源普查条例》规定，全国污染源普查每10年进行1次，标准时点为普查年份的12月31日。污染源普查范围包括：工业污染源，农业污染源，生活污染源，集中式污染治理设施和其他产生、排放污染物的设施。污染源普查对象不得迟报、虚报、瞒报和拒报普查数据；不得推诿、拒绝和阻挠调查；不得转移、隐匿、篡改、毁弃原材料消耗记录、生产记录、污染物治理设施运行记录、污染物排放监测记录以及其他与污染物产生和排放有关的原始资料。

3.3.3 生态环境统计调查标准规范

为贯彻《中华人民共和国环境保护法》《中华人民共和国统计法》《中华人民共和国统计法实施条例》《排污许可管理条例》等法律法规，加强生态环境统计管理，规范排放源统计调查工作，制定《生态环境统计技术规范　排放源统计》（HJ 772—2022）标准。规定了排放源统计调查设计、数据采集、数据汇总和报送、质量控制、报告编制、数据公布的一般原则及方法要求。本标准是对《环境统计技术规范　污染源统计》（HJ 772—2015）的修订。明确基本调查单位指标包括：

① 基础信息指标。包括调查对象名称、统一社会信用代码、位置、类型、规模、所属国民经济行业等。

② 生产台账指标。包括取水量、能源消耗量、原辅材料用量、产品生产情况等反映基本调查单位活动水平的指标。

③ 污染治理指标。包括污染治理工艺、设施数量、处理能力等污染治理设施运行情况指标。

④ 污染物/温室气体产生与排放指标。包括废水及水污染物产生、排放情况；废气及大气污染物产生、排放情况；固体废物的产生、利用、贮存、处置情况以及集中处理处置过程中的污染物产生、排放情况；温室气体产生、排放情况等。

由于工业企业等基本调查单位数量庞大，考虑统计工作的时效性、可操作性，需要筛选其中的一部分进行年度发表调查，其余的进行总体估算。基本调查单位的确定主要有以下几个原则：

① 确定一个总体样本库，根据环境管理的重点统计指标，在总体样本库中按一定累

计比例筛选确定。

② 确定关键指标，选取该指标规模值以上的部分作为基本调查单位，如某项污染物排放量达到一定规模值的工业企业。

③ 重点性原则，根据环境监管重点单位、排污许可重点管理单位名录确定和调整基本调查单位。

④ 稳定性原则，基本调查单位的覆盖范围、数量、结构、筛选原则、规模界定应保持相对稳定，避免时间序列断层和突变，保证统计数据稳定可比。

基本调查单位还应定期进行动态调整，当原有基本调查单位出现永久性关闭、主要生产设施拆除等无能力恢复生产的情况时，应将其删除；符合基本调查单位确定条件的所有新、改（扩）建单位，应将其纳入调查范围。

3.3.4　排放源统计调查制度

环境统计调查制度是环境统计制度的核心内容，是与环境统计制度同步发展的。从国际上来看，1972年斯德哥尔摩会议以后，各国开始建立各自的环境统计制度或体系。但由于各国社会制度、经济发展的水平不同，所处的自然条件、地理位置也各具特点，因此，统计的范围指标体系和工作的开展情况在国家之间也不尽相同。近50年来，我国环境统计调查制度不断完善，逐步形成目前的体系。按照调查周期的不同，我国目前的环境调查制度主要有年报、定期报表（半年报和季报）、专项调查、普查4种形式，其中年报根据调查对象类别的不同，又可进一步分为综合年报和专业年报两类。综合年报主要是为了了解全国环境污染排放和治理情况，调查对象为排放污染或进行污染治理的单位；专业年报主要是为了了解全国环境管理工作情况和环保系统自身建设情况，调查对象为与环境管理有关的行政机构。

环境统计综合年报调查制度一般随着国民经济五年规划每5年进行一次大的调整，如调查范围、技术路线有较大变化，年际间略有微调。开展环境统计，调查制度中必不可少的有两部分内容：一是环境统计报表制度，其主体内容为环境统计指标体系和指标解释；二是开展环境统计工作的技术规定，即说明环境统计工作是如何开展的，其主要内容是对当年环境统计报表制度、环境统计的技术要求、环境统计数据填报和报送要求、环境统计数据审核要求等的说明。做好环境统计工作，以上两部分内容缺一不可。厘清综合年报调查制度的沿革，主要从报表制度和技术规定两个方面着手。

（1）"九五"之前的环境统计综合年报调查制度（1980～1995年）

20世纪70～80年代，由于我国的环境保护工作处在初创阶段，环境保护机构还很不健全，尤其是环境统计人员的配备和培训在我国还是从零开始。因此，本着需要和可能的原则，1980年国务院环境保护领导小组和国家统计局联合颁发的环境保护统计报表还仅仅局限在反映环境污染和治理的基本方面。报表共有3种，即省（自治区、直辖市）

"三废"排放情况、现有企事业单位污染治理情况、污水集中处理情况。环境统计指标分为数量指标和质量指标两大类。属于数量指标的有废水排放总量、废气中有害物质排放量、废渣产生量、生活垃圾的清运量和处理量等。这些数量指标是计算环境质量指标和分析研究环境状况的基础。属于质量指标的有废水处理率、废渣回收利用率、"三废"处理能力等。它们均为2个有联系的数量指标的比值，一般用倍数、百分数等来表示，以反映环境现象的发展程度和经济效果。

"八五"期间国家环境保护局积极推行环境统计调查体系的改革，在9省（市）开展了全国调查、重点调查和抽样调查的试点，下发了《关于加强工业污染源报表管理的通知》，以解决三套报表——环境统计、重点污染源动态数据库和排放污染物申报登记中重复收集有关数据及不规范行为的问题。该时期的报表中省（自治区、直辖市）"三废"排放情况指标共168个，现有企业、事业单位污染治理情况指标共30个，污水集中处理情况指标共20个。

（2）"九五"环境统计综合年报调查制度（1996～2000年）

1997年，我国开始实施"九五"环境统计报表制度，共包括工业企业污染排放及处理利用情况（含乡镇企业废水、废气和固体废物非重点调查）、工业企业污染治理项目建设情况、城市污水处理厂运行情况、生活污染及其他排放情况四部分内容。对工业污染源的调查范围只限定在县级以上国有工业企业和乡镇工业企业两个范畴。环境统计年报的报告期为自上年12月初至当年11月底。"九五"环境统计综合年报调查制度中工业企业污染排放及处理利用情况共119个指标，工业企业污染治理项目建设情况共15个指标，城市污水处理厂运行情况共9个指标，生活污染及其他排放情况共15个指标。

（3）"十五"环境统计综合年报调查制度（2001～2005年）

报表制度方面，2001年，国家环境保护总局制定了"十五"环境统计报表制度，与"九五"环境统计报表制度相比，对扩大调查范围、充实调查项目、提高数据质量要求和数据分析利用水平等方面进行了改革。主要变动有以下4个方面：

① 适当扩大环境统计调查范围。扩大了危险废物集中处置情况的统计范围，适当扩大了城镇生活污染治理情况的统计范围。除对城市污水处理状况的统计调查细化外，为了解和掌握城市垃圾无害化处理状况，增加了对城市垃圾无害化处理状况的统计调查。

② 调整年报报告期。"十五"环境统计报表制度将年报报告期改为正常年度（当年1～12月），在年初加报一次少量主要指标的快报表以满足管理的需要。

③ 调整工业污染源重点调查单位的筛选方法。"十五"环境统计报表制度规定的工业污染及治理的统计调查方法，依然是重点调查与科学估算相结合。其中对重点调查单位的筛选方法进行了调整，要求筛选出占本辖区排污申报登记中全部工业污染源排污总量85%以上的工业污染源，与原有环境统计工业污染源重点调查单位相对照并进行补充调整，使统计的重点调查结果能够切实反映排污总量的变化趋势。

④ 适当增加对重点工业污染源的统计调查频次，由重点调查单位在年中报一次半年报表。

"十五"环境统计综合年报报表共包括工业企业污染排放及处理利用情况，废水、废气检测情况，工业企业污染治理项目建设情况，危险废物集中处置厂运行情况，城市污水处理厂运行情况等内容。

技术规定方面，"十五"时期，环境统计技术规定初步体现在个别文件中，但远未成体系，鲜有单独的技术要求文件，又多与对报表制度的说明混为一谈，没有按照不同的污染源类别，从调查范围的确定、调查对象的筛选、调查方法、调查内容、污染物核算方法、数据质量控制等方面构建技术体系，基本属于条目状的离散型技术要求，主要围绕工业源的重点调查企业筛选、非重点估算、重点统计指标核算方法及填报、报送要求等，作为每年环境统计工作布置文件的附件，一并下发全国各级环境统计机构使用。

（4）"十一五"环境统计综合年报调查制度（2006～2010年）

报表制度方面，2006年，国家环境保护总局制定了"十一五"环境统计报表制度，与"十五"环境统计报表制度相比，"十一五"环境统计制度在调查范围、调查频次和环境统计指标体系，以及对环境统计数据的上报方式等方面进行了调整和完善。为适应"十一五"总量减排工作的需要，加强对火电行业二氧化硫排放情况的监管，将火电行业从工业行业中单列出来进行调查，并增加了对企业自备电厂的统计调查，增加了对医院污染物排放的统计调查，删除了对城市垃圾处理场运行情况的统计调查。环境统计综合年报报表共包括工业企业污染排放及处理利用情况、火电企业污染排放及处理利用情况、工业企业污染治理项目建设情况、危险废物集中处置厂运行情况、城市污水处理厂运行情况、医院污染排放及处理利用情况、生活污染及其他排放情况7部分的内容。

技术规定方面，"十一五"时期，基本沿用了"十五"的模式，即在每年的环境统计工作布置文件后面设置附件，包含对当年报表制度的说明、数据填报报送的要求、数据审核要求及报表制度。不同的是，每个附件的质量在逐步提高，以审核要求为例，在"十五"期间，仅笼统地从几个方面给各级环境统计机构提出参考建议，可操作性不强；"十一五"时期，逐渐把审核要求细化，形成了审核组织开展工作机制层面的环境统计数据审核办法与环境统计数据审核细则组合的数据质控体系的重要组成部分，且把审核细则中能够集成收入环境统计数据管理系统的全部内置嵌入系统，极大地提高了数据审核效率和审核成效。

（5）"十二五"环境统计综合年报调查制度（2011～2015年）

报表制度方面，2011年，环境保护部制定了"十二五"环境统计报表制度，与"十一五"报表制度相比，主要有以下变化：

① 新增了农业污染源调查内容，细化了机动车污染调查统计，新增了生活垃圾处理

厂（场）调查内容。对于工业源，除继续保留火电行业报表外，新增了水泥、钢铁、造纸等重污染行业报表。

② 新增了废气中重金属产排情况、污染物产生量，生活源总磷与总氮等相关指标。

③ 加强了工业源、集中式污染治理设施的台账指标和污染治理指标设置，细化了危险废物统计指标。

④ 工业源重点调查对象的筛选和调整原则有所变化，工业源重点调查对象筛选的总体样本库由原来的排污申报登记数据库调整为第一次全国污染源普查数据库，且筛选和调整原则较"十一五"有所变化。

⑤ 取消了医院污染调查。

"十二五"环境统计综合年报报表包括一般工业企业污染排放及处理利用情况、火电企业污染排放及处理利用情况、水泥企业污染排放及处理利用情况、钢铁冶炼企业污染排放及处理利用情况、制浆及造纸企业污染排放及处理利用情况、工业企业污染防治投资情况、各地区农业污染排放及处理情况、规模化畜禽养殖场/小区污染排放及处理利用情况、各地区城镇生活污染排放及处理情况、各地区县（市、区、旗）城镇生活污染排放及处理情况、各地区机动车污染源基本情况、各地区机动车污染排放情况、污水处理厂运行情况、生活垃圾处理厂（场）运行情况、危险废物（医疗废物）集中处理（置）厂运行情况15部分的内容，2015年增加了工业锅炉的调查统计。

技术规定方面，"十二五"时期，环境统计技术规定相关文件相对完善，开展环境统计工作所需的技术体系初步建立，每年的环境统计工作布置，除布置文件正文外，一般还包含以下附件：附件一为对当年执行的环境统计报表制度的说明；附件二为环境统计技术要求，按照不同的污染源类别（分为工业源、农业源、生活源、集中式污染治理设施、机动车等），从调查范围的确定、重点调查对象的筛选、调查方法、调查内容、污染物产生量排放量核算方法等方面给出详细的可操作性较强的规定；附件三为环境统计数据审核细则，按照不同的污染源类别（分为工业源、农业源、生活源、集中式污染治理设施、机动车等），从区域宏观层面、调查对象填报的基础表、通过软件生成的汇总表3个层面，立足数据填报的完整性、规范性、逻辑性、合理性和真实性5个方面，逐条列出审核细则，共计1000多条。

（6）"十三五"环境统计综合年报调查制度（2016～2020年）

报表制度方面，2016年，环境保护部制定了"十三五"环境统计报表制度，与"十二五"报表制度相比，主要有以下变化：

① 新增了关于挥发性有机物（VOCs）产生、处理、排放情况的调查，所有工业生产过程中产生VOCs和使用有机溶剂过程中产生VOCs的企业均需填报VOCs相关指标。

② 细化了对污染治理设施的调查，水、废气（包括脱硫、脱硝、除尘、脱VOCs）治理设施均需按套进行填报。

③ 取消了工业炉的调查。

④ 依然保留火电、水泥、钢铁、造纸 4 个重点行业专表，但对指标利用率较低的台账指标进行了简化。

"十三五"环境统计综合年报报表也包括一般工业企业污染排放及处理利用情况、火电企业污染排放及处理利用情况、水泥企业污染排放及处理利用情况、钢铁冶炼企业污染排放及处理利用情况、制浆及造纸企业污染排放及处理利用情况、工业企业污染防治投资情况、各地区大型畜禽养殖场废弃物产生及处理利用情况、各地区生活污染排放及处理情况、各地区县（市、区、旗）生活污染排放及处理情况、各地区机动车污染排放情况、各地区城镇污水处理情况、各地区农村污水处理情况、各地区垃圾集中处置情况、各地区危险废物（医疗废物）集中处置情况、各地区"三同时"项目竣工验收和环保能力建设情况 15 部分的内容。

技术规定方面，"十三五"时期，基本沿用了"十二五"建立的技术体系模式，根据"十三五"环境统计报表制度对技术要求、审核细则等进一步修改完善。与"十二五"环境统计报表制度情况相似，且主要内容在现行环境统计年报制度中有较多涉及。

（7）"十四五"环境统计综合年报调查制度（2020年至今）

报表制度方面，生态环境统计工作先后执行了"十二五"环境统计报表制度、"十三五"环境统计报表制度和排放源统计调查制度，生态环境统计调查范围不断扩展，增加了调查工业源堆场，农业源中畜禽养殖业、种植业、水产养殖业，生活源中农村生活废水等内容，并将温室气体纳入调查体系。目前，排放源统计调查范围已覆盖工业源、农业源、生活源、集中式污染治理设施和移动源 5 个源项。生态环境统计调查指标和方法不断完善，增加了挥发性有机物、火电行业二氧化碳等指标并开展尝试性调查。将排放源统计调查覆盖范围与"二污普"源项逐个对比分析，对未纳入排放源统计调查的源项，充分考虑来源、方法、质控因素，基于二污普确定核算方法和数据来源，主要扩展了 VOCs 统计调查范围，增加了工业固体物料堆场、火炬、沥青道路铺装、储油库的 VOCs 污染排放统计。2021 年，生态环境部制定实施《排放源统计调查产排污核算方法和系数手册》，统一了污染物产生和排放的核算方法和技术体系，更好地满足新形势下生态环境管理需求。

技术规定方面，2024 年 1 月发布了排放源统计技术规定，工业源调查对象为有污染物、温室气体产生或排放的工业企业。排放源统计年报重点调查单位在上年重点调查单位名录基础上动态调整。所有工业企业总体情况指标填报在工业企业污染物和温室气体排放及治理情况表中。工业企业有机组/锅炉的，机组/锅炉指标填报在工业企业机组/锅炉污染物和温室气体排放及治理情况表中。根据排放环节特征，挥发性有机物（VOCs）排放源分为燃烧过程、生产工艺过程、工业防腐涂料使用、挥发性有机液体贮存装载、含挥发性有机物原辅材料使用、设备动静密封点、循环水冷却塔、火炬、固体物料堆存 9 个源项。机组/锅炉二氧化碳排放量根据《企业温室气体排放核算方法与报告指南　发电设施》进行核算。

3.4 工业污染源普查

3.4.1 普查技术路线和方法

第二次全国污染源普查是根据《全国污染源普查条例》规定，每10年开展1次的全国污染源普查工作，国务院于2016年10月26日印发了《国务院关于开展第二次全国污染源普查的通知》（国发〔2016〕59号），决定于2017年开展全国范围内的污染源普查。全国污染源普查是重大的国情调查，是环境保护的基础性工作。普查对象是中华人民共和国境内有污染源的单位和个体经营户。范围包括：工业污染源，农业污染源，生活污染源，集中式污染治理设施，移动源及其他产生、排放污染物的设施。本次普查标准时点为2017年12月31日，时期资料为2017年度资料。

第二次全国污染源普查工业普查的成果主要体现在5个方面。

（1）主要污染物排放量大幅下降

工业源247.74万个。工业污染源的数量基本上呈现由东向西逐步减少的分布态势。从行业来说，金属制品业、非金属矿物制品业、通用设备制造业、橡胶和塑料制品业、纺织服装服饰业5个行业占到全国工业污染源总数的44.14%。与第一次全国污染源普查数据同口径相比，2017年二氧化硫、化学需氧量和氮氧化物排放量比2007年分别下降了72%、46%和34%，体现了国家近年来污染防治所取得的巨大成效。

（2）产业结构调整成效显著

① 重点行业产能集中度提高。和2007年相比，全国造纸、钢铁和水泥行业的产品产量分别增加了61%、50%和71%，企业数量分别减少了24%、50%和37%，单个企业平均产量分别提高了113%、202%和170%。

② 重点行业主要污染物排放量大幅下降。和2007年相比，造纸行业化学需氧量排放量减少了84%，钢铁行业二氧化硫排放量减少了54%，水泥行业氮氧化物排放量减少了23%。

由此可见，过去10年经济发展质量在提升，企业数量少了，但是产能集中度高了，在产品产量增加的同时，污染物排放量在大幅度下降，也就是单位产品的排污量在大幅下降。

（3）污染治理能力明显提升

工业企业废水处理、脱硫、除尘等设施数量分别是2007年的2.4倍、3.3倍和5倍，都是数倍于10年前污染治理设施的数量。从普查对象看，高技术制造业企业数量增加，采矿业和电力、热力等资源能源消耗密集型行业企业数量减少。与"一污普"相比，"二污普"的工业源普查对象数量由157.55万个增加到247.74万个，增加90.19万个。其中金属制品业，通用设备制造业，塑料制品业，专用设备制造业，纺织服装、服饰业，电气机械及器材制造业等行业增加较多。医药制造，航空、航天器及设备制造，电子及通信设备制造，计算机及办公设备制造，医疗仪器设备及仪器仪表制造，信息化学品制造六大类高技术制造业企业数量增长20%～60%；采矿业，黑色金属冶炼和压延加工业，电力、热力、燃气及水生产和供应业企业数量减少34%～93%。表明我国产业结构持续优化升级、新旧动能加速转换的发展战略取得实效。

部分重点污染行业企业数量减少、产品产量增加，行业集中度和规模化提高。造纸制浆、皮革鞣制、铜铅锌冶炼、炼铁炼钢、水泥制造和炼焦行业的普查对象数量分别减少了24%、36%、51%、50%、37%和62%，产品产量则对应增加了61%、7%、89%、50%、71%和30%，单个企业平均产量分别提高了113%、67%、288%、202%、170%和242%。重点行业产业集中度提高，产业优化升级、淘汰落后产能、严格环境准入等结构调整政策取得积极成效。

（4）废水治理能力有所提升

主要污染物排放总量下降，重点行业排放强度下降明显。化学需氧量（同口径下可比）方面，"二污普"生活源增加了农村居民生活排放，扣除该部分后，与"一污普"同口径下，"二污普"化学需氧量排放减少46%。与"一污普"相比，"二污普"造纸制浆、铜铅锌冶炼、皮革鞣制和焦化行业的产品产量分别增加了61%、89%、7%和30%；但是主要水污染物排放量均大幅减少，其中造纸制浆、皮革鞣制和焦化行业化学需氧量排放量分别减少了84%、80%和91%；铜铅锌冶炼行业废水重金属排放量减少了80%；4个行业的单位产品排放强度分别下降了90%、81%、93%和89%。

（5）大气防控形势发生变化

主要污染物排放大减，重点行业排放强度锐降。与"一污普"同口径相比，二氧化硫、氮氧化物和颗粒物排放量分别下降了72%、34%和65%。相比"一污普"，"二污普"水泥制造、炼钢炼铁、焦化和铜铅锌冶炼行业的产品产量分别增加了71%、50%、30%和89%；但是炼钢炼铁、焦化和铜铅锌冶炼行业二氧化硫排放量分别减少了54%、78%和78%，单位产品排放强度分别下降了69%、83%和88%；水泥制造行业氮氧化物排放量减少了23%，单位产品排放强度下降了55%。

火电行业排放量占比下降，工业炉窑、无组织排放贡献大。"一污普"火电行业二氧化硫、氮氧化物排放量占比分别为50%、62%，"二污普"下降为28%、27%；而非金属矿物制品行业二氧化碳、氮氧化物排放量占比分别由"一污普"的13%、17%增长为"二污普"的24%、26%；黑色金属冶炼和压延加工业二氧化碳、氮氧化物排放量分别由"一污普"的10%、7%增长为"二污普"的16%、22%，排放占比上升明显。水泥、钢铁、石化以外的工业炉窑二氧化硫、氮氧化物、颗粒物排放量分别占工业源排放量的34%、21%、10%。固体物料堆场颗粒物排放量占全国工业源排放量的19%，是颗粒物的重要排放源。

第二次全国污染源普查涉及的企业数量非常多。如何保障污染源普查数据来源的质量和如何确保每一家企业所提供的数据都是真实的是重中之重。数据质量是污染源普查的生命线，为了确保污染源普查的质量，把质量定义为真实、准确、全面。在建立制度规范、强化责任落实、加强现场核查等方面，全面落实了第二次全国污染源普查的质量管理制度，取得了非常好的效果。主要表现在以下4个方面：

① 做好顶层设计。建立各项质量管理制度和配套技术规范。根据污染源普查方案要求，结合普查各个阶段的质量管理重点和难点，制定了覆盖普查全过程和全员的普查数据质量管理规定，明确了各级普查机构、第三方机构参与普查工作的责任，规定了普查员、普查指导员选聘管理要求，制定了分污染源、分行业的普查质量控制技术规范，为实施普查数据质量管理提供了依据。

② 严格质量管理的责任落实。针对清查、全面调查和普查数据汇总阶段的工作特征，对各级普查机构落实普查数据质量责任的情况，自始至终定期调度，通过调研、调查、质量抽查等手段，对普查员和普查指导员的培训情况进行抽查。对普查数据质量审核责任落实情况、上级部门审核发现问题整改的情况进行量化跟踪。对不认真落实质量管理责任的普查机构及相关人员，采取提醒、通报、发督办函等方式，督促普查机构和参与普查的相关人员严格落实普查数据质量责任。

③ 强化普查数据质量的现场控制。数据采集阶段质量审核是普查的第一道关，面对300多万普查对象，所要获取的数据是相当多的，在这个阶段，污染源基本信息填报全面准确，后续污染物排放量才能精确可靠。在强化培训全覆盖的同时，各级普查机构充分运用小视频等手段，将普查表的填报要求、审核要求、有关审核软件使用技巧等进行明确，便于普查员、普查对象了解填报要求。同时，组织各种形式的检查抽查、抽样查、集中审核，以解剖麻雀的方式去发现问题、解决问题。通过这些手段，牢牢把握住现场填报的质量关，保证数据的质量。

④ 从系统填报的角度提升生态环境统计数据质量。数据涉及各方面，各项统计工作也极具重要意义。工业源及集中式污染治理设施生态环境数据的统计是统计工作的重中之重。为了在有限的填报时间内保证生态环境统计数据质量，从系统填报的角度提升生态环境统计数据质量，显得尤为重要，特别是常见的完整性、合理性、突变性问题的出现原因及解决思路，继而从系统填报的角度出发，通过提升操作人员对系统熟练程度、改进填报系统操作细节、优化系统审核运行机制等促进生态环境统计数据的质量提升。

专栏3-1 浙江省第二次全国污染源普查介绍

（1）普查对象　浙江省行政区域内排放污染物的工业污染源、农业污染源、生活污染源、集中式污染治理设施、移动源。

（2）普查内容　各类普查对象的基本信息、污染物种类和来源、污染物产生和排放情况、污染治理设施建设和运行情况等。

（3）组织实施　各级普查领导小组负责领导和协调辖区污染源普查工作。生态环境部门下设普查工作办公室、农业农村部门下设普查推进工作组，具体负责普查工作。

（4）普查特色　各级党委政府高度重视、强力推进普查工作；各部门分工协作，协力推进普查任务顺利完成；建立科学、可靠和具可操作性的普查方法；充分应用现代信息化手段提高普查效率和质量；边查边用，充分发挥普查数据价值；充分动员公众参与和支持普查。

（5）普查阶段　前期准备（完成前期准备、清查建库和普查试点）、全面普查（开展入户调查、数据审核汇总和质量核查）、总结发布（建立健全普查档案、汇总分析普查成果）。

（6）宣传动员　充分利用报刊、广播、电视、网络等各种媒体，广泛动员社会力量参与污染源普查，为普查实施营造良好氛围。

（7）精选队伍　根据辖区实际情况，合理确定两员选聘人数，经培训考核合格后颁发普查员证或普查指导员证。普查员16423人，普查指导员3411人。

（8）普查培训　浙江省第二次全国污染源普查领导小组办公室负责市、县两级普查技术骨干和师资的培训；市级普查机构负责辖区普查工作人员、普查员和普查指导员培训。举办各类培训1699期，培训人员15万余人次。

（9）质量管理　建立健全普查责任体系，建立普查数据质量溯源和责任追究制度，依法开展普查数据核查和质量评估，严厉惩处普查违法行为。

（10）普查成果

① 摸清了全省各类污染源基本情况，各类污染源的数量、结构和分布情况。工业污染源43.18万个、畜禽规模养殖场0.55万个、生活源2.4万个、集中式污染治理设施3.64万个。

② 掌握了各类污染物排放情况。全省水污染物排放情况为：化学需氧量42.28万吨，氨氮3.09万吨，总氮12.06万吨，总磷0.98万吨，动植物油0.88万吨，石油类470.02t，挥发酚2.91t，氰化物3.09t，重金属（铅、汞、镉、铬和类金属砷）10.90t。

全省大气污染物排放情况为：二氧化硫11.39万吨，氮氧化物48.86万吨，颗粒物35.55万吨，挥发性有机物78.79万吨。

其中工业污染源化学需氧量5.83万吨、氨氮0.17万吨、总氮1.36万吨、总磷0.032万吨、二氧化硫10.51万吨、氮氧化物17.90万吨、颗粒物32.27万吨、挥发性有机物54.81万吨。

③ 建立了重点污染源档案和污染源信息数据库。为固定源统一数据库建设，实现生态环境监管的数字化和可视化提供了基础。

④ 已开展应用。建立健全重点污染源档案、污染源信息数据库和环境统计平台，为服务环境与发展综合决策提供依据。

3.4.2 工业污染源产排污系数

产排污系数法是依据调查对象的产品或原料类型、生产工艺、生产规模以及污染治理技术等，根据产排污系数手册中对应的"影响因素"组合确定产污系数及污染物去除效率，核算污染物产生量和排放量。企业某污染物指标的产生量、排放量为各核算环节产生量、排放量之和。物料衡算法是指根据物质质量守恒原理，利用物料投入量总和与产出量总和相等，对生产过程中使用的物料变化情况进行定量核算的一种方法。物料衡算法属于产排污系数法的一种特殊形式。我国工业污染源产排污系数概念与核算方法的提出起源于20世纪90年代初，随着对工业生产的不断深入了解和掌握，系数制定的方法也在持续优化。以工业化发展阶段性变化特征为视角，将中国经济划分为前工业化以前的阶段（1949～1979年）、前工业化阶段（1980～1988年）、初期的工业化阶段（1989～1996年）、中期的工业化阶段（1997～2005年）、后期的工业化阶段（2006年至今）。20多年以来，系数的研究持续进行，标志性的成果主要产出于几次大规模的普查或调查。而《全国环境统计公报（1996年）》（"96版"）、"一污普"、"二污普"三版系数的制定时间与初期、中期及后期工业化阶段的划分节点吻合，分别代表了不同阶段工业污染源的产排污水平。总体来看，三版系数制定的思路，综合考虑了工业行业主要产品及工艺技术路线、生产规模的变化等情况对主要污染物的产排污水平、清洁生产水平和末端治理技术水平的影响；三版系数之间的差异，在很大程度上代表了不同时期我国工业生产工艺技术水平、产品结构及污染治理水平的变化。

以配合污染源普查或调查为主要目的的系统化研究起始于1996年，国家环境保护局出版的《全国环境统计公报（1996年）》是我国首次大规模发布的系数成果，该系数手册初步确立了我国产排污系数体系的雏形，其成果包含工业污染源产排污系数、主要燃煤设备产排污系数以及乡镇工业污染物排放系数，包含了48种产品的4398个系数，涉及的行业包括有色金属工业、轻工、电力、纺织、化工、钢铁和建材7个行业。2003年广东省环境保护厅通过对全省第三产业的排污情况调查，开发了该省第三产业中9个大类行业主要水污染物的排污系数，江苏、浙江等地也开展了类似的工作。2006年10月，国务院下发了《关于开展第一次全国污染源普查的通知》，为了配合"一污普"，由中国环境科学研究院牵头，联合多家行业协会、科研单位、总公司、高校共同参与研究，按照《国民经济行业分类》（GB/T 4754—2002），第一次较为系统和全面地制定了我国主要工业行业的污染物产排污系数，涵盖了32个大类行业351个小类行业共计10504个产污系数和 12891 个排污系数。

2016 年 10 月，国务院下发了《关于开展第二次全国污染源普查的通知》，正式启动第二次全国污染源普查，普查对象包括工业污染源，农业污染源，生活污染源，集中式污染治理设施和移动源以及其他产生、排放污染物的设施。其中，产排污系数法仍作为工业污染源污染物排放量估算的最主要方法之一。为满足普查需求设立的"第二次全国污染源普查工业污染源产排污核算"项目，由中国环境科学研究院承担，组织实施模式与"一污普"时类似，但在行业覆盖度上较"一污普"大幅提升，包括 41 个大类工业行业（657 个小类行业）以及与工业生产特征相似的"05 农、林、牧、渔专业及辅助性活动"的 2 个小类行业，产出共计 934 个工段、1300 种主要产品、1589 种原料、1528 个工艺的 31327 个废水和废气污染物的产污系数以及 101587 种末端治理技术的去除效率，这是我国目前最系统、行业覆盖面最全的工业污染源产排污系数，即《排放源统计调查产排污核算方法和系数手册》（生态环境部公告 2021 年第 24 号）。

2007 年，"一污普"初步建立了产排污系数核算方法体系，2017 年开始的"二污普"进一步对其进行补充完善，形成了目前最系统、行业覆盖面最全的产排污核算方法体系。系数的全面修订基本与几次大规模的普查或调查同步，此外，一些环保科研类项目或依据地方特定的需求，也对部分系数进行了补充和完善。总体来看，制定系数的基础数据来自调查或普查基准年前 1 ～ 3 年的企业活动水平、治理水平及其他相关数据，例如，制定"一污普"和"二污普"中工业源污染物产排污系数时，分别收集了 2007 ～ 2008 年和 2017 ～ 2018 年的数据作为样本数据。由于《全国污染源普查条例》中规定普查每 10 年开展 1 次，在缺乏系数动态更新机制的状况下，系数的更新和修订基本每 10 年才能进行 1 次。

根据《第二次全国污染源普查产排污 系数手册 工业源》，核算污染物排放量。未经生态环境部综合司确认同意，原则上不得采用其他产排污系数或经验系数。

作为估算污染物排放量的方法，产排污系数法成本较低且得到的排放结果可信度较高，因此不仅是环境领域重要的基础数据，也是世界各国掌握污染状况、制定防治政策与法律法规及环境工程设施设计运行的重要依据。长期以来，排放系数已经成为各级政府层面制定区域大气污染物排放清单以及指导空气质量管理对策、制定污染控制策略的基本工具。利用排放系数估算特定污染源的排放量，建立排放清单，基于建立的排放清单进一步运用空气质量模型进行大气污染物浓度的估算、模拟污染物的传输并进行空气质量预测等，从而研究制定污染控制策略。

"二污普"版的系数制定时，以符合物质代谢规律为原则，构建了工业污染源产排污分类核算方法。针对工业污染源类型多样、工艺复杂、产排污环节多的特点，提出了采用污染治理设施和运行管理水平双因素法计算污染物去除率的技术思路，建立了纳入运行效率的污染物排放量核算方法，旨在提升采用系数法核算时企业个体排污量的准确性。当前我国工业生产活动越来越多地体现出区域分工和专业化生产的趋势，细化的、符合企业实际生产情况的产污系数体系需求日益凸显。产污系数与产排污环节不对应导致其应用存在局限性以及偏差,其"四同组合"模式对离散型生产不适用,"四同"即"原料""产品""规模""工艺"4个因素的组合条件相同。

"二污普"版之前,多数行业系数制定时对影响因素中"工艺"的识别筛选中,以企业整个生产流程的代表性工艺为主,而实际生产中某些企业只存在部分工序独立运行的情况也十分普遍。

针对上述情况,"二污普"版在制定时充分考虑企业实际生产与工艺流程之间的关系多样且复杂的情况,同时针对我国工业生产活动区域分工和专业化生产现状,提出并建立了基于物质代谢规律的工业生产分类方法。按照生产过程的加工方式,将工业行业划分为流程型行业及离散型行业两大类,创建了产污工段划分原则与方法,形成"长流程工艺可拆分为若干核算环节,若干短流程核算环节可组合为长流程工艺"的核算方法,以适应企业实际生产情况,提升系数法核算的适用性。其中,流程型工业行业是指企业通过对原材料采用物理或化学方法使原材料增值,采用批量或连续的方式进行生产的行业,典型的流程型生产行业有医药、化工、石油化工、电力、钢铁等。离散型工业行业是指企业生产的产品由多个零件装配组合而成,生产过程主要发生物料物理性质(形状、组合)的变化,典型的离散型制造行业有机械加工、家具生产、电子元器件制造、汽车制造以及家用电器、医疗设备、玩具生产等。

在产污系数的影响因素方面,"二污普"版确定为工段、产品、工艺、原料、规模。迄今为止,工业污染源产排污系数是覆盖工业生产活动中污染物产生和排放水平最全面的工具,特别是"二污普"版的系数基本覆盖了我国当前全部的工业行业类别,且产排污系数是基于一定样本量数据测算得到的污染源产排污平均水平,因此能较为客观地反映某一行业或区域的总体排污情况,在环境规划与管理等科学决策研究中有着广泛应用。

长期以来,工业污染源产排污系数作为我国工业污染源污染物排放量核算的主要工具,不仅支撑了两次污染源普查,也为日常环境管理工作中量化各类排污主体环境责任、加强污染源监管、支持排污许可和环境统计等工作提供了重要的技术支撑。在"一污普"基础上,"二污普"结合建立控制污染物排放许可制的需要,根据全国工业行业工艺和治理技术等变化情况,研究建立了更加系统、全面和完善的系数体系,体现了当前我国工业污染源的产排污规律。

(1)方法有渊源,更新有必要

20世纪90年代,我国在借鉴国外排污系数及污染物排放清单编制的基础上,首次提出工业污染源产排污系数的概念及其制定方法,初步确立了我国产排污系数体系的雏形。2007年,"一污普"在其基础上第一次较为系统地制定了我国主要工业行业的污染物产排污系数,涵盖《国民经济行业分类》(GB/T 4754—2002)中32个大类行业,基本满足了主要污染物排放量的核算需求。

其后10年,随着经济社会发展、产业结构优化升级以及生态环境保护力度的持续加强，各工业行业的工艺技术水平、污染治理技术水平和生态环境管理水平均得到了较大提升。多数行业制定产排污系数时所采用的工艺组合条件发生了很大变化。以钢铁行业为例，随着落后产能的淘汰，生产烧结矿的带式烧结机面积过去10年间提升了2～3倍，单位产品污染物产生量相应变化，二氧化硫、氮氧化物等污染物的治理技术不仅种类增加，去除效率也提升了30%～40%。以合成氨生产为例，由于原料、工艺路线的改进升级，"二污普"时期采用烟煤、加压汽化制氨工艺生产合成氨，每吨合成氨石油类产生量相比"一污普"下降了82.3%。

同时，作为行业分类依据的标准——《国民经济行业分类》，在10年间进行了两次修订，新增和调整了部分行业类别，出现了大量新的产品、工艺。若沿用"一污普"版产排污系数进行污染物排放量的核算，将无法准确和真实地反映当前我国工业污染源产排污的实际情况。

为了更加准确地体现及量化不同行业工业生产和治理现状对污染物产排污水平的影响，充分反映出工业行业的发展和污染治理水平的提升，"二污普"对已有的方法进行了优化和完善，开展了工业污染源产排污系数的制修订工作。此次修订覆盖41个大类、657个小类的工业行业，较"一污普"增加了306个小类行业。

（2）覆盖更全面，适应性更强

相比"一污普"，"二污普"在产排污量核算的准确性、产排污系数的代表性和覆盖面等方面均进行了改进、优化和提升。

在产排污量核算的准确性方面，"一污普"污染物的排放量通过排污系数和主要活动水平（产品、工艺、原料、规模等）以及污染治理技术种类确定，产污系数不直接参与计算。而从污染物产生排放的代谢规律来看，污染物的最终排放经历了从产生到去除的过程，排放量是产生量与去除量之差。去除量不仅受污染治理技术种类的影响，还受管理水平或治理设施运行状态的影响。

为此，在"一污普"基础上，"二污普"综合考虑数据可得性、可更新性及与企业实际排污水平的相符性，采用排放量=产生量－去除量=产生量×（1－去除效率×运行率）的核算技术路线。其中，去除量不仅考虑了污染治理技术的平均去除效率，还考虑到同一种治理技术在同一行业不同企业内的处理效果、运行状态的差异，用污染治理设施实际运行率对去除量进行修正。

在系数代表性方面，在对工业生产规律全面分析研究的基础上，为提升系数的代表性、减少系数的冗余度和提高系数的适用性，从生产实际出发，按照工业生产特征和物质代谢规律创新性地提出了满足产排污核算需求的分类核算思路，将工业行业分为流程型和离散型两大类。依据所建立的流程型行业主要产污工段的拆分准则与离散型行业共性产污工段的提取准则，按照企业实际生产运行情况进行了各行业工段划分，建立了"可拆分、可组合"的模块化系数框架，使得核算体系更加灵活、适用性更强。

　　"二污普"之前，产排污系数代表的是典型产品全流程生产工艺的产排污强度水平，但实际生产中，特别是制造业产业链的分工合作不断精细化，生产同类产品的预处理、加工、后处理工段既可以在一个企业完成，也可以根据生产流程由不同上下游企业合作完成。

　　以流程型行业棉印染加工为例，棉制品加工的主要工艺流程为"前处理—印染/印花—后整理"。"一污普"根据该工艺流程，仅制定了代表"前处理—印染—后整理"的产排污系数。但随着工业生产组织模式的变化，棉制品行业专业分工不断细化，逐渐出现了专业从事前处理或染色的企业，特别是在纺织行业集中度较高的江浙地区。根据"二污普"中建立的模块化系数框架，将该全流程工艺划分为"前处理""染色""印花"和"整理"等工段，并分别制定各工段不同组合条件下的系数。在核算时按照企业实际生产情况选取相应工段，分别核算各工段污染物的产生量，再根据不同的污染物排放量核算要求进行核算。

　　"二污普"之前，一般按照《国民经济行业分类》分行业开展系数制定。机械制造、电子电器制造等行业尽管涉及不同大类行业，但在产排污环节方面往往具有高度的相似性和一致性。为了提升核算效率，"二污普"对这些具有共性产污特征的工段进行了提取划分，建立了"一个工段对应多个行业"的核算框架。以离散型行业音响设备制造和影视录放设备制造为例，"二污普"所提取的6个共性产污工段覆盖了该行业的全部产污环节，相比"一污普"的核算环节减少了57.14%，大幅度减少了产污系数的冗余。

　　在系数的覆盖度方面，"一污普"工业源产排污系数涵盖32个大类行业（351个小类行业）的862种产品、1349种原料、1031个工艺的9307个污染物产污系数以及12598个排污系数。"二污普"则涵盖了41个大类行业（657个小类行业）的934个工段、1300种主要产品、1589种主要原料、1528个主导工艺的污染物（不含固体废物）的产污系数，以及101587种污染治理技术的平均去除效率。相对而言，"二污普"系数覆盖更全面。

（3）制定更规范，质量有保障

　　在"二污普"中，系数法是应用最普遍的污染物产排量核算工具，其准确性和适用性是决定普查结果的主要因素之一。为保障系数能够满足不同工业生产活动和方式的核算需求，同时又能真实反映污染源的产排污水平，按照《第二次全国污染源普查工业污染源产排污量核算技术指南》《第二次全国污染源普查工业污染源产污系数制定（不含VOCs）技术指南》《第二次全国污染源普查工业污染源挥发性有机物产污系数制定技术指南》等文件要求，通过生态环境部直属科研院所，联合高校、研究院所、行业研究单位等技术力量，共同制定完成工业源产排污系数。

　　系数制定的基本过程如下：

　　首先，依据工业行业特征，对已有工业污染源产排污系数进行梳理和评估，并从重点行业环境影响分析、优先序分析、污染物指标选取三个方面进行工业行业产排污核算重点环节的识别筛选。按照工业生产过程的物质流动特点，将工业行业划分为流程型行业及离散型行业两大类，充分考虑企业实际生产与工艺流程之间关系多样且复杂的情况，进行主要产排污工段的划分，识别不同工段污染物产生和排放的主要影响因素（例如产品、原料、工艺、规模和治理技术等），确立各行业"长流程工艺可拆分为若干核算环节，若干短流程核算环节可组合为长流程工艺"的核算框架，包括产污系数影响因素组合及污染治理技术、治理设施运行率核算公式等。

其次，在建立核算框架体系的基础上编制调查方案，采用分层抽样与随机抽样相结合的方式，综合考虑产业布局、产品、工艺代表性等因素，选取不同系数组合内的样本企业开展实测、历史数据收集。在样本企业的选取时，优先选择该行业生产密集地区和代表行业内大多数企业加工现状的企业，例如，马铃薯淀粉制造行业选择内蒙古等地，木薯淀粉选择广西等地，玉米淀粉选择山东等地，宠物饲料选择河北等地，大豆油选择山东和东北地区为实测地点。针对部分行业不具备监测条件的工艺采用模型或实验模拟等方式获取数据。其中，挥发性有机物按照不同源项，分别制定相应系数。

最后，通过数据获取和处理，初步得到产污系数和治理技术平均去除效率之后，再随机抽取典型企业对系数结果进行验证。针对普查试填报和填报过程中各地方反馈、提出的核算问题进行梳理和分析，持续对系数进行优化、修订和补充，最终完成各工业行业的系数制定。

系数制定过程中，针对核算环节与样本选取、数据获取、实地监测、数据加工处理、系数表达、误差分析和系数验证等环节制定了覆盖全流程的质量控制技术要求，配套建立了对应的管理工具，对系数观测样本企业数据进行统一管理，保证了系数质量。

3.5 新时期生态环境统计制度发展挑战和趋势

3.5.1 新时期生态环境统计制度发展挑战

生态环境统计从20世纪70年代起步，近10年取得长足发展。"十二五"以来，生态环境统计先后制定并执行"十二五"和"十三五"环境统计报表制度，特别是2020年，生态环境部印发《生态环境统计改革工作方案》，以新的调查制度修订为主线，以强化排污单位和相关职能部门数据质量控制的主体责任为重点，加大更加快了生态环境统计改革创新提升步伐。

（1）生态环境统计数据质量控制需进一步强化

生态环境统计始终把统计数据质量视作统计工作的"生命线"，从中央到地方分级强化质控责任，统计数据质量明显提高。生态环境统计业务系统平台自动质控能力由弱渐强，内置数百条审核细则，确保统计数据从采集、核算的源头就进入质控流程，实现全过程全指标痕迹管理和追踪溯源。2016～2018年，中共中央办公厅、国务院办公厅相继印发了《关于深化统计管理体制改革提高统计数据真实性的意见》《统计违纪违法责任人处分处理建议办法》《防范和惩治统计造假、弄虚作假督察工作规定》，提出了完善统计体制、发挥统计监督职能作用、强化统计造假责任追究、构建统计督察机制等一系列决策部署，对提高统计数据质量提出更高要求。

（2）建立系数的动态更新机制和应制定系数制定和更新的行业标准

产排污系数是实施精准治污的数据基础，涉及对各类主体排放责任的量化和对工业污染源污染治理形势的总体判断，提高系数的可靠性至关重要。由于经济和产业结构的持续变动升级、节能减排政策的深入实施，各类工业企业技术更新速度加快，污染治理技术也在不断变化，及时对工业污染源产排污系数进行更新非常必要。在系数制定的方法学上，需进一步完善系数的不确定性分析和宏观校核等内容。作为一种具有动态性和实效性的工具性核算参数，应充分借鉴污染源普查经验，结合排污许可和环境统计等工作，建立系数的动态更新机制，不断推进此项工作的法制化和标准化。

3.5.2 新时期生态环境统计制度发展趋势

几十年来，在《中华人民共和国环境保护法》《中华人民共和国统计法》《中华人民共和国统计法实施条例》《环境统计管理办法》（于2023年1月18日废止，现为《生态环境统计管理办法》）等基本法律规范的基础上，我国的生态环境统计制度不断发展完善，逐步形成了我国生态环境统计制度框架体系。目前，生态环境部系统谋划并提出了生态环境统计技术体系、质量管理体系、业务应用体系和业务平台（"三体系一平台"）的"十四五"时期工作思路。

完善环境统计标准与技术方法体系，建立环境统计标准体系。针对环境统计调查对象管理、统计数据采集加工、数据传输和审核汇总全流程以及产排污核算等关键技术环节，制定统一的元数据标准、操作规范和技术导则，健全环境统计标准体系，规范环境统计工作。加强国控重点源环境统计数据联网直报系统建设，紧密结合试点工作开展情况和系统运行中的问题，完善相关报表制度和软件系统功能，简轻企业填表负担。针对直报报表和软件，编制分行业的统计技术细则和软件使用说明，通过视频等多媒体手段实现技术培训的可视化。每年环境统计工作完成后，基层生态环境部门应对环境统计数据进行科学分析和总结。保障环境统计数据资源的利用效率，需重点关注环境统计数据的应用效果。

加大环境数据信息公开和数据分析应用。落实新《环境保护法》中企业和政府环境信息公开责任，并对内容、范围、方式和社会监督做出明确规定。加强环境统计数据的开发工作，结合环境管理和公众环境信息需求，综合环境经济和资源人口统计信息，开发面向不同对象的信息服务产品，包括综合性统计数据手册、专题统计分析报告等，提升环境统计的综合服务能力。强化"云存储"技术在环境统计数据管理和信息共享领域的应用，结合地理信息系统（GIS）技术建立可视化的环境统计数据管理和共享展示平台；研究互联网、GIS、全球定位系统（GPS）、大数据分析等信息采集、传输和分析等技术在环境统计全流程中应用的可行性，提升环境统计工作的服务水平。企业提高工业源生态环境统计数据填报工作地位，以制度形式规范具体执行过程，以保障填报质量，明确各部门职责分工，以"制度要求人，而非人要求人"的方式保障工业源生态环境统计数据填报工作顺利开展。

　　构建基于生命周期的产排污系数管理体系。产排污系数所富含的污染物产排量的定量化信息可作为生命周期评价中排放清单数据库构建的主要依据之一，可为不同行业、主要产品开展生命周期评价或物质流分析提供数据支撑。

　　加强各领域数据的整合和共享，提高生态环境状况评估的全面性和准确性。应建设统一的数据集成平台，整合来自环境保护、土地资源、水资源、气象、生物多样性和污染排放等各个领域的生态环境数据资源，通过数据标准化和互操作性的技术手段，实现数据的统一管理和共享，提高数据利用的效率和准确性。加强各部门之间的沟通和合作，建立跨部门协同的机制，通过共享数据、共同制定评估指标和评估方法，实现对生态环境的全面评估。同时，加强与地方政府的合作，利用地方的实际情况和资源优势，提高评估的准确性和针对性。

参考文献

[1] 生态环境部. 生态环境统计管理办法 [Z]. 2023-01-18.

[2] 生态环境部综合司，中国监测总站. 环境统计工作指南 [M]. 北京：中国环境出版社，2019.

[3] 生态环境部，国家统计局，农业农村部. 第二次全国污染源普查公报 [R]. 2017-06-09.

[4] 中国环境监测总站. 监测这十年·生态篇 [EB/OL]. 2022-10-22.

[5] 陈善荣. 持续完善顶层设计　强化生态环境统计制度建设 [J]. 中国环境监察，2023(3-4): 50-52.

[6] 徐丽贤. 从系统填报的角度提升生态环境统计数据质量 [J]. 上海节能，2024, 2: 305-310.

[7] 张玥，乔琦，白璐，等. 工业污染源产排污系数编码方法与应用 [J]. 环境工程技术学报，2022, 12(1): 284-292.

[8] 谢明辉，段华波，康鹏，等. 迈向生态文明建设——基于第二次全国污染物普查结果的经验启示 [J]. Engineering, 2021,7: 1336-1341.

[9] 白璐，乔琦，张玥，等. 工业污染源产排污核算模型及参数量化方法 [J]. 环境科学研究，2021, 9(34): 2273-2284.

[10] 乔琦，白璐，刘丹丹，等. 我国工业污染源产排污核算系数法发展历程及研究进展 [J]. 环境科学研究，2020, 3(80): 1783-1794.

[11] 乔琦，白璐. 夯实污染物排放量核算科学基础——第二次全国污染源普查工业源产排污核算方法

解读[N].中国环境报, 2020-07-06.

[12] 卓丽珊. "十四五"背景下我国生态环境统计面临的主要问题与优化策略研究[J]. 黑龙江环境通报, 2023, 9(36): 125-127.

[13] 秦惜. 提升环境统计数据质量的措施及其策略分析[J]. 皮革制作与环保科技, 2023, 12(13): 41-43.

[14] 李佰章. 工业源生态环境统计数据填报工作中的问题及对策研究[J]. 江汉石油职工大学学报, 2023, 3(36): 53-55.

[15] 张欣. 浅谈环境统计在基层环境管理工作中的应用[J]. 清洗世界, 2023, 11(29): 151-153.

[16] 叶铸德. 关于环境统计数据应用及其策略的探讨[J]. 皮革制作与环保科技, 2022, 16(12): 39-41.

第 **4** 章

排污许可制度

　　排污许可制度是固定污染源环境管理的有效手段，美国、欧盟等发达国家和地区建立了完善的排污许可制度，并配套了规范的排污许可技术体系。排污许可制度衔接整合相关环境管理制度，将控制污染物排放许可制建设成为固定污染源环境管理的核心制度。通过实施控制污染物排放许可制，实行企事业单位污染物排放总量控制制度。有机衔接环境影响评价制度，实现从污染预防到污染治理和排放控制的全过程监管，为相关工作提供统一的污染物排放数据，提高管理效能。

　　党中央、国务院高度重视生态环境保护，提出改革环境管理基础制度，建立覆盖所有固定污染源的排污许可制度，使其成为企业守法、政府执法、社会监督的依据，实现"一证式"管理，中央全面深化改革领导小组（现为中央全面深化改革委员会）将该项工作确定为环境保护部（现为生态环境部）重点改革任务之一。2016年，国务院办公厅印发的《控制污染物排放许可制实施方案》（国办发〔2016〕81号）明确了排污许可制度改革的顶层设计、总体思路，构建以排污许可制为核心的固定污染源环境管理制度，分行业推进，完成覆盖所有固定污染源的排污许可证核发工作。制定排污许可分类管理名录，规范排污许可证核发，合理确定许可内容，分步实现排污许可全覆盖。县级以上地方政府环保部门负责排污许可证的核发，要将现有法律法规对企事业单位污染排放控制的要求细化落实，依法确定许可内容。质量不达标地区要对企事业单位排放污染物实施更加严格的管理和控制。理顺企事业单位和环保部门责任体系，严格落实企事业单位环保责任，持证排污，按证排污，不得无证排污。依法开展自行监测，建立台账记录，如实报告排放情况。加强监管，依证严格监管，重点检查许可事项和管理要求的落实情况，严厉查处违法排污行为。强化信息公开和社会监管，及时公开自行监测数据和环保部门执法信息。

4.1　排污许可制度内涵和意义

4.1.1　排污许可制度定义内涵

　　排污许可制度的内涵是指政府对固定污染源实行全过程管理和监督的制度。具体来说，企业和个人在生产过程中产生的污染物排放，必须遵守国家规定的排放标准和总量控制要求，同时在排污前需要向政府部门申请并获得排污许可证。排污许可证上明确了许可排放的污染物种类、浓度、排放量等指标，企业在生产过程中必须遵守这些指标，超过指标则视为违法。该制度通过法律形式确定，旨在通过技术规范来实现排放限值和水质标准，以控制点源的排放。

　　按照我国《控制污染物排放许可制实施方案》（国办发〔2016〕81号）给出的定义，即"控制污染物排放许可制（以下称排污许可制）是依法规范企事业单位排污行为的基础性环境管理制度，环境保护部门通过对企事业单位发放排污许可证并依证监管实施排污许可制"。

4.1.2　排污许可制度职能定位

排污许可制度旨在通过发放具有法律效力的许可证，对企业的排污行为进行规范和约束，以实现减少污染物排放、改善环境质量的目标。

具体来说，排污许可制度的目标包括以下几个方面。

（1）企业生产前排污的行政许可

排污许可证是企事业单位在生产运营期排污行为的唯一行政许可，好比排污单位的"身份证"。每张排污许可证都有唯一的编码，相当于排污单位的身份证号码，它是以统一的社会信用代码为基础，结合排污单位编码规则综合确定的，通过一定的加密和验证措施形成唯一的二维码。这个二维码标识是排污单位的电子身份证，每个排污单位一码一证，同时每个排口也实现了一口一证，拿着手机扫描该二维码，企业排放的污染物种类、排污信息、排放标准都能够获得，简单实用，还可以进行追溯。企业是环境治理的责任主体，新版的排污许可制度要求企业主动领证、按证排污、主动监测、主动记录、主动报告、主动公开，明晰和落实企业治理污染的主体责任，推动企业从"要我守法"向"我要守法"转变。另外，企业的排污信息自行监测执行报告和处罚结果公开，有序引导全社会参与监督企业的排污行为，推动构建企业自证守法、政府依证监管、社会共同监督的新型环境治理体系。

排污许可制度的定位和功能如图4-1所示。

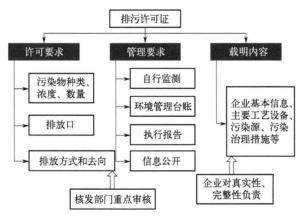

图4-1　排污许可制度的定位和功能

（2）政府控制污染物排放的有效手段

生态环境部门通过设定各行业污染物排放标准，通过排污行政许可的方式分配给企业污染物排放限额，作为企业正常生产污染物排放控制的总量限值目标，以期实现生产以及公共服务等过程污染物排放总量控制目标。排污许可制度可以有效控制企业的污染物排放量，为改善环境质量，减少空气、水、土壤等环境介质中的污染物量，为保障公众的健康和生态系统的完整性提供污染过程控制制度保障。

（3）排污权交易的前置条件

我国正在尝试实施排污权交易制度，这种制度通过发放排污许可证的方式授予排放单位排污权，排污许可证制度通过排放权交易等方式，可以促进企业间优化资源配置，提高污染治理效率，实现经济发展与环境保护的"双赢"。排污许可证的颁发是排污许可的外观，是排污权交易的前提。

4.1.3　排污许可制度实施意义

排污许可制是国家法律规定的固定污染源环境管理的核心制度，是推动落实排污单位治污主体责任和改善生态环境质量的重要举措。深化排污许可制改革是坚持和完善生态文明制度体系、推进环境治理体系和治理能力现代化的重要内容。2016年以来，国家全面部署推进排污许可制改革工作，着力推动排污许可与环评、监测、执法等相关环境管理制度的衔接整合，有序推进排污许可证发放，加强依证执法监管，严格落实企事业单位环境保护责任。2020年完成覆盖所有固定污染源的排污许可证核发工作。

（1）环境管理制度落实

融合排污许可管理制度的实施，最直接的作用就是对企业污染物的排放设定一个标准，作为环境管理制度的一大分支，实施排污许可管理制度可以加强环境管理制度的落实和融合，有效地收集和整理企业的污染源信息，方便企业以及环境管理部门全面掌握污染物的真实排放情况，发挥出环境管理制度的积极性和监督性。排污许可制度和环境影响评价制度也可以进行充分的交融，有助于完成污染源许可数据和环境状态数据反馈二者之间的对接，还要保证环境管理制度在执法过程中的公开化、透明化，起到监管的真正目的和作用。

（2）环境管理体系得到衔接

现阶段我国的环境管理体系尚未得到有效衔接，各种制度彼此之间的衔接性较差，甚至是独立存在，严重影响了制度和措施发挥出其本来具备的优势。而排污许可制度的作用覆盖面较广，覆盖了所有固定污染源，同时衔接了其他制度。通过分析可以得出，各项制度之间衔接的内容主要是实现数据共享，全面收集企业的资料以及污染信息，把握好各项制度的职能并优化，保证了各制度之间的有效衔接。

（3）环境管理实现精细化

排污管理制度的实施有利于环境管理各项工作能够精细化开展，工作由具体化向精细化转变，为有效地进行排污许可管理工作，要对所监测企业的整体生产作业环境进行科学并且连续的监测，发现并重点监督生产过程中出现的污染物，并加强对企业材料控制方面精细化管理的重视程度，这样就可以充分保证排污许可制度有效发挥作用。除上述工作之外，还要掌控企业污染物生成和具体排放状况，综合环境排污许可制度和环境管理两方面因素进行判断，从而实现环境管理的精细化。

（4）环境管理平台建设一体化

排污许可制度全方位提高了企业和个人的环保意识，此制度又结合法律手段对企业或个人进行社会形象或者经济效益方面的惩戒，更加促使其增加对环境管理政策的重视，得到相关部门的积极配合，可以高效地实现对污染物排放的控制，还可以帮助构建环境管理一体化的平台，管理职能全覆盖、工作效率大幅提升以及人员专业化程度的加强都为环境保护和环境管理提供了强有力的基础支撑，有效实施管理任务，更有利于发展政策、保护环境。

4.2 国内外排污许可制度发展历程

4.2.1 国外排污许可制度发展

西方发达国家已建立起了较为完善的许可证申请及许可证要求的合规管理体系。以美国为例，从1972年开始在全国范围内实行污染物排放许可证制度，并在技术路线和方法上不断得到改进和发展。法律层面，美国涉及排污许可制度的法律主要包括《清洁水法》（CWA）和《清洁空气法》（CAA），规定了排污许可证的分类、申请核发程序、公众参与、执行与监管、处罚等具体要求。例如：《清洁空气法》中的 Title V（标题V）主要内容是运营许可证，包括运营许可证定义、计划及申请、要求及条件、信息公开、其他与此相关的授权内容等。联邦行政许可法等规定了许可程序等要求，也是排污许可法律体系的重要组成部分。联邦规定，《清洁水法》和《清洁空气法》下面是联邦法规（CFR），法规制定了工业大气污染源必须遵守的要求，CFR第40部分环境保护，包括排污许可具体流程，以及排放标准、最佳可行技术等技术层面的规定，是《清洁水法》和《清洁空气法》的具体"实施细则"。美国未制定各行业排污许可证申请与核发技术规范，以空气固定源运行许可证为例，在40 CFR Part 70.6中规定了运行许可证所要包含的7项基本内容：规范许可证最低要求；联邦执法要求；守法要求；一般性许可证条款；

临时污染源条款；许可保护条款；紧急情况条款。

在以上内容要求中，排放限值和相应的监测、记录与报告要求最为重要，是固定源必须满足的污染物排放限制性要求。美国固定源排放标准主要基于控制技术制定，包括对污染物排放量、排放浓度、排放速率等的要求，以及对原料、生产、处置等环节的要求。以1970年《清洁空气法》修正案的出台为界限，污染源可分为"新污染源"和"现有污染源"。对于新污染源，EPA按照先进的污染控制技术水平制定针对常规污染物的"新污染源绩效标准"（NSPS）和针对有害空气污染物的"国家有害空气污染物排放标准"（NESHAP）。此外，对于达标（PSD，即防止明显恶化）地区和非达标区，固定源还需要遵守BACT/LAER/RACT技术标准，BACT/LAER/RACT技术标准是一类基于"个案水平"的地方标准。美国的空气固定源排放标准体系如表4-1所列。

表4-1　美国空气固定源排放标准体系

地区	新污染源	现有污染源	备注
全国	基于"最佳示范技术"（BDT）的"新污染源绩效标准"（NSPS）（针对常规污染物）	针对常规污染物中现有排放源的控制分两种情况进行：①非指定污染物由州制定实施计划（SIP）；②指定污染物由EPA公布排放指南（EG），各州据此制定实施计划（SIP）	—
	基于"最大可达控制技术"（MACT）的"国家有害空气污染物排放标准"（NESHAP）		
PSD地区	"最佳可得控制技术"（BACT）排放标准	"合理可行控制技术"（RACT）排放标准	基于"个案水平"的地方标准
未达标区	"最低可得排放率"（LAER）排放标准		

对于达标地区（PSD地区），新污染源审查制度遵循防止明显恶化原则，要求许可证申请者充分证明从新建设施中排放的污染物不会导致或引起该PSD地区空气污染物浓度超过所允许的浓度增量或限值；同时证明新建设施采用了BACT排放标准，污染物的排放量为该技术条件下的最小排放量。对于非达标地区，新污染源需要申请未达标区新污染源审查许可证。要求新污染源运行时，该区现有的、新建的和改建的污染源所排放的污染物总量低于州实施计划（SIP）中所允许的现有污染源污染物排放总量，要求新污染源必须采用最严格的LAER排放标准。对于PSD地区和未达标区的现有固定源，考虑到技术更新的成本问题，则统一采用"合理可行控制技术"（RACT）排放标准。

4.2.2　我国排污许可制度发展

随着多年来的改进完善，排污许可制度：一是建立了基本的制度体系框架，中央政府和国务院办公厅等颁布的一系列文件明确了排污许可制度的法律地位，制度体系进一步完善；二是扩大了许可实施区域，排污许可制度的试点工作在全国范围内统一开展，由各地政府按照国家时间要求安排具体实施工作；三是优化了管理流程，污染物排放管理向源头严防、过程监管、责任追究的全流程方向转变。

4.2.2.1　探索萌芽期（1972 ～ 2012 年）

排污许可制度前身是排污申报和许可证制度，与排污收费制挂钩；从针对水污染或大气污染的单一许可转变为探索综合许可。20 世纪 70 ～ 80 年代，在环境污染蔓延、环境保护意识萌芽时期，我国环境保护制度初步建立，排污许可制度在这一时期应运而生，从地方性法规逐步发展为国家规范，制度效力级别不断提高。1982 年 2 月 5 日，国务院办公厅出台了《征收排污费暂行办法》，明确提出了以排污申报登记表作为排污收费的凭证，这也是排污申报这一要求首次出现在政府文件中。1985 年 10 月 1 日，《上海市黄浦江上游水源保护条例》正式颁布，明确规定排放废水必须获得排放许可。这是中国首部明确实施排污许可制的地方性条例。1988 年 3 月 20 日，国家环保局颁布了《水污染物排放许可证管理暂行办法》，文件中分章对"排污申报登记制度"和"污染物排放许可制度"进行了说明。这是首个从国家层面出台的专门性规定。我国早期的排污许可制度，实质上是对国外同类制度的本土化尝试，其设计基础在很大程度上借鉴了国外模式，因而缺乏独特的本土风格。在初创的探索阶段，该制度呈现出几个显著特点：首先，它起初主要作为排污收费的凭证，具体形式表现为排污登记；其次，这一制度最初仅适用于水环境保护，尚未广泛拓展至大气、土壤等其他环境领域；再者，排污许可制度最初以地方性法规的形式出现，随后逐渐上升为国家层面的规范，其制度效力层级得以逐步提升。然而，鉴于当时国家的发展重心在于经济建设，排污许可制度在实施过程中缺乏足够的理论支撑和实践经验，其推进主要依赖于地方政府的自行探索，因此在现实中进展缓慢，几乎处于停滞状态。1995 年 8 月 8 日，国务院正式颁布了《淮河流域水污染防治暂行条例》。其中，第九条明确规定："国家对淮河流域实行水污染物排放总量（以下简称排污总量）控制制度。"这一举措标志着排污许可制度正式上升为国家层面的行政法规，体现了国家对淮河流域水污染防治的高度重视，也为后续的环境保护工作奠定了坚实基础。

1996 年，第八届全国人民代表大会常务委员会在第十九次会议上通过了《关于修改〈中华人民共和国水污染防治法〉的决定》，这是该法律第一次进行修正，标志着我国在水污染防治领域的法制建设迈出了重要一步。2000 年 4 月，全国人大常委会对《中华人民共和国大气污染防治法》进行修订，对排污许可的标准、程序以及监督管理作出了相应规定。2001 年 7 月，国家环境保护总局发布了《淮河和太湖流域排放重点水污染物许可证管理办法（试行）》，该办法对水污染物排放许可证制度进行了详尽的规定，强调了重点水污染物排放必须同时满足水污染物排放标准和总量控制指标的"双达标"要求。2003 年 8 月 27 日，第十三届全国人民代表大会常务委员会第四次会议通过了《中华人民共和国行政许可法》，正式确立了行政许可制度。2004 年 1 月 2 日，国家环境保护总局发布了《关于开展排污许可证试点工作的通知》，决定在唐山等六地市开展排污许可证试点工作，以便为完善排污许可制度提供实践经验。但在实践中各地发证工作进展缓慢，政府不积极、企业不重视。2004年6月，国家环境保护总局发布了《环境保护行政许可听证暂行办法》，对环境行政许可制度作出程序上的规定。2004年8月，国家环境保护总局发布了《关于发布环境行政许可保留项目的公告》，公布了由环保部门实施的行政许可项目，其中涉及排污许可的行政许可事项有排污许可证（大气、水）核发、向大气排放转炉气等可燃气体的批准等。2008年1月，为满足排污许可管理实践的需求，国家环境保护总局发布了《关于征求对〈排污许可证管理条例〉（征求意见稿）意见的函》，但该条例至今尚未通过。2008年2月，第十届全国人民代表大会常务委员会第三十二次会议修订《中华人民共和国水污染防治法》，其中第二十条明确规定了国家对重点水污染物排放实施总量控制制度。至此，大气污染物排污许可制度和水污染物排污许可制度在法律上均得到正式确立。

4.2.2.2 试点示范期（2013～2016年）

自2013年11月中国共产党第十八届中央委员会第三次会议将"完善污染物排放许可制"写入《中共中央关于全面深化改革若干重大问题的决定》，排污许可制度迎来了新的变革机遇期。2014年修订《中华人民共和国环境保护法》并于2015年1月1日起施行。2015年，国家再次重申完善污染物排放许可制度的重要性。自十八大以来，生态文明建设被提高到了前所未有的高度，排污许可制度作为生态文明建设的一项关键制度也受到前所未有的重视。《中共中央关于全面深化改革若干重大问题的决定》《中共中央国务院关于加快推进生态文明建设的意见》《生态文明体制改革总体方案》《中华人民共和国国民经济和社会发展第十三个五年规划纲要》先后强调要完善排污许可制度。2015年修订《中华人民共和国大气污染防治法》并于2016年1月1日起实施，对排污许可制度作出进一步规范，为构建排污许可制度提供理论依据。2016年11月10日，国务院办公厅正式发布《控制污染物排放许可制实施方案》（国办发〔2016〕81号），提出了全面推行排污许可制度的时间表和路线图。

专栏4-1　最早试点"一证式"排污许可证

对于排污许可证，浙江省起步较早。在国家版排污许可证发放之前，嘉兴市全市已发放浙江版排污许可证1200多张，涵盖所有列入环境统计企业。2016年5月嘉兴市被环境保护部列入开展流域排污许可证及造纸行业排污许可证试点并取得实质性进展，首批企业已完成排污许可证申报工作。作为全国试点，嘉兴市在完成国家统一要求的基础上寻求突破，不仅加快造纸、火电行业排污许可证申报、核发及监管工作探索，同时也在该市红旗塘流域开展深入调研，旨在探索出一套以环境质量改善为核心的排污许可总量分配机制，以对现有的总量平衡及排污权交易制度补充和完善。更为重要的是，通过排污许可证全过程管理，以有效衔接各项现行环境管理制度，探索建立以控制污染物排放许可证为核心的"一证式"环境管理新模式。国家排污许可证采用全国统一编码，分正本和副本。正本印有证书编号、地址等信息，看上去和"营业执照"长相类似，用手机扫描二维码可以清晰显示企业的生产经营地点、主要污染物类别、排污权的使用和交易等信息，就连几个排污口的位置也在卫星地图上有清晰标注，这些信息全部对外公开，接受全社会的监督。副本则是厚厚一册，既写明了排污单位的基本信息，也规定了污染物排放的许可限值、许可条件等技术指标，自行监测、管理台账、信息公开等要求也赫然在列，成为排污权精细化管理的依据。

4.2.2.3　全面推进期（2017年至今）

2017年6月27日，《中华人民共和国水污染防治法》在第十二届全国人民代表大会常务委员会第二十八次会议上修正，构建了排污许可制度的基本法律框架。2017年11月6日审议通过了《排污许可管理办法（试行）》，为排污许可制度的执行提供了具体指导，由生态环境部建立的各类环保技术标准为相关制度实施提供了技术支撑。2020年9月1日，生态环境部办公厅印发《环评与排污许可监管行动计划（2021—2023年）》，通过实施行动计划，打击和遏制环评弄虚作假、粗制滥造、不落实环评要求、无证排污、不按证排污等违法行为，切实提高规划环境影响报告书、建设项目环评报告书（表）和排污许可证等技术文件质量，推动建设（排污）单位、管理（审批、评估）单位、第三方技术单位等责任落实，提升环评与排污许可的业务监管能力，推进审查审批与行政执法衔接，增强监管合力，营造环评与排污许可自觉守法、违法必究的良好氛围。2021年1月《排污许可管理条例》颁布，对排污许可的对象范围、申请流程以及监督审查机制等关键环节进行了全面规范。这一立法举措标志着国家通过法律手段全面深化和推进排污许可制度体系的建设。在国家法律与中央政策的共同指引下，我国的排污许可制度步入了崭新的发展阶段。各地区在遵循国家统一标准的同时，也紧密结合本地实际情况，制定并执行符合地方特色的排污许可管理细则，以确保制度的有效实施和环境的持续改善。2022年3月29日，生态环境部办公厅印发《关于加强排污许可执法监管的指导意见》，强调夯实排污单位主体责任，排污单位必须依法持证排污、按证排污。2022年4月2日，为贯彻落实"十四五"生态环境保护目标、任务，深入打好污染防治攻坚战，健全以环境影响评价制度为主体的源头预防体系，构建以排污许可制为核心的固定污染源监管制度体系，推动生态环境质量持续改善和经济高质量发展，制定《"十四五"环境影响评价与排污许可工作实施方案》。

4.3　我国排污许可制度体系

排污许可制度体系主要包括排污许可管理条例、排污许可管理办法、固定污染源排污许可分类管理名录（2019年版）、排污许可证申请与核发技术规范以及最佳可行技术等部分组成。目前已经发布了涵盖火电、钢铁等74个行业的行业排污许可申请与核发技术规范，发布了35个行业污染防治最佳可行技术指南。基本形成了条例-办法-名录-技术规范-技术指南等系统性管理体系（见图4-2）。

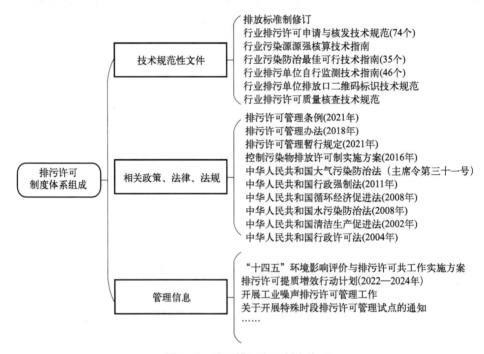

图4-2　我国排污许可制度体系

4.3.1　排污许可管理条例

党中央、国务院高度重视排污许可管理工作。2019年10月31日中国共产党第十九届中央委员会第四次全体会议通过的《中共中央关于坚持和完善中国特色社会主义制度推进国家治理体系和治理能力现代化若干重大问题的决定》要求，构建以排污许可制为核心的固定污染源监管制度体系。2020年10月29日中国共产党第十九届中央委员会第五次全体会议通过的《中共中央关于制定国民经济和社会发展第十四个五年规划和二〇三五年远景目标的建议》提出，全面实行排污许可制。《环境保护法》规定，国家依照法律规定实行排污许可管理制度；实行排污许可管理的企业事业单位和其他生产经营者应当按照排污许可证的要求排放污染物；未取得排污许可证的，不得排放污染物。

《大气污染防治法》和《水污染防治法》授权国务院制定排污许可的具体办法。2016年11月，国务院办公厅印发《控制污染物排放许可制实施方案》（国办发［2016］81号）明确了目标任务、发放程序等问题，排污许可制度开始实施。

生态环境部在总结实践经验的基础上，起草了《排污许可管理条例（草案送审稿）》。司法部征求了中央有关部门和单位、部分地方人民政府以及有关企业的意见，召开专家论证会和部门座谈会，进行实地调研，会同生态环境部等有关部门对《排污许可管理条例（草案送审稿）》反复研究修改，形成了《排污许可管理条例（草案）》。2020年12月9日，国务院第117次常务会议审议通过了《排污许可管理条例（草案）》。2021年1月24日，李克强总理签署国务院令，正式公布《排污许可管理条例》（以下简称《条例》）。

规范排污许可证申请与审批对于提高审批效率、营造公平竞争环境、激发市场主体活力具有重要意义。《条例》在规范排污许可证申请与审批方面主要做了如下规定：一是要求依照法律规定实行排污许可管理的企业事业单位和其他生产经营者申请取得排污许可证后，方可排放污染物，并根据污染物产生量、排放量、对环境的影响程度等因素，对排污单位实行分类管理，具体名录由国务院生态环境主管部门拟订并报国务院批准后公布实施；二是明确审批部门、申请方式和材料要求，规定排污单位可以通过网络平台等方式，向其生产经营场所所在地设区的市级以上生态环境主管部门提出申请；三是明确审批期限，实行排污许可简化管理和重点管理的审批期限分别为20日和30日；四是明确颁发排污许可证的条件和排污许可证应当记载的具体内容。

强化排污单位的主体责任是落实排污许可制度的关键环节。生态环境主管部门要从准确界定政府、排污单位、社会公众三者职责及相互关系角度出发，系统推进行政审批、许可事项的整合与精简优化，加强证后监管，用好、用活许可证，使之与现有环境管理整合联动，引入社会监督，依法重罚不兑现承诺、不按证排污的排污单位。

在强化排污单位的主体责任方面《条例》主要做了如下规定：一是规定排污单位污染物排放口位置和数量、排放方式和排放去向应当与排污许可证相符；二是要求排污单位按照排污许可证规定和有关标准规范开展自行监测，保存原始监测记录，对自行监测数据的真实性、准确性负责，实行排污许可重点管理的排污单位还应当安装、使用、维护污染物排放自动监测设备，并与生态环境主管部门的监控设备联网，强化了生态环境主管部门事中事后监管职责；三是要求排污单位建立环境管理台账记录制度，如实记录主要生产设施及污染防治设施运行情况；四是要求排污单位向核发排污许可证的生态环境主管部门报告污染物排放行为、排放浓度、排放量，并按照排污许可证规定，如实在全国排污许可证管理信息平台上公开相关污染物排放信息。核心是明确排污许可证不仅是"排污资格证"，而且还是排污行为的法律性要求和规范性要求载体，排污许可证是排污单位承担污染排放控制义务和责任的法律文书，具有法定性、强制性，将污染物排放治理的责任回归企业，改变以往政府包办式、保姆式管理的做法。使得排污单位履行污染物排放控制义务有法可依，也给排污单位强化对自身排放行为的管理，主动承担环境治理主体责任，提供了明确依据。

加强事中事后监管是将排污许可管理制度落到实处的重要保障，《条例》在加强排污许可的事中事后监管方面主要做了如下规定：一是要求生态环境主管部门将排污许可执法检查纳入生态环境执法年度计划，根据排污许可管理类别、排污单位信用记录等因素，合理确定检查频次和检查方式；二是规定生态环境主管部门可以通过全国排污许可证管理信息平台监控、现场监测等方式，对排污单位的污染物排放量、排放浓度等进行核查；三是要求生态环境主管部门对排污单位污染防治设施运行和维护是否符合排污许可证规定进行监督检查，同时鼓励排污单位采用污染防治可行技术。要使排污符合许可要求，污染治理技术的先进性是重要保障。《条例》第三十条规定："国家鼓励排污单位采用污染防治可行技术。国务院生态环境主管部门制定并公布污染防治可行技术指南。排污单位未采用污染防治可行技术的，生态环境主管部门应当根据排污许可证、环境管理台账记录、排污许可证执行报告、自行监测数据等相关材料，以及生态环境主管部门及其所属监测机构在行政执法过程中收集的监测数据，综合判断排污单位采用的污染防治技术能否稳定达到排污许可证规定；对不能稳定达到排污许可证规定的应当提出整改要求，并可以增加检查频次。制定污染防治可行技术指南，应当征求有关部门、行业协会、企事业单位和社会公众等方面的意见。"这一规定，实现了法律规范与技术要求的衔接，有利于增强排污许可制度的成效。

4.3.2 排污许可管理办法

我国从20世纪80年代后期开始，各地陆续试点实施排污许可证制度，至今共有28个省（区、市）出台了排污许可管理相关地方性法规、规章或规范性文件，总计向约24万家排污单位发放了排污许可证，积累了大量实践和管理经验，但也暴露出不少问题，如排污许可制其基础核心地位不突出，多项环境管理制度交叉、重复，污染源"数出多门""多头管理"；依证监管力度不足，处罚结果不能形成震慑；排污单位污染治理责任落实不到位，缺乏履行环境保护责任的主动性等。

党中央、国务院高度重视排污许可管理工作，为落实党中央、国务院决策部署，进一步推动环境治理基础制度改革，从"十三五"开始，按照国务院办公厅印发的《控制污染物排放许可制实施方案》（国办发〔2016〕81号）的要求，大力推进排污许可制改革，并于2018年1月公布了《排污许可管理办法（试行）》，规定了排污许可证核发程序，明确了排污许可证的内容，强调落实排污单位按证排污责任，要求依证严格开展监管执法，强调加大信息公开力度，提出完善排污许可技术支撑体系。

随着排污许可制改革的不断深入，政策要求和法律要求发生了新变化。从政策看，党的十九届四中全会提出"构建以排污许可制为核心的固定污染源监管制度体系"，党的二十大和十九届五中全会提出"全面实行排污许可制"，突出了排污许可制度在固定污染源环境监管中的核心地位。2019年底，《固定污染源排污许可分类管理名录（2019年版）》出台，固定污染源排污许可全覆盖开始实施，并增加了登记管理类别。《中华人民共和国固体废物污染环境防治法》《中华人民共和国土壤污染防治法》《中华人民共和国噪声污染防治法》《中华人民共和国海洋环境保护法》先后制修订发布，均明确提出了排污许可管理相关内容。特别是 2021 年 3 月 1 日，《排污许可管理条例》开始实施，进一步明确了排污许可证申请、核发、登记的程序要求及监管要求，强化了企业主体责任，规定了相关法律责任。

2024 年，生态环境部修订发布《排污许可管理办法》（以下简称《管理办法》），于 2024 年 7 月 1 日起施行。因 2018 版管理办法发布在前，其在管理对象、管理程序、管理内容、实施监管以及法律责任等方面与《条例》部分内容存在不一致，且缺少《条例》规定的排污登记等相关规定，已经不能满足排污许可现行环境管理需要，坚持如下修订原则：

① 依法依规、规范管理。落实法律法规要求，明确实施水、大气、固体废物、噪声综合许可，依法将土壤污染重点监管单位管控要求纳入许可管理。落实《条例》要求，将排污登记单位纳入管理范围，并规范排污许可证的申请与审批程序。

② 突出核心、推动衔接。衔接融合环评、总量、生态环境统计、污染源监测、排污权管理、土壤污染隐患排查等相关环境管理制度。推动排放量统一核算，提出落实自行监测要求，推进执行报告中污染物实际排放量数据应用。

③ "一证式"管理，压实责任。落实"一证式"监督管理，规定排污许可事中事后管理内容，提升监管效能。突出排污单位的按证排污以及生态环境部门依规核发、按证监管责任，明确公众参与途径，压实各方责任。

《管理办法》修订后，由原来的七章68条修订成六章46条。与2018版管理办法相比，本次修订删除与目前管理思路不一致规定以及《条例》已明确规定内容，从衔接《条例》、提升环境管理效能角度更新优化相关规定，并补充排污登记管理、制度衔接、质量核查、重新申请、执行报告检查、信息公开等规定。主要包括如下 3 条修订重点：

① 将排污登记单位纳入管理范围。按照《条例》要求，将排污登记单位纳入管理范围，增加排污登记的填报内容、流程规定、主体责任要求，对加强排污登记单位的管理具有指导意义。

② 规范管理流程。按照《条例》要求，细化部分审批部门审批过程中已经充分论证有用的排污许可证申请材料的相关说明。细化审批流程、审批时限要求，提出技术评估要求，增加重新申请审批流程及提交材料要求，细化延续、变更各情形的相关程序及时限要求。

③ 细化依证监管内容。按照《条例》要求，强化持证排污单位和排污登记单位日常管理内容，加强排污许可事中事后监管，增加执行报告监管执法的具体要求及规定，强化排污许可证质量核查要求，推进"一证式"管理落地。

《管理办法》的发布是健全美丽中国建设保障体系的重要举措，是持续深化排污许可制度改革的重要基础性文件，是对《条例》的深化、细化和实化，对于规范排污许可证申请与审批工作程序、全面落实排污许可"一证式"管理、强化排污单位主体责任，具有十分重要的意义。

《管理办法》进一步夯实"一证式"管理路径。突出排污单位全覆盖、环境管理要素全覆盖、污染物排放管理全覆盖，明确对排污单位的大气污染物、水污染物、工业固体废物、工业噪声等污染物排放行为实行综合许可管理。全面落实相关法律法规标准要求，将大气、水、固体废物、噪声等多环境要素以及土壤污染重点监管单位的控制有毒有害物质排放、土壤污染隐患排查、自行监测等要求依法全部纳入排污许可证，推动固定污染源"一证式"管理。

《管理办法》进一步深化"全周期"管理理念。明确申请、审批、管理的全流程管理要求，紧抓排污单位生产、治理、排放的全过程管控重点，强化排污许可全周期管理，突出全面衔接融合环境管理制度，落实事前事中事后管理，推动建成以排污许可制为核心的固定污染源监管制度体系，打通固定污染源环境监管的"全周期"。

《管理办法》进一步规范了排污许可证申请和审批程序的管理。规定了排污许可证申请与审批程序，明确排污许可证首次申请、重新申请、变更等相关情形，规范企业需要提供的材料、审批部门审核的要求以及可行技术在申请与审批中的应用等内容，完善延续、调整、撤销、注销、遗失补领等相关规定。

《管理办法》进一步明确排污单位主体责任。明确要求排污单位建立健全环境管理制度，落实自行监测、记录环境管理台账、提交执行报告，依法如实公开污染物排放信息等主体责任要求，细化按照排污许可证规定严格控制污染物排放要求。加强排污登记单位管理，明确排污登记单位应当依照国家生态环境保护法律法规规章等管理规定运行和维护污染防治设施，建设规范化排放口，落实排污主体责任，控制污染物排放，主动变更排污登记信息。

《管理办法》进一步强化"依证"监管要求。强调生态环境主管部门应当将排污许可证和排污登记信息纳入执法监管数据库，将排污许可执法检查纳入生态环境执法年度计划，加强对排污许可证记载事项的清单式执法检查，定期组织开展排污许可证执行报告落实情况的检查。

《管理办法》是对《条例》的细化和实化。在结构和思路上与《条例》保持一致，在内容上进一步细化和实化。一方面，《管理办法》全面落实《条例》规定的申请、受理、审批、排污管理、法律责任等要求；另一方面，《管理办法》突出问题导向，结合排污许可制改革实践经验和遇到的问题，承接以往行之有效的改革举措，对排污许可证申请、审批、执行、监管全过程的相关规定以及排污登记内容进行完善，提高可操作性。

《管理办法》是对《条例》的进一步深化。为更好服务企业、服务基层，《管理办法》提出进一步优化流程和简化材料相关要求，提出排污许可证申请材料不再强制要求提交纸质材料，基本信息变更情形、延续情形无须提交承诺书和副本，变更内容可载入变更、延续记录，不再强制重新换发副本，对于遗失补领不再强制要求纸件补领，不再规定提交书面执行报告，已经办理排污许可证电子证照的鼓励自行打印排污许可证。

4.3.3　排污许可分类管理名录

《固定污染源排污许可分类管理名录（2017年版）》主要解决哪些排污单位实施排污许可管理和应该纳入什么类别管理的问题，是排污许可制度改革的重要支撑。2017年版名录对于推动排污许可改革起到了重要作用，取得了阶段性成果。在排污许可制实施的过程中也发现一些问题：

① 与污染防治攻坚战重点任务结合还不够，一些重点行业未纳入2017年版名录，不能适应生态环境保护工作新形势需求；

② 没有将一些行业产排污量很小的排污单位纳入排污许可管理，没有实现固定污染源全覆盖；

③ 随着行业生产工艺和环保治理技术的进步，部分行业产排污状况也在不断变化，一些行业管理类别划分不够科学合理，原有的管理类别划分标准需要更新；

④ 2017年《国民经济行业分类》修订调整后，行业类别划分发生了一定变化，名录行业分类与《国民经济行业分类》（GB/T 4754—2017）等不对应。

因此，决定对2017年版名录予以修订完善，即《固定污染源排污许可分类管理名录（2019年版）》。

2019版名录修订的总体思路如下：

① 解决排污许可未全覆盖的问题。国民经济行业分类共1382个行业小类，其中涉及固定污染源的有706个，全部已纳入2019年版名录。通过增加登记管理类别，2019年版名录已实现陆域固定源的全覆盖。

② 解决管理分类不合理的问题。根据污染防治攻坚战要求和行业特点，通过调整生产规模、工艺特征、原料使用量、燃料类型等管理类别的界定标准，确保"全面管理、重点突出"。

③ 解决和其他统计分类不衔接的问题。按照《国民经济行业分类》（GB/T 4754—2017）中的行业名称和代码调整名录的行业分类，实现排污许可制与环境统计、二污普等工作的衔接。

名录第108类其他行业中有2类企业需要纳入排污许可管理。一是涉及通用工序的，应当对其涉及的通用工序申请领取排污许可证或者填报排污登记表。例如，有锅炉的酒店，应根据锅炉的管理类别申请领取排污许可证或者填报排污登记表。二是有第七条中六类情形之一的，还应当对其生产设施和相应的排放口申请领取重点管理排污许可证。例如，某汽车修理厂被列入重点排污单位名录，应当对相应排污设备和相应的排放口申请领取重点管理排污许可证。此外，名录未作规定的排污单位，确需纳入排污许可管理的，其排污许可管理类别由省级生态环境主管部门提出建议，报生态环境部确定。

4.3.4　许可证申请与核发技术规范

为了加大生态文明建设和环境保护力度，将排污许可制建设成为固定污染源环境管理的核心制度，2016年国务院办公厅印发《控制污染物排放许可制实施方案》（国办发〔2016〕81号），提出按行业分步实现对固定污染源排污许可的全覆盖，2017年完成重点行业及产能过剩行业企业排污许可证核发，2020年全国基本完成排污许可证核发，工作重点是动态实现排污企业全覆盖，持续做好排污许可证的质量审核和新增污染源发证登记，监督并指导已到期排污许可证按时换证。目前，已发布74项相关标准。据此，生态环境部发布《固定污染源排污许可分类管理名录（2017年版）》（环境保护部令第45号）确定将有色金属冶炼行业作为第一批12个申领核发排污许可证的行业之一，并要求铜、铅锌冶炼企业以及京津冀、长江三角洲、珠江三角洲区域的电解铝企业必须在2017年完成排污许可证的核发工作，到2020年完成覆盖全部有色金属冶炼企业的排污许可证核发工作。

2017年9月29日，环境保护部以2017年第54号公告发布《排污许可证申请与核发技术规范　有色金属工业——铅锌冶炼》（HJ 863.1—2017）、《排污许可证申请与核发技术规范　有色金属工业——铝冶炼》（HJ 863.2—2017）、《排污许可证申请与核发技术规范　有色金属工业——铜冶炼》（HJ 863.3—2017）。2017年12月28日，环境保护部以2017年第82号公告发布《排污许可证申请与核发技术规范　有色金属工业——汞冶炼》（HJ 931—2017）、《排污许可证申请与核发技术规范　有色金属工业——镁冶炼》（HJ 933—2017）、《排污许可证申请与核发技术规范　有色金属工业——镍冶炼》（HJ 934—2017）、《排污许可证申请与核发技术规范　有色金属工业——钛冶炼》（HJ 935—2017）、《排污许可证申请与核发技术规范　有色金属工业——锡冶炼》（HJ 936—2017）、《排污许可证申请与核发技术规范　有色金属工业——钴冶炼》（HJ 937—2017）和《排污许可证申请与核发技术规范　有色金属工业——锑冶炼》（HJ 938—2017）。

4.3.5　最佳可行技术指南

环境保护部发布的《污染防治可行技术指南编制导则（征求意见稿）》对污染防治最佳可行技术（BAT）的定义为：针对各种工农业生产、城乡生活全过程产生的环境污染问题，采用清洁生产技术和措施预防并减少污染物的排放，在污染防治过程中采用可行技术，并通过实施管理手段达到最佳环境效益的综合技术。污染防治最佳可行技术筛选评估使得"无好技术可用，有好技术不用"的困局得到改善，最佳可行技术的初步推广和普及使得行业污染物排放得到了有效控制，环境恶化趋势有了一定程度的减缓，但总体环境形势依然严峻。最佳可行技术减排潜力分析初步预测了行业各项最佳可行技术的污染减排能力，从而使企业对最佳可行技术的推广和普及所带来的减排效果有了直观的认识，同时也为行业工艺结构调整指明了方向。加大清洁生产技术的推广和普及，尤其针对新建企业进行大力推广，鼓励其采用清洁生产技术，有利于实现行业技术结构的进一步优化。截至目前，共发布了35个行业污染防治最佳可行技术指南。

4.4 排污许可制度案例介绍

为了系统呈现许可证申请与核发技术中许可排放因子的筛选、排放口类型划分、许可排放量的确定、可行技术筛选等核心技术问题确定过程，本书选取了有色金属行业作为案例进行分析，以方便读者更好地理解排污许可制度所发挥的作用。

4.4.1 有色金属工业排污许可证申请与核发技术规范

（1）背景和过程

有色金属行业涵盖了轻金属、重金属、贵金属、半金属和稀有金属等64种金属，其中常用有色金属包括铜、铝、铅、锌、镍、钴、锡、锑、汞、镁、钛共计11种。2022年，根据中国有色金属工业协会行业统计年鉴可知，我国的冶炼产业在过去一年中取得了小幅度的增长。统计数据显示，从1月到12月，我国的10种有色金属总产量达到了6774.3万吨，与2021年同期相比增长了4.3%。具体来看，精炼铜、原铝、铅和锌的产量分别为1106.3万吨、4021.4万吨、781.1万吨和680.2万吨。其中，精炼铜和原铝的产量均实现了4.5%的同比增长，铅的产量增长了4.0%，而锌的产量则以1.6%的增速略有增加（图4-3）。

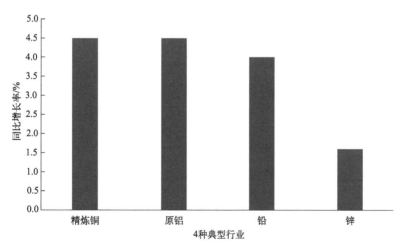

图4-3 2022年精炼铜、原铝、铅及锌同比增长情况

行业工艺繁杂，污染问题复杂，科学编制标准难度大。当时国内该类标准编制技术指南尚属空白。不仅要解决如何确定排污许可总量许可因子、划分排放口类型、核定污

染因子许可排放量等关键技术问题，还需考虑如何确保排污许可技术规范的实操性。

（2）原则

1）标准与现行环境管理制度有机融合原则

标准制定遵循与我国现行的环境影响评价、三同时、排污收费等制度相协调配套，与我国环境保护方针政策相一致原则。以《控制污染物排放许可证实施方案》《排污许可证管理暂行规定》、行业污染物排放标准等相关的法律法规、方针政策、标准规范为依据制定《排污许可证申请与核发技术规范　有色金属工业——汞冶炼》等七项标准。

2）标准的核心技术问题研究方法科学性原则

针对标准制定中许可排放因子的筛选、排放口类型划分、许可排放量的确定、可行技术筛选等核心技术问题，遵循科学性原则，依据企业调研数据，科学选取符合行业特征的方法，结合国家许可总体要求科学解决核心技术问题。

3）普遍适用性和实际可操作性原则

根据有色金属冶炼行业排污单位实际情况，结合各污染源、污染因子的特点，在解决标准中排放口类型划分、无组织环节管控、污染防治可行技术筛选、自行监测方案制定等问题的过程中，最大限度地保证与有色金属冶炼行业建设项目的实际情况相吻合，在不过多增加企业负担的基础上选取最优方案，使标准更具有普遍适用性和实际可操作性。

（3）技术路线

通过系统调研、资料收集等环节，确定了标准的框架体系，识别出标准编制中的重点技术难点问题，通过现场调研、专家咨询等方式，对本标准编制过程中的重难点问题开展方法学探索研究攻关，重点通过恢复成本法、统计法、物质流代谢元素流核算模型、成本效益法等方法，科学解决本标准中核心关键技术问题，最终完成包括适用范围、术语和定义、产排污节点、对应排放口及许可排放限值、污染防治可行技术、自行监测管理要求、环境管理台账、实际排放量核算、合规判定等内容的标准框架和核心内容，并于2017年由环境保护部发布实施了《排污许可证申请与核发技术规范　有色金属工业——铅锌冶炼》等10项标准。

标准编制技术路线如图4-4所示。

（4）标准主要框架

标准主要包括适用范围，规范性引用文件，术语和定义，排污单位基本情况填报要求，产排污节点、对应排放口及许可排放限值、污染防治可行技术要求等10部分内容。

排污许可技术规范的核心内容如图4-5所示（书后另见彩图）。

对主要国家、地区及国际组织相关标准情况的研究发现，排污许可证中的载入事项

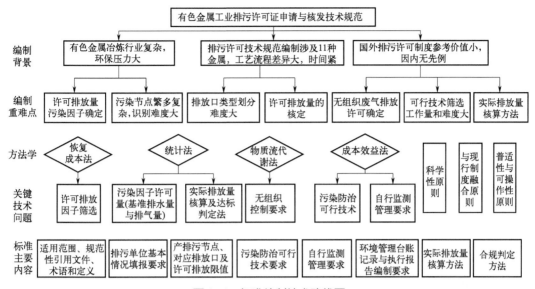

图4-4 标准编制技术路线图

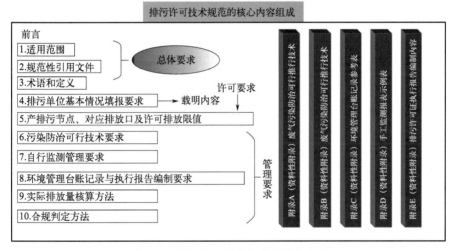

图4-5 排污许可技术规范的核心内容

还应包括许可排污单位主要排污设备清单、污染治理设施清单、对应的排污口设置及标识要求等。

美国联邦法规40 CFR Part 70.6各部分内容的具体要求如表4-2所列。

表4-2 40 CFR Part 70.6运行许可证文本要求

序号	许可证文本基本要求	具体条款	
1	规范许可证最低要求	排放限值和标准	包括浓度限值要求；包含产排污设施运行要求，并详细界定不同标准对应的运行条件
		许可证有效期通常为5年	

续表

序号	许可证文本基本要求		具体条款
1	规范许可证最低要求	监测、记录和报告	① 监测方法，监测设备及其安装、使用和维护，测试方法； ② 记录取样时间、地点、当时设施运行状况，分析监测数据的时间、公司、方法、结果，所有信息保留至少5年备查； ③ 持证人需每6个月向管理部门提交监测记录报告，出现异常情况需及时报告
		《清洁空气法》酸雨控制政策相关要求	① 任何许可证不得增加受控酸雨固定源的排放量； ② 任何许可证不得限制受控酸雨固定源的配额数量，同时，受控酸雨固定源亦不可用配额数量作为不达标的理由； ③ 受控酸雨固定源的所有配额使用情况都要遵守酸雨控制政策的要求
		许可证条款合法证明，要求许可证规定的所有条款均符合《清洁空气法》的要求	
		许可证守法/违法处理条款	① 持证人必须遵守本法规所有要求，对于任何违反许可条款的行为，管理部门都将申请强制执行判决的诉讼； ② 许可证可按照相关要求进行修改、条款废除、重启、再审批或终止； ③ 许可证不可包含任何特权条款； ④ 当许可授权发放机构要求执证人提交书面的许可证修改、条款废除、重启、再审批或终止的合法解释时，执证人需及时提交报告
		排污量交易	如经济刺激、排污量交易等变化下许可证修改规定
		设计运行方案	许可证申请时，污染源合理的设计运行方案解释
2	联邦执法要求	联邦环境保护署署长与公民可依据《清洁空气法》执行许可证所有条款	
		许可授权发放机构需专门说明不由联邦实施的条款	
3	守法要求	测试、监测、记录、报告要求	严格遵守本法规关于"监测、记录和报告"中的规定
		连续达标时间表	执证人至少每半年须向管理部门提交达标进展报告，报告需包含达标时间、未达标时间的情况说明等
		达标证明要求	达标证明提交频率（不少于每年提交一次），监测方案说明，许可证各项操作要求条款下达标情况说明，其他污染源运行事实说明
4	一般性许可证条款	一般性许可证发放条件	公示及公众听证会；满足《清洁空气法》及本法规所有要求
5	临时污染源条款	临时污染源许可证发放条件	排污行为应为暂时性的
		临时许可证内容	① 确保临时污染源达标排放的条件； ② 所有者或运营者在污染源地点发生变化时需要提前至少10天告知许可授权发放机构

序号	许可证文本基本要求		具体条款
6	许可保护条款	许可保护条款适用情况	① 许可证保护条款的具体适用情形； ② 许可授权发放机构签署条款以外的其他情形
7	条款适用情况	紧急情况定义	任何突发的、合理不可预知的、超出污染源控制能力的情况
		紧急情况发生可作辩护依据	

国内在《关于开展火电、造纸行业和京津冀试点城市高架源排污许可证管理工作的通知》中附带《火电行业排污许可证申请与核发技术规范》《造纸行业排污许可证申请与核发技术规范》，明确火电、造纸行业排污许可证适用范围及排污单位基本情况、产排污节点对应排放口及许可排放限值、可行技术、自行监测管理要求、环境管理台账记录与执行报告编制规范、达标排放判定方法、实际排放量核算方法。根据国民经济统计，我国有色金属行业涉及金属共计64种，其中包括重金属、轻金属、贵金属、半金属以及稀有金属五大类。截至目前，我国针对有色金属行业共发布实施11项污染物排放标准，其中行业污染物排放标准共计9项，大气和水综合排放标准2项。我国有色金属冶炼行业污染物排放标准执行情况如图4-6所示。

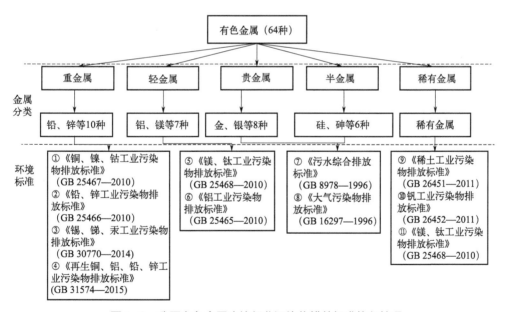

图4-6 我国有色金属冶炼行业污染物排放标准执行情况

（5）主要标准创新及相关技术内容

1）创新点一：基于恢复成本法筛选许可排放总量污染因子，实现了行业污染科学和精细化管控基于生态环境部对排污许可的明确规定，本次制定的有色金属冶炼行业排污许可技术标准，特别针对铅、锌、铜、铝、镍、锡、钴、锑、汞、镁、钛11种主流有色金属进行规范。该标准严格遵循国家污染物排放标准的五项要求，致力于实现行业污染物排放的精准管控。在制定过程中，充分考虑了国家环境保护的总体战略和行业污染排放监管的重点，通过精心筛选，确定了总量许可因子。这些因子不仅涉及废水污染物，共计21项，还涵盖废气污染物，共有14项。

标准编制面临的一大技术挑战，便是如何科学、合理地选择这些总量许可因子。不仅要确保这些因子能够满足国家对于排污许可污染物总量的严格管控要求，更要凸显出有色金属冶炼行业污染防控的重点。通过这一工作，期望能够为行业的可持续发展和生态环境的保护提供有力的技术支持和保障。

标准编制过程，对排污许可总量许可因子的筛选遵循了"国家总量控制+行业特征因子"的原则。国家《"十三五"生态环境保护规划》中规定了国家总量控制的污染因子，主要包括化学需氧量、氨氮、二氧化硫、氮氧化物和区域性污染物（挥发性有机物、总氮、总磷）等。因此，化学需氧量、氨氮、二氧化硫、氮氧化物、总磷、总氮作为部分总量许可因子。为了实现行业特征污染监管和全国污染物总体削减的目的，如何科学筛选行业特征因子作为本标准总量许可因子则显得尤为重要。基于5项行业污染物排放标准涉及的行业特征污染物，本次标准编制运用污染当量贡献比计算某项行业特征因子带来的经济损失比例，筛选许可排放量的行业特征污染因子。

污染当量是指根据污染物或者污染排放活动对环境的有害程度以及处理的技术经济性，衡量不同污染物对环境污染的综合性指标或者计量单位。同一介质相同污染当量的不同污染物，其污染程度基本相当。

污染当量贡献比是指排污单位某一种污染物的污染当量系数与所有同类污染物排放污染当量总系数的比值。例如，二氧化硫的污染当量贡献比是指二氧化硫的污染当量系数与所有废气污染因子（二氧化硫、氮氧化物、颗粒物、重金属等）当量系数之和的比值。污染因子的污染当量贡献比越大则说明其对环境影响越大，可作为本次标准筛选排污许可总量许可因子的重要依据。

污染当量贡献比计算公式为：

$$\varphi = \frac{V_j \div K_j}{\sum_{i=1}^{n} V_{ij} \div K_{ij}} \times 100\%$$

式中　φ——某项废气/废水重金属污染因子的污染当量贡献比；

　　　V_j——某一种废气/废水污染因子的年排放量，kg；

　　　K_j——某一种废气/废水污染因子污染当量值，kg；

　　　i——排污单位废气/废水污染因子有i种；

　　　V_{ij}——排污单位第i种废气/废水污染因子年排放量，kg；

K_{ij}——排污单位第 i 种废气/废水污染因子污染当量值，kg。

以铜冶炼行业排污许可总量许可因子筛选为例，通过对多家铜冶炼企业污染物排放情况进行核算，筛选出汞、镉、铅、砷 4 种污染当量贡献比大的重金属作为排污许可总量许可因子。

铜冶炼行业废水污染因子及其排放情况见表 4-3。

表 4-3　铜冶炼行业废水污染因子及其排放情况

污染因子	年排放量/kg	污染当量值/kg	污染当量贡献比/%
pH 值	—	—	—
悬浮物	135000	4	2.29
化学需氧量	270000	1	—
氟化物（以 F⁻ 计）	22500	0.5	3.06
总氮	67500	—	—
总磷	4500	0.25	—
氨氮	36000	0.8	—
总锌	6750	0.2	2.29
石油类	13500	0.1	—
总铜	2250	0.1	1.53
硫化物	4500	0.125	—
总铅	2250	0.025	6.12
总镉	450	0.005	6.12
总镍	2250	0.025	6.12
总砷	2250	0.02	7.65
总汞	225	0.0005	30.59
总钴	4500	—	—

经过对 11 种常用有色金属冶炼行业的调研和分析，本标准的许可排放污染因子确定为颗粒物、二氧化硫、化学需氧量、氮氧化物、氨氮，同时重有色金属（铅、锌、铜、镍、钴、锡、锑、汞）补充汞、镉、铅、砷 4 种重金属作为许可排放量污染因子，轻有色金属铝补充氟化物作为许可排放量污染因子（见表 4-4）。

表 4-4　有色金属工业许可总量污染因子情况表

序号	污染因子	铅	锌	铜	镍	钴	锡	锑	汞	铝	镁	钛
1	二氧化硫											
2	氮氧化物											
3	颗粒物											
4	化学需氧量											

序号	污染因子	铅	锌	铜	镍	钴	锡	锑	汞	铝	镁	钛
5	氨氮											
6	铅											
7	砷											
8	汞											
9	镉											
10	氟化物											

2）创新点二：基于元素流代谢核算模型制定无组织管控措施，为行业污染全过程防控提供科学依据

我国有色金属工业发展迅速，大部分为中小型企业，其中很多小型企业处于粗放生产、无序排放的状态，企业颗粒物无组织排放严重。虽然对有色金属工业已制定并实施了严格的排放标准，但标准规定的厂界控制指标对无组织排放管控的有效性较差，国家层面未发布专门控制有色金属工业无组织排放的标准，无组织排放一直是有色金属冶炼环境管理的重点和难点。

物质代谢（material metabolism）最早起源于生命科学，1989年Frosch提出"产业代谢"的概念，指出产业生产过程就是物质的输入消耗、系统存储以及以废物形式输出到自然环境的过程；元素流分析（substance flow analysis，SFA）模型是基于产业代谢理论提出并构建的单一元素代谢过程的核算模型，主要包括生产过程输入流、产品流、贮存流、废物流等代谢流，基于物质守恒原理核算各代谢节点元素代谢量。通过元素流代谢模型核算，可实现对工业生产过程单一元素代谢节点、代谢路径、代谢量、代谢形态等展开系统核算分析，评估生产过程元素代谢效率和代谢改善的空间。目前在环境污染防控领域主要用于识别污染物的产排污节点、产排污类型、产排污影响因素等，为制定工业生产过程污染防控措施提供科学依据。

标准基于物质代谢元素流分析模型，核算评估了有色金属冶炼行业中污染物无组织排放量和有组织排放量占比，由此筛查和提出了生产工艺过程无组织排放监管的重点和防控措施。物质流核算模型如图4-7所示。

将整个生产过程当作一个系统，整个生产过程中的无组织排放量计算公式为：

$$X_1 = X_t - X_p - \sum X_{u_i} - \sum X_{b_i} - \sum X_{g_i} - \sum X_{s_i} - \sum X_{w_i}$$

整个系统无组织排放量占所有废气排放量的占比为：

$$\delta = [X_1 / (X_t - X_p - \sum X_{u_i} - \sum X_{b_i} - \sum X_{s_i} - \sum X_{w_i})] \times 100\%$$

式中　δ ——无组织排放量占整个系统废气排放量的占比；

　　　X_1 ——无组织排放量；

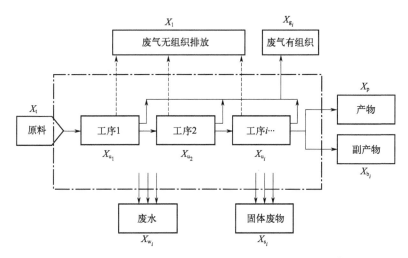

图4-7　物质流核算模型

X_t——原料中的物质量；

X_p——产品中的物质量；

X_{u_i}——工序中中间产品的物质量；

X_{b_i}——副产品中的物质量；

X_{g_i}——外排烟气中的物质量；

X_{s_i}——固体废物中的物质量；

X_{w_i}——废水中的物质量。

以SKS工艺铅冶炼某企业为例，绘制Pb的元素流代谢图（见图4-8，书后另见彩图）。以铅元素为研究对象，根据对SKS物质流的研究结果，该企业整个系统中铅的无组织排放量大约占废气中铅排放量的36%。目前铅冶炼环节已有一定的环境集烟，但是捕集效率低。底吹炉的烟气捕集率远远低于鼓风炉，如果能进一步提高烟尘捕集率，尤其是底吹炉的烟尘捕集率，将大幅削减细颗粒物，尤其是$PM_{2.5}$的排放量。

针对有色金属冶炼无组织排放重点环节，标准从原料贮存、运输和冶炼三个方面针对设备密闭性提升以及环境集烟等环节提出管控措施，将无组织排放管控由厂界外向厂区内延伸，辅以现场监测判定企业无组织排放达标情况，由原来的单纯"厂界浓度"监管完善为"生产过程措施+厂界浓度"双监管，使得无组织排放管理任务具体化，标准制定规范和引领了行业企业对无组织排放的防控。

标准提出的无组织排放控制要求，一方面应用于明确企事业单位环境管理要求，落实按证排污责任；另一方面也应用于生态环境部发布的其他政策文件之中，例如生态环境部印发的《重污染天气重点行业应急减排措施制定技术指南（2020年修订版）》（环办大气函〔2020〕340号）中《重污染天气重点行业绩效分级及减排措施》涉及有色金属工业的行业绩效分级指标就引用了相关内容。

3）创新点三：基于数据统计分析法给出主要排放口基准排气（水）量，为排污许

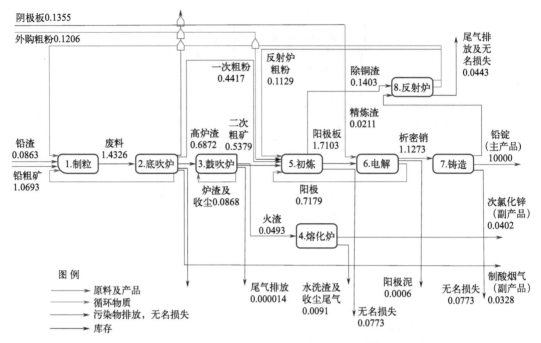

图4-8　SKS工艺铅冶炼企业Pb元素流代谢图（单位：t）

可总量核算提供了科学依据

　　有色金属冶炼行业生产工序多且污染源较多，根据《控制污染物排放许可制实施方案》提出的差异化管理的要求，从提高有色金属冶炼行业污染源管控效能出发，标准将排污单位排放口类型划分为主要排放口和一般排放口。主要排放口既管控污染物的排放浓度也管控排放量；其余的排放口规定为一般排放口，只管控污染物的排放浓度。污染物排放量许可是按照排放标准浓度限值、单位产品基准排气量、产能确定，但目前污染物排放标准中只给出了排污单位单位产品基准烟气（废水）量，并未按照排放口进行分摊给出，这也为如何科学客观计算各主要排放口的许可排放量提出了技术难题。

　　为此，调研了11个行业中85%以上产能占比企业，覆盖全部生产工艺类型，重点收集了企业设计手册、环境影响评价文件、历史台账、在线监测数据、主体设备设计和运行参数、产排污系数、企业自行监测数据、三同时验收数据、环评数据以及企业环境统计申报数据等，同时开展行业排放限值与生产工艺、装备（窑炉炉型和电解槽等）等要素相关性分析，利用数据统计分析方法给出了主要排放口的基准排气量和排水量。

　　① 各主要排放口基准排水量。总废水排放口基准排水量为行业污染物排放标准中的相关取值；有地方排放标准的，按照地方排放标准对应的排放绩效测算；执行特别排放限值的，按照重点地区对应的排放绩效测算。车间排放口基准排水量通过企业调研和资料收集，核算出代表行业的车间排放口基准排水量数值。

　　② 各主要排放口基准排气量。对于排放标准规定基准排气量的铜冶炼、镍冶炼、锡锑汞冶炼行业，标准通过分析调研数据，结合企业清洁生产水平现状，从加强企业无组

织排放管理、适当加大环境集烟集气量、减少污染因子无组织排放的目的出发，对排放标准规定的基准排气量进行拆分，给出主要排放口对应的基准排气量；对于排放标准未规定基准排气量的铅锌冶炼、铝冶炼、镁钛冶炼行业，分析调研数据，结合企业清洁生产水平现状，从加强企业无组织排放管理、适当加大环境集烟集气量、减少污染因子无组织排放的目的出发，确定基准排气量。

以确定铅冶炼行业的基准排气量为例，《铅、锌工业污染物排放标准》（GB 25466—2010）未规定单位产品基准排气量。标准对30家铅冶炼企业数据进行统计和分析，根据调研情况剔除各排放口排气量异常值（如极大值、极小值）后，对于不同处理工艺中相同功能的生产设施，如熔铅（电铅）锅、烟化炉等，其对应排放口排气量不分工艺统一计算均值。为鼓励铅冶炼企业加强无组织废气集中处理，减少无组织排放，从严确定各主要排放口基准排气量（见表4-5）。

表4-5 铅冶炼排放口排气量取值调研表

企业名	工艺	产能/10^4t	环境集烟/(m³/t)	制酸系统/(m³/t)	还原炉/(m³/t)	烟化炉/(m³/t)
企业1	水口山法	6	40458	3499	4028	5850
企业2	水口山法	8	29453	1667	3044	2819
企业3	水口山法	6	44220	2335	3005	3813
企业4	粗铅电解精炼	10	23932	3400	0	5431
企业5	水口山法	6	35772	4020	4995	5287
企业6	水口山法	6	19932	3594	2005	4488
企业7	水口山法	10	16632	3312	4001	3480
企业8	水口山法	20	13147	4075	3000	2710
企业9	水口山法	10	5782	3274	4012	1817
企业10	富氧熔炼-直接还原	15	20244	2273	1004	5782
企业11	富氧熔炼-直接还原	25	21780	3630	579	5462
企业12	富氧熔炼-直接还原	20	14113	2174	368	4885
企业13	富氧熔炼-直接还原	10	6581	3065	528	5764
企业14	富氧熔炼-直接还原	10	5103	1500	3028	1503
企业15	富氧熔炼-直接还原	10	13373	2587	2000	3401
企业16	富氧熔炼-直接还原	25	22398	3343	4007	4378
企业17	富氧熔炼-直接还原	30	26191	2732	2054	3866
企业18	富氧熔炼-直接还原	10	11065	3612	3008	2950
企业19	富氧熔炼-直接还原	20	24432	3248	1000	4806
企业20	富氧熔炼-直接还原	10	16117	2395	2011	3420
企业21	富氧熔炼-直接还原	35	27413	3390	4008	4406
企业22	富氧熔炼-直接还原	10	16874	3796	1003	2390

企业名	工艺	产能/10⁴t	环境集烟/(m³/t)	制酸系统/(m³/t)	还原炉/(m³/t)	烟化炉/(m³/t)
企业23	基夫赛特法	10	30709	2879	2025	5420
企业24	基夫赛特法	10	22100	3436	2067	3682
企业25	基夫赛特法	10	26213	2641	3005	4305
企业26	基夫赛特法	10	19766	2667	723	3704
企业27	基夫赛特法	10	33285	2780	2004	3875
企业28	基夫赛特法	10	24157	2850	1045	2489
企业29	基夫赛特法	10	32245	3488	3076	4850
企业30	基夫赛特法	10	16544	2389	2090	3664
均值			22001	3002	2291	4023
去除最大值和最小值后的均值			21811	3017	2276	4048

对每个类型排放口排气量数据作图分析，见图4-9。

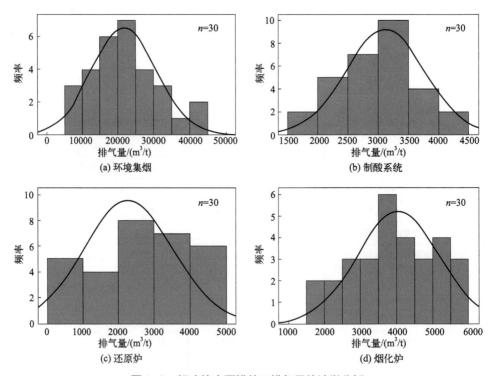

图4-9　铅冶炼主要排放口排气量统计学分析

n=30表示测定30次

通过分析可知，大部分调研企业数据集中在均值附近，基本符合正态分布，对各均值取整定为该类型排放口的基准排气量（表4-6）。

表4-6 铅锌冶炼行业基准排气量取值表 单位：m³/t

行业类型	产排污节点	排放口	基准烟气量（干烟气）	备注
铅冶炼	制酸系统（熔炼炉烟气）	制酸尾气烟囱	3000	—
	烟化炉+还原炉	脱硫尾气烟囱	6000	部分排污单位还原炉烟气送制酸
	熔炼炉、还原炉、烟化炉环境集烟	环境集烟烟囱	20000	—

4）创新点四：基于费效分析法制定企业自行监测要求，保障标准的可操作性

根据《控制污染物排放许可制实施方案》和《排污许可证管理暂行规定》要求，排污企业应通过自行监测证明许可限值落实情况。国家以前发布的行业污染物排放标准中只规定了污染物排放限值和污染物浓度测定方法标准，没有明确要求企业如何开展自行监测，企业无法自证守法。本标准根据相关废气污染源和废水污染源监测技术规范和方法，结合有色金属冶炼企业的污染源管控重点，对企业开展自行监测工作涉及的监测内容、监测点位、监测技术手段、采样和测定方法、数据记录要求、监测质量保证与质量控制等方面内容给出了明确要求，同时应用成本效益分析方法，确定了企业各类型排放口的各种污染物自行监测频次。

以河北、江苏、山东、江西四省的环境监测收费标准的平均值为依据，根据提出的自行监测指标和各指标设定的监测频次，对废水、废气、噪声及周边环境质量影响监测按年度进行经济成本测算，铜冶炼、铝冶炼、铅锌冶炼等主要有色金属冶炼行业的测算结果见表4-7。综上分析，有色金属冶炼行业排污单位自行监测费用最高的行业为锑冶炼（以铅锑精矿为原料），费用1337068元/年；费用最低的为电解铝，费用387108元/年；行业平均费用为846543元/年。高于平均费用的行业为铜冶炼、镍冶炼、铅冶炼、锌冶炼（湿法）、电炉炼锌、竖罐炼锌、密闭鼓风炉熔炼（ISP）、锡冶炼、锑冶炼（以锑精矿为原料）、锑冶炼（以铅锑精矿为原料）、锑冶炼（以锑金精矿为原料）。

2017年我国有色金属冶炼企业约为1600家，行业自行监测费用支出为13.54亿元，2017年规模以上有色金属企业冶炼利润为953亿元，自行监测费用占利润的1.42%，对企业正常经营影响不大。有色金属冶炼排污单位自行监测费见表4-7。

《控制污染物排放许可制实施方案》（国办发〔2016〕81号）和《固定污染源排污许可分类管理名录（2017年版）》（环境保护部令第45号）明确规定，我国需在2020年底前全面完成对所有固定污染源的排污许可证核发工作。随着本标准的发布，环境保护部进一步于2017年发布了《京津冀及周边地区2017年大气污染防治工作方案》，其中特别指出，"2+26"城市应率先完成包括有色金属冶炼在内的重点行业排污许可证的发放。

2020年，生态环境部继续深化这一工作，发布了《关于做好固定污染源排污许可清理整顿和2020年排污许可发证登记工作的通知》，积极推动有色金属冶炼行业排污许可

单位：元/a

表4-7　有色金属冶炼排污单位自行监测费用核算表

费用类型 监测要素	铜冶炼（以铜精矿为原料）	铅冶炼	锌冶炼（湿法）	竖罐炼锌	密闭鼓风熔炼（ISP）	氧化铝	电解铝	镍冶炼
有组织废气	319880	333092	228392	327708	45424	279280	100384	330420
无组织废气	39872	32448	32448	32448	32448	12288	14336	45472
废水	439596	438876	428876	438876	438876	136292	136292	439596
生活污水	49496	49496	49496	49496	49496	49496	49496	49496
厂界噪声	10880	10880	10880	10880	10880	10880	10880	10880
周边环境	75720	75720	75720	75720	75720	75720	75720	75720
合计	935444	940512	835812	935128	652844	563956	387108	951584

（年度监测费用）

费用类型 监测要素	锑冶炼（以锑精矿为原料）	锑冶炼（以铅锑精矿为原料）	锑冶炼（以精锑金为原料）	锑冶炼（以锑为原料）	汞冶炼	钽冶炼	锡冶炼	钛冶炼	镁冶炼
有组织废气	378716	722312	387512	3162	218400	8910	504536	101640	278390
无组织废气	40432	40432	40432	40432	20752	45472	42480	15744	1288
废水	438228	438228	438228	438228	436932	439596	438228	249348	249348
生活污水	49496	49496	49496	49496	49496	49496	49496	49496	49496
厂界噪声	10880	10880	10880	10880	10880	10880	10880	10880	10880
周边环境	75720	75720	75720	75720	75720	75720	75720	75720	75720
合计	993472	1337068	1002268	617918	812180	630074	1121340	502828	665122

（年度监测费用）

的发证和登记进程。至2020年7月，我国已成功发放了1592张有色金属冶炼行业的排污许可证，基本实现了对有色金属冶炼行业企业的全面覆盖，为行业的绿色发展和生态环境保护奠定了坚实基础。

排污许可制实施以来成效显著。本标准的发布与实施，可指导企业和环保部门依法申领和发放排污许可证，依证强化事中事后监管，为规范企业污染物排放、提高环境管理效能和改善环境质量奠定了坚实基础。

① 标准实现了有色金属行业污染源全口径清单管理。在《控制污染物排放许可制实施方案》及本标准发布之前，环保部门对有色金属冶炼行业的管理聚焦于重点排污单位，省级环保部门每年发布的重点排污单位涉及有色金属冶炼企业相对较少。以铝冶炼企业聚集的广东省为例，2017年发布的重点排污单位名录仅包含9家有色金属冶炼企业；同样铜冶炼企业集聚的浙江省，有4家有色金属冶炼企业被列入重点排污单位名录；在排污许可证核发以后，已有106家广东省有色金属冶炼企业和143家浙江省有色金属冶炼企业根据本标准申领了排污许可证。

② 标准实现了行业污染全过程防控，科学指导行业污染有效减排。本标准从行业、企业、环节、生产设施、排放口、污染物类型、排放浓度、排放量等方面明确了管控的主要对象以及相应管理要求，规范企业在产污环节的源头控制，指导企业开展末端治理，给排污单位提供了一个清晰的、稳定的"环境守法"边界，实现行业管理规范和统一公平，促进企业环境治理水平大幅提升，实现行业污染物的总体削减，引领行业持续绿色发展。

③ 铅锌、铜铝等金属污染物排放总量减排成效显著。铅冶炼行业方面，尚未核发排污许可证的2017年，铅年产量471.6万吨，其中再生铅占比约35%，原生铅冶炼占比约65%（307万吨）；已完成排污许可证核发的2019年，铅年产量579.7万吨，其中再生铅占比约42%，原生铅冶炼占比约58%（336万吨）。2017～2019年期间，企业申领排污许可证，根据排污许可证要求开展环保管理，污染物排放量得到了一定程度的削减，二氧化硫减排近20%，重金属污染物排放量下降幅度达18.32%～62.50%。

铝冶炼行业方面，在尚未核发排污许可证的2017年，我国氧化铝产量6905.6万吨，其中拜耳法生产氧化铝产量占比约为91%；电解铝产量3518.9万吨，其生产采用的是冰晶石-氧化铝熔盐电解法。在完成排污许可证核发的2019年，我国氧化铝产量7247.4万吨，其中拜耳法生产氧化铝产量占比约为95%；我国电解铝产量3593万吨，其生产采用的是冰晶石-氧化铝熔盐电解法。2017～2019年期间，企业根据申领的排污许可证开展环保管理，行业污染物排放量得到了一定程度的削减。

④ 锡锑汞镁钛等小金属环境污染负荷大幅削减。锡冶炼行业方面，在排污许可证执行以后，锡锑冶炼企业增大了环保治理设施的改造力度，锡冶炼行业颗粒物排放强度降低15%以上，二氧化硫和氮氧化物排放强度降低5%以上；锑冶炼行业颗粒物排放强度降低15%以上，二氧化硫排放强度降低10%以上，氮氧化物排放强度降低5%以上。同时，企业增设了大量的冶炼炉加料口和出料口的收尘和处理设施，无组织排放控制水平

提升很快。

镁冶炼行业方面,通过申领排污许可证以及根据排污许可证开展环境管理显著增强我国镁冶炼企业在无组织排放管控、自行监测以及污染全过程环境管理等方面的技术能力,进一步完善污染治理设施运行管理台账,企业开展污染全过程防控精准治污和精细化环境管理成效明显,对促进和提升企业绿色生产水平起到了规范的作用。例如,某公司在2018年9月根据标准申领了排污许可证,按排污许可证要求开展日常环境管理,2019年度污染物减排效果显著。

钴冶炼行业方面,钴冶炼企业申领排污许可证后,钴冶炼企业不断提高污染治理技术水平。国内某钴冶炼重点企业申领排污许可证后,针对污染物排放重点环节开展系列技术改造,提升工艺污染控制及排放水平。为进一步减少废水中镍排放量同时提高镍综合回收率,该公司在原有废水处理工序后新增加树脂吸附除镍工序实现镍回收。公司将原处理后的废水调整到合适的pH值,经沉降过滤后再采用螯合树脂吸附镍离子,饱和后的树脂采用碱液脱附,脱附液镍沉淀返回三元前驱体作镍原料。工艺流程如下:废水→调pH值→沉降→树脂吸附→脱附。在企业申领许可证前,企业总废水中镍含量为0.015mg/L,不能实现稳定达标排放,而且存在镍流失。企业增加了镍深度净化回收系统以后,污水总排口镍浓度值已经低于检出限,化学需氧量、氨氮、铜等污染物均能实现稳定达标排放。根据排污许可证自行监测要求,企业在酸性废水处理前集水池和污水总排口加装了废水污染物在线监测设备。

⑤ 标准无组织监管措施支撑国家重污染应急等相关政策。有色金属冶炼企业各工段普遍存在颗粒物无组织排放现象,相关行业污染物排放标准只规定了厂界控制指标,无法有效管控无组织排放,为此本标准从运输和冶炼两个方面有针对性地提出管控措施,细化对无组织排放源的控制,增强对企业的指导性和环境监管的有效性。本标准提出的无组织排放控制要求已被生态环境部印发的《重污染天气重点行业应急减排措施制定技术指南(2020年修订版)》(环办大气函〔2020〕340号)引用。同时,由于本标准的发布和有效实施,环境保护部于2017年已经公开征求意见的有色冶炼行业排放标准修改单未正式发布。

⑥ 标准支撑和引领行业精细化和信息化管控,为持续绿色发展提供技术支撑。随着本标准的发布实施,一方面生态环境部以标准为技术支撑,建设了全国排污许可证管理信息平台,通过申领与核发排污许可证,对企业产品产能、生产工艺、产排污环节、排放口信息及管理要求等信息进行采集,形成了较为完备的数据库,融合环境统计、污染源普查、环境税申报等渠道数据,实现环境管理有关数据与信息的一致性,进一步整合现有环境管理制度;另一方面,标准要求记录企业从原料管控、能源利用、生产技术工艺的选择、成品产出等生产全过程的环境管理实施情况,帮助企业环保管理人员和环境监察部门全过程追踪企业污染物产排节点,实现企业精细化环境管理,提高了管理的效率与质量,在引领和规范行业企业持续绿色发展方面发挥了巨大的作用。

4.4.2 最佳可行技术筛选

环保政策日趋严紧，为便于企业针对自身情况选择适宜的污染防治技术，推动行业现有污染问题的解决，促使我国行业整体清洁生产水平的提升，实现污染物的达标排放或综合利用，必须制定行业污染防治最佳可行技术指南。从这一角度考虑，最佳可行技术与清洁生产工作是密不可分的，同时包括预防技术和末端治理技术，而清洁生产本身就考虑了无低费和中高费技术方案的可行性。而针对未充分考虑清洁生产的行业，可直接使用成本-效益法进行技术筛选。

（1）基于成本－效益法筛选的有色行业污染防治可行技术

在本标准编制以前，国家已发布铜冶炼、钴冶炼、镍冶炼、铅冶炼4项有色金属冶炼污染防治可行技术指南，但仍有锡冶炼等7个有色金属冶炼行业没有对应的污染防治可行技术指南。在本标准编制过程中，通过调研行业典型企业污染治理技术应用现状，参考《有色金属工业环境保护工程设计规范》（GB 50988—2014），运用成本-效益法筛选出了锡冶炼等7个行业废气、废水污染防治可行技术清单。

污染防治可行技术筛选过程中，通过对行业废水、废气处理技术的调研，对于适用范围广、使用频次高的技术，通过技术成本以及环境效益的核算，筛选出最佳可行技术。

以筛选电解铝企业氟化物处理最佳可行技术为例，经调研目前氟化物处理技术有硫酸铵吸收湿法净化和氧化铝吸附干法净化两种，两种工艺对比如表4-8所列。

表4-8 电解铝行业氟化物治理技术情况表

技术名称	投资	年成本	收益	使用频次	适用范围
电解铝烟气氨法吸收脱硫脱氟除尘技术	1.31×10^{-2}元/m³ 废气	536万元	14.41万元	1	小
电解铝烟气氧化铝脱氟除尘技术	2.88×10^{-3}元/m³ 废气	3773万元	17.87万元	14	广

根据上面的分析，通过进一步综合筛选确定氧化铝吸附干法净化技术为电解铝废气中氟化物的污染防治可行技术。运用以上方法，得出锡冶炼等7个有色金属冶炼行业没有对应的污染防治可行技术。采用本标准中给出的污染防治可行技术的排污企业，排污许可证审查核发时原则上可以认为该企业具备符合规定的防治污染设施或污染物处理能力。

（2）基于清洁生产和末端治理技术组合的电解锰行业污染防治可行技术

为贯彻执行《中华人民共和国环境保护法》，防治环境污染，完善环保技术工作体系，以当前技术发展和应用状况为依据，制定电解锰行业污染防治可行技术指南。本指南适用于以碳酸锰矿或经还原后的氧化锰矿为主要原料的电解锰企业和具有浸出氧化等后续工序的以氧化锰矿为主要原料的电解锰企业。采用湿法冶金工艺，以碳酸锰矿或经还原后的氧化锰矿为主要原料，经酸浸、净化、电解沉积后生产电解锰。整个工艺过程可分为制液和电解。制液包括浸出氧化、净化、精滤等工序。电解包括电解、钝化、漂洗、干燥、剥离等工序。

电解锰生产工艺流程及主要产污环节如图4-10所示。

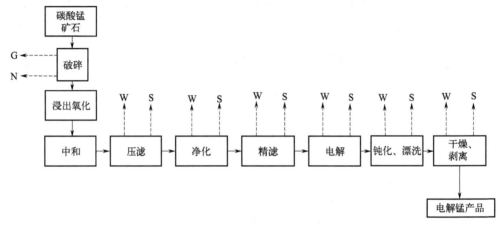

图4-10　电解锰生产工艺流程及主要产污环节

G—废气；W—废水；S—固体废物；N—噪声

电解锰行业污染防治可行技术包括清洁生产技术和污染物治理可行技术。电解锰行业清洁生产技术包括工艺过程（制粉工段、制液工段、电解及后序工段）污染防治可行技术和末端循环利用技术。电解锰行业污染防治可行技术组合如图4-11所示。

4.4.3　我国排污许可制度改革试点

4.4.3.1　排污许可改革试点总体情况

"十三五"是我国环境影响评价与排污许可改革的重要时期。2015年9月，由中共中央、国务院印发的《生态文明体制改革总体方案》明确提出完善污染物排放许可制。国务院办公厅关于印发的《控制污染物排放许可制实施方案》（国办发〔2016〕81号）要求排污许可制衔接整合环评等相关环境管理制度。《"十三五"环境影响评价改革实施方案》（环环评〔2016〕95号）对"三线一单"、战略环评、规划环评、项目环评等提出了明确的改革目标和具体措施。《关于生态环境领域进一步深化"放管服"改革，推动经济高质量发展的指导意见》（环规财〔2018〕86号）提出要加快审批制度改革，激发发展活力与动力。各地生态环境部门随后相继发布了环评与排污许可改革事项。党的十九届四中全会提出要健全源头预防体系，构建以排污许可制为核心的固定污染源监管制度体系。2020年3月，由中共中央办公厅、国务院办公厅印发的《关于构建现代环境治理

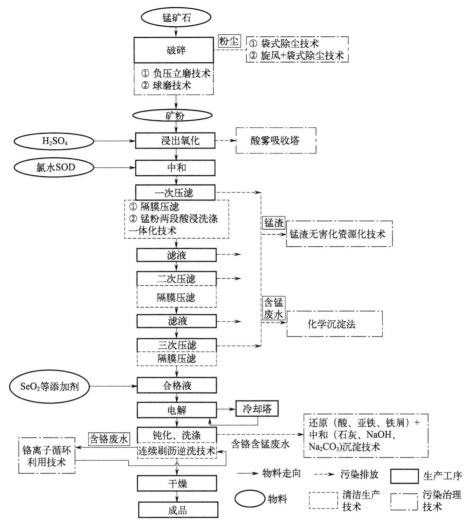

图 4-11　电解锰行业污染防治可行技术组合图

SOD—自由基清除剂

体系的指导意见》，提出要妥善处理排污许可与环评制度的关系。《关于进一步优化营商环境更好服务市场主体的实施意见》（国办发〔2020〕24 号）要求进一步简化企业生产经营审批和条件。

2022 年，生态环境部印发实施《"十四五"环境影响评价与排污许可工作实施方案》，系统总结了"十三五"期间环评与排污许可工作取得的进展和在新形势下面临的挑战，明确了"十四五"环评与排污许可工作的指导思想、基本原则和主要目标，重点安排了深化体制机制改革及加强生态环境分区管控、环评管理、排污许可核心制度和能力建设等工作任务。方案既是"十四五"期间环境影响评价与排污许可管理领域的专项规划方案，为未来几年的工作指明了目标、思路、举措和重点任务，也是环境影响评价与排污许可领域落实《中共中央　国务院关于深入打好污染防治攻坚战的意见》《中共

中央　国务院关于完整准确全面贯彻新发展理念做好碳达峰碳中和工作的意见》《国务院关于印发2030年前碳达峰行动方案的通知》等顶层政策文件的实施方案。方案与《环境影响评价"十二五"规划》（环发〔2011〕152号）、《"十三五"环境影响评价改革实施方案》（环环评〔2016〕95号）一脉相承，体现了深化环评与排污许可工作的延续性，为助力打好污染防治攻坚战、协同推进减污降碳、推动生态环境质量持续改善、促进高质量发展提供了有力支撑。

4.4.3.2　排污许可改革试点特点分析

以"健全以环境影响评价制度为主体的源头预防体系、构建以排污许可制为核心的固定污染源监管制度体系"为主线，在深化环境影响评价与排污许可"放管服"改革、协同推进减污降碳等方面亮点突出。

（1）强化"三线一单"

生态环境分区管控落地应用，生态环境分区管控工作全面推进。全国省市两级"三线一单"成果均完成政府审议和发布工作，划定4万余个环境管控单元，基本形成一张全覆盖、多要素、能共享的生态环境管理底图。在此背景下，强化既有成果的落地应用成为工作重点。生态环境分区管控的落地应用，深化顶层设计必不可少。通过研究制定"三线一单"生态环境分区管控指导文件，以推动建立体系健全、全域覆盖、管控精准、责任清晰的生态环境分区管控制度。同时推动将生态环境分区管控纳入《黄河保护法》《环境影响评价法》《海洋环境保护法》制修订，推进生态环境分区管控地方立法，深化顶层设计。生态环境部也有着全面的计划来强化实施应用，指导各地落实好《关于实施"三线一单"生态环境分区管控的指导意见（试行）》，加强对地方更新调整工作的指导，规范成果备案工作，制定成果备案实施细则，做好备案审核、数据入库，指导地方做好落地应用，持续挖掘典型应用案例、加强案例推广，做好生态环境分区管控在"两高"行业源头管控、协同推动减污降碳、支撑国家重大战略等领域的经验总结。

（2）推进排污许可"一证式"

推行排污许可"一证式"管理，将排污许可证作为企业合法生产的"身份证"，是全面提升生态环境治理现代化水平的必然要求。2022年生态环境部从4个方面推进排污许可管理相关工作。

① 在排污许可全要素管理方面，依法有序将工业固体废物纳入排污许可管理，与相关部门开展排污许可证质量问题联合会商，研究制定工业噪声纳入排污许可的管理文件和技术规范，组织实施排污口二维码标识管理试点。

② 在提升排污许可证质量方面，研究修订《排污许可管理办法（试行）》，印发实施排污许可提质增效行动计划，研究制定质量检查技术规范，继续开展"双百"检查，完成不少于1/3排污许可证质量检查，加强政策解读和技术帮扶，指导做好发证、登记工作。

③ 在构建排污许可核心制度方面，有序推动将火电、造纸、污水处理等行业排污许可证执行报告中污染物排放量作为年度生态环境统计的依据，组织 54 个地区开展新一批排污许可试点，研究基于水环境质量的许可排放量核定，持续深化与监测、执法等制度衔接融合。

④ 在强化排污许可执法监管方面，推动出台《关于加强排污许可执法监管的指导意见》，推动打通排污许可平台与执法监管数据库，推动建立排污限期整改单位台账，指导分类处置，妥善解决影响排污许可证核发的历史遗留问题，推动建立典型案例收集、分析和发布机制，强化公开曝光。

（3）强化环评制度源头预防效能

以严控"两高"项目等盲目发展为标志，规划环评和项目环评的源头预防作用得到充分发挥。环评工作将进一步强化制度的源头预防效能。加强重大项目环评管理助推绿色发展。严格重点行业项目环评管理，研究制修订一批重点行业环评审批原则和重大变动清单；对"两高"行业环评管理实施"清单化"调度，遏制盲目发展；坚持生态优先，依法依规推进南水北调后续工程等重大水利工程和有关能源、交通项目落地；加强光伏、风电等新能源行业，氢能、CCUS（碳捕集、封存与利用）等新兴行业，集成电路、动力电池等热点行业环评管理研究，同时做好新建项目环境社会风险防范与化解；推进温室气体排放环境影响评价试点工作，组织开展温室气体源强核算、评价方法等专题研究。

围绕结构优化调整推进重点领域规划环评。以产业园区、行业发展等领域环评为重点推动产业结构优化升级；以煤炭、油气等领域环评为重点推动优化能源结构；与此同时，深化环评"放管服"改革工作也将持续推进。持续深化环评与排污许可审批改革试点，探索"两证合一"的范围、程序等管理新模式。加强对地方集中审批等改革的调度指导，推动提升环评审批服务水平，加强事中事后监管。持续完善国家、地方、重大外资项目"三本台账"环评审批服务体系，定期更新台账，组织提前介入指导，对符合生态环保要求的开辟绿色通道，提高审批效率，推动重大项目科学落地。深化远程技术评估服务，推动解决小微企业和基层审批部门实际困难。全面推进环评与排污许可政务服务标准化，持续深化"证照分离"改革，加快完成排污许可事项"跨省通办""全程网办"，实现排污许可事项在不同地域无差别受理、同标准办理，加快推进电子证照应用。开展年度环评与排污许可落实情况调研，推进质量和效力监管，加强与督察、执法联动。

4.4.3.3　排污许可改革试点典型案例

（1）江苏省连云港创新排污许可数据共享

2021 年以来，江苏省连云港市以构建排污许可制为核心，以固定污染源监管制度体系为目标导向，围绕电力、钢铁、石化、医药四大重点行业，探索排污许可制度与其他环境管理制度数据融合，实现不同制度间统一的数据口径，推动落实排污许可"一证式"管理，促进精准治污、科学治污。

1）收集海量数据，构建排污许可试点基础数据库

系统分析连云港市重点行业排污单位排污许可相关资料，包括203份排污许可证副本、108份执行报告、177份环评文件、500份手工监测报告等，共提取近6.4万条数据，按排污单位基本信息、污染物及排放口信息、排放量核算方法与参数、排放浓度及强度四部分内容进行梳理，构建连云港市重点行业排污许可试点基础数据库，为不同制度间数据融合奠定基础。

2）深入挖掘数据，探索制度间数据壁垒破解之道

通过对基础数据库中7000条排放量数据进行重新核算与检验，发现核算方法与范围、核算参数及数据输入的不一致导致部分排污单位在排污许可与环境影响评价、环境统计等制度间污染物排放量存在数量级差距，并有针对性地提出了核算方法融合、核算范围完善、核算参数优化及数据输入规范等建议。此外，研究发现监测方法的不一致、手工监测的偶然性、装置运行时间的不确定性等导致基于排污单位手工和在线监测数据的排放定量结果存在较大差异，提出扩大企业排放口在线监测设备安装范围的建议。

3）深入实地考察，注重以实测数据支撑科学定论

为了解重点行业排污许可管理现状与排放特征，开展3家石化、5家医药排污单位现场调研与测试，共检测46个排放口污染物排放水平，进一步量化重点排污单位不同环节的排放贡献。基于实测数据，发现医药排污单位部分一般排放口（危险废物仓库排放口及涉VOCs排放口）、石化和医药排污单位无组织排放量不容忽视，验证石化、医药行业一般排放口及无组织环节纳入排污许可管理的必要性。

4）重视成果产出，制定技术文件支撑试点实施

基于排污许可数据统计与差异分析、不同制度间排放数据融合研究成果，制定《连云港市重点行业排污许可与其他环境管理制度数据融合技术指南（初稿）》，明确在数据融合需求下的排污许可申报、管理与实施数据完善要求，为连云港市不同制度数据融合提出合理可行的实施路径。

通过本次试点，连云港市深入研究排污许可与其他环境管理制度的数据差异与融合办法，削弱不同制度间数据壁垒，为管理部门提供统一的管理抓手，加强固定污染源精准管控，同时以数据互通推动排污许可与区域环境质量、生态环境执法、温室气体管理等深度衔接，进一步巩固排污许可制在生态环境管理中的核心地位。

（2）浙江省湖州市构建固定污染源"六位一体"全过程管理体系

湖州市作为"绿水青山就是金山银山"理念的诞生地，近年来围绕环境治理体系和治理能力现代化不断探索，构建以排污许可制为核心的固定污染源生态环境管理体系，形成三线一单、规划环评、项目环评、排污许可管"准入"，执法监管、督查考核管"落实"，探索构建固定污染源"六位一体"全过程管理体系。

1）"浙里建"平台实现环境准入数字化管理

作为浙江省浙里环评场景应用试点地区，建成浙里建设项目生态环境准入管理应用平台（图4-12），整合生态环境分区管控、国土空间规划、土地利用规划以及产业规划等各类规划，围绕环境准入研判、环评审批、排污许可等核心业务，建立全周期、全链条、全要素融合的环境准入管理体系，实现"环境准入一键查""环评中介一目览""项目环评一站服""排污许可一证管"。上线以来，平台已智能研判项目12800多个，强化源头把关，服务项目落地。

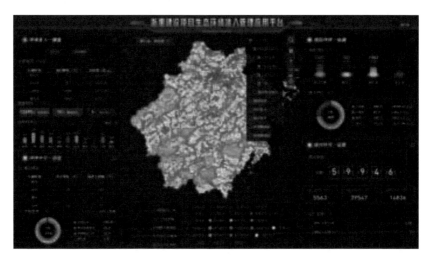

图4-12 "浙里建"生态环境准入管理应用平台

印发《关于建设项目环评文件和排污许可证审批事权划分的通知》，探索实施"两证联办"改革。按照"谁审批谁核发""谁核发谁跟进"的原则，将"以项目类别分类的环评"与"以企业类别分类的排污许可证"两项制度的审批权限进行有效衔接，避免同一项目多级审批，提高审批效率，减轻企业负担。目前31个项目已实施"两证联办"，审批流程缩减50%。

2）"自巡查"+"执法清单"提升证后监管效能

湖州市通过数据融合建成企业环保"自巡查"系统，将全市排污许可发证企业全部纳入"自巡查"管理，结合排污许可证要求，对企业排污许可证到期延续、环境管理台账上传、自行监测以及执行报告上传、企业治污设施运行等进行菜单式巡查任务指令，并进行预警提醒，目前已发送预警提醒2038次，并结合任务指令完成情况对企业进行"三色"赋码，督促企业落实环保主体责任，推动差异化执法监管，建立监管与服务并重的政企互动新模式。

通过本次试点，湖州市初步构建固定污染源"六位一体"全过程管理体系（图4-13，书后另见彩图），建成浙里建设项目生态环境准入管理应用平台、企业环保"自巡查"系统等，实施环评与排污许可的"两证联办"，进行"环评、许可管准入，执法管落实"的有益探索，为深化"放管服"改革、有效监督帮扶企业、提升监管执法效能提供借鉴。

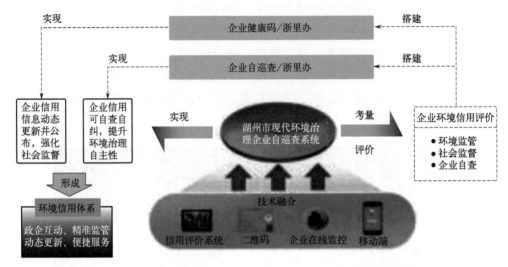

图4-13　湖州市初步构建固定污染源"六位一体"全过程管理体系

（3）江苏省常州市"五步法"精准核定许可排放量

江苏省常州市以武进区纺织工业园区为试点区域，以园区周围主要水系环境质量达标为核心，采用划分控制单元、计算环境容量、制定减排方案、分配许可限值、证后监管评估"五步法"，制定园区企业阶梯减排目标，精准核定排污单位许可排放量。

1）突出精准性：探索管控到月的环境容量核算方法

基于现状水文以及典型水文条件，采用一维稳态水质模型，计算武进纺织工业园区旁采菱港和永安河逐月水环境容量，有效识别污染因子管控"重点月"，为以水环境容量约束区域内各个排污企业的污染物排放奠定数据基础。根据水环境容量与生活、工业和城市面源污染负荷计算结果，为区域各类污染源提出针对性减排措施。

2）突出差异性：探索许可排放量的优化分配规则

开展基于先进产业技术和污染防治技术的印染行业企业许可排放量核定方法研究，结合园区实际情况，从生产工艺水平、管理能力、资源能源利用、环境表现四个方面构建出一套定量与定性相结合的指标体系，开展纺织工业园区企业先进性综合评估。通过区域环境容量确定污染物允许排放总量，利用不同污染源对水环境达标的贡献大小和企业先进性评价结果，对企业许可排放量进行科学、合理分配，确保排污总量不超过区域环境容量。

3）突出科学性：探索排放限值与环境质量挂钩机制

基于"五步法"，结合水环境管理的现实需求，构建适用于武进纺织工业园基于水环境质量的排污许可制度绩效评估方法体系，研究基于环境容量的排污许可制度完善对策，建立园区排污总量与环境质量挂钩的动态分配机制，实现区域水环境容量的高效分配。

常州市武进纺织工业园区紧紧围绕改善水生态环境质量目标导向，科学、精准核定园区许可排放量，实现许可限值公平分配，倒逼企业优胜劣汰和提档改造，提高水环境精细化监管水平，协同推动生态环境保护和经济发展。

4.5 新时期排污许可制度发展挑战和趋势

4.5.1 新时期排污许可制度发展挑战

当前环境管理制度中实施排污许可是国际管理的一种重要方式。自20世纪80年代以来，我国就已经在一些地方试点排污许可制度。到了2019年，我国已经累计向数十万家企业发放相关的排污许可证，抑制了污染源的扩散。但是，该项制度的发展相对缓慢，已经不能够适应当前我国生态文明建设的客观要求，已经不能够充分体现其环境管理的基础性作用。2016年国务院办公厅专门印发了有关污染物排放许可证的实施方案，明确指出排污许可证制度必须将污染源环境管理作为核心，需要加强各项管理制度的精简，加强各项制度之间的衔接。

我国排污许可证存在强调末端许可而忽视源头和过程许可、行政许可多于技术许可、统一许可而非分类许可等诸多不足，直接影响了排污量许可的科学性。排污许可制度可以通过界定明晰的产权来降低交易成本，从源头上解决产权不清导致的搭便车和外部性问题。整合为一个系统的点源排放控制政策体系，使各级管理部门可以各司其职、协调合作，协调整合不同类型的政策手段，使命令控制、经济激励和劝说鼓励3类手段相互补充。

环境影响评价与排污许可制度在我国环境监控与管理中有很大的不同，因此要将两者有机地结合起来并不容易。环境影响评价的工作期是指在污染发生前进行预测，其主要目标是防止污染物对环境造成损害。在工程实施前，对环境产生重大影响项目进行评价，并及时改进污染治理工艺，直至符合排放标准。而排污许可制度则是以建设工程竣工后的后续工作为重点，对各种污染物进行严格界定，对保护社会环境起到了积极的作用。排污企业需依法排污，依证排污，严格遵守规范，在这一阶段，公众也起到了一定的监督作用。目前，尽管政府有意将两者相结合，但在实际实施过程中，有关部门对此的关注度一般不高。未及时对环境影响评价结果进行反馈，造成了排污许可制度缺乏具体数据，使其工作很难进行。而后者的污染排放数据对环境影响评价工作的影响却很小。两者之间并没有什么联系，各自独立，相关部门也没有明确的规划，因而两者之间难以产生联系。

环境影响评价与排污许可制度都是为了保护环境，但是两者在处理方式上存在差异，在技术的应用上也不尽相同，必然会使两个系统的衔接发生一些冲突，从而妨碍环境保护制度的落实。同时，环境影响评价与排污许可制度的管理目标虽然基本一致，但也存在一定的差异，无论是对排放量的计量还是对污染物的测定及核查方式都有一定的区别，从而造成计算方式缺乏统一性，影响了环境保护管理工作。环境影响评价和排污许可制度是紧密相关的，将两者结合并充分发挥两者的优势，对环境监管的意义重大。然而，有关部门对这两个系统的整合并未予以足够的重视，一些环境评价的结果对污水处理效果的作用不明显。此外，在环境影响评价中企业并未充分利用相关排放和污染物特性的资料。

4.5.2　新时期排污许可制度发展趋势

回溯过去，排污许可制度走过了一条从无到有、从地方到中央、从局部到整体的发展道路，回应了生态实践对制度供给的迫切需求。展望未来，应客观审视排污许可制度改革路径上可能出现的风险与所要应对的挑战，通过推动专项修订以夯实法律基础、强化制度衔接以打造核心地位以及构建监管体系以完善应用根本等措施，助力环保治理现代化建设。

（1）推动专项修订以夯实法律基础

法律法规因其强制性和权威性对制度实施具有显著的推动和保障作用，排污许可制度的发展完善必须不断夯实法律基础：

① 实现管理范围的全面覆盖，尽快修订噪声以及海洋污染防治领域的专项法律，逐步探索将噪声污染、海洋污染等相关要素纳入排污许可的管理范围；

② 完善管理实践的相关规定，例如在《土壤污染防治法》中明确关于排污许可不规范行为的处罚规定，增强制度实施的强制性与权威性；

③ 推动法律体系的步调一致，各专项法律要吸纳《排污许可管理条例》提出的新要求，增加主动报告、自行检测等方面的内容。

（2）强化制度衔接以打造核心地位

固定污染源环境管控是一项综合性极强的系统工程，其中排污许可制度作为关键一环，与其他多项制度共同构成了这一工程的稳固基础。由于不同制度间的天然异质性，实现它们之间的联动并非易事。当前，由于缺乏许可证的统领，各项制度往往仅在污染防治的某一阶段或某一方面发挥有限作用，难以形成合力。

为深化制度融合，应强化排污许可制度与环境影响评价制度的统一，提升管理连贯性；加强与总量控制制度的衔接，确保减排目标落实；探索排污许可与其他环境管理制度的对接，提高数据利用效率和环境管理效能，避免数据孤岛与跑路现象。

（3）构建监管体系以完善应用根本

制度智慧设计，效能监管支撑。排污许可证是排污单位守法与环保部门执法的双重凭证，依证监管核发乃排污许可制实施之核心。然而，鉴于排污许可实践的复杂多样，监管面临人员能力不足、执法效能不强、数据不全等挑战。对此，提出以下建议：

① 优化监管方式，整合执法与监测系统，确保监管精准科学；

② 强化执法效能，公开透明监管，发挥社会监督作用；

③ 构建统一信息平台，打破信息壁垒，实现污染源管理信息化。

（4）排污许可创新工作任重道远

"十四五"时期是我国开启全面建设社会主义现代化国家新征程、向第二个百年奋斗目标进军的第一个五年，也是持续改善生态环境质量、筑牢生态安全屏障的关键时期。环境影响评价与排污许可作为与经济社会发展密切联系的重要环境管理制度，对照高质量发展的时代主题，推进全面绿色转型的引导、约束作用亟待发挥；对照持续改善生态环境质量的核心目标，源头预防、过程监管的效力亟待提升；对照国家治理体系和治理能力现代化的总体要求，内涵丰富、高效联动、支撑到位的制度体系亟待健全。我国工业化、城镇化速度逐步加快，一些地区传统发展路径依赖严重，上马高耗能高排放（"两高"）项目冲动仍较强烈，加强生态环境源头防控，在发展中守住绿水青山第一道防线的责任持续加大，推进污染物减排和生态保护的压力传导。区域污染物排放总量仍居高位，排污许可管理与区域、流域生态环境质量尚未真正挂钩，压减许可排放量难度大。新建项目呈现向中西部欠发达地区、流域上游和生态敏感区布局建设的态势，给当地生态环境准入把关和事中事后监管带来新的压力，创新环境影响评价与排污许可管理体系的任务繁重。"三线一单"法律支撑薄弱，规划环评落地实施机制尚不健全。排污许可制度与环评、总量、统计、监测、执法等相关制度的衔接融合亟待推进。在企业的发展过程中始终遵守排污许可管理制度制定的排污标准，有效地协调排污收费以及排污权二者之间的关系。

排污许可制度是发达国家普遍实行并证明行之有效的点源管理制度。排污许可制度的改革与创新是一项生态文明制度的重要创新，是环境保护的基础性制度。排污许可制度改革要坚持质量约束、削减污染，制度融合、协调统一，一企一证、综合管理，事权清晰、属地管理，企业主责、强化监管等原则，理顺职责关系，明确相关部门分工和履职界限，压实工作责任，尤其是证后监管等方面的工作，切实解决好部门之间职责冲突、交叉重复或管理空白等问题。在环境质量管理转型的大背景下，建议通过排污许可制度改革与创新，明确排污许可证实施范围和对象、申报和发放程序，严格排污许可证的企业、政府和社会监督，实现与环境影响评价、"三同时"、排污总量控制、排污权有偿使用、达标排放监督、信息公开等制度真正融合，让排污许可证成为企业环境守法、政府环境执法、社会监督护法的根本依据。

排污许可制度的全面推行是加强排污企业监管、推进生态保护的重要途径，从原来的末端治理向企业全过程监管转变，促使企业以排污许可制度为中心，建立完善的现代化环境管理体系。我国排污许可制度与国家宏观制度情境紧密相连，并在路径依赖和关键节点的交互作用下呈现出"断裂-均衡"的变迁形式，行动主体互动和价值偏好构建则是其变迁的动力所在。

参考文献

[1] 生态环境部.“十四五”环境影响评价与排污许可工作实施方案[Z]. 2022-04-02.

[2] 国务院.排污许可管理条例[Z]. 2021-01-24.

[3] 生态环境部.排污许可管理办法[Z]. 2024-04-01.

[4] 生态环境部.生态环境部解读固定污染源排污许可分类管理名录（2019年版）[Z]. 2019-12-20.

[5] 李艳萍，乔琦，扈学文，等.我国排污许可制度：现状及建议[J].环境保护，2015(19): 51-53.

[6] 赵若楠，李艳萍，扈学文，等.排污许可证制度在环境管理制度体系的新定位[J].生态经济，2014, 30(12): 137-141.

[7] 赵若楠，李艳萍，扈学文，等.论排污许可证制度对点源排放控制政策的整合[J].环境污染与防治，2015(2): 93-99.

[8] 赵若楠，马中，乔琦，等.关于稀土行业排污许可证申请与核发技术规范的思考[J].环境工程技术学报，2019, 9(5): 609-615.

[9] 贾册，宋国君，陈臻.固定源排污许可合规制度研究[J].中国环境管理，2022,14(4): 52-60.

[10] 陈洲洋.排污许可制度对环境保护的影响及优化策略研究[J].黑龙江环境通报，2023, 9(26): 10-13.

[11] 王金南，吴悦颖，雷宇，等.中国排污许可制度改革框架研究[J].环境保护，2016, 44(3-4): 10-16.

[12] 姚欣媛.排污许可制度在企业环境管理制度体系中的定位研究[J]. 2023, 8(41): 182-184.

[13] 范逢春，曾芳芳.排污许可制度变迁的历程、逻辑与展望[J].湖南行政学院学报（双月刊），2023(2): 87-98.

[14] 齐海洋.“十四五”固定污染源排污许可工作重点探析[J].节能环保，2021(7):29-30.

第 **5** 章

环境经济制度

□ 环境经济制度内涵、职能定位和意义
□ 环境经济制度发展历程
□ 环境经济制度体系
□ 新时期环境经济制度发展挑战和趋势

5.1 环境经济制度内涵、职能定位和意义

5.1.1 环境经济制度内涵

环境经济政策是指运用市场经济的规律，使用财政、税费、信贷、保险等经济手段，对市场主体行为进行调节，以实现经济与环境协同发展的政策体系。与行政管制性的政策手段相比，具有激励效果强、更加注重对经济主体的内生调控等特点，有利于激发经济主体实施环境行为的积极性和主动性，建立环境保护的长效机制。在市场经济体制下，环境经济政策是实施可持续发展战略的关键措施，是国家环境政策的重要组成部分。

党的十八大以来，我国大力推进生态文明建设。生态文明建设的重点内容就是要用制度保护生态环境，通过推进环境税费制度改革、自然资源产权制度、基于市场的自然资源及其产品价格改革等，实现绿色发展。党的十九大提出推进国家治理体系和治理能力现代化，为环境保护工作提供了新的机遇。绿色发展实质上是发展方式的转型，是一种系统统筹经济发展和生态环境保护的发展模式。环境经济政策作为一种调控环境行为、促进经济人理性选择的政策工具，是推进绿色发展、实现环境治理现代化的重要手段和内容。党的二十大提出加快发展方式绿色转型。推动经济社会发展绿色化、低碳化是实现高质量发展的关键环节。加快推动产业结构、能源结构、交通运输结构等调整优化。实施全面节约战略，推进各类资源节约集约利用，加快构建废弃物循环利用体系。完善支持绿色发展的财税、金融、投资、价格政策和标准体系，发展绿色低碳产业，健全资源环境要素市场化配置体系，加快节能降碳先进技术研发和推广应用，倡导绿色消费，推动形成绿色低碳的生产方式和生活方式。

5.1.2 环境经济制度职能定位

随着我国市场体系的不断完善，市场经济手段得到创新性利用，环境保护的长效机制得以建立，各方开始重视综合利用法律、行政和经济等手段开展环保工作。生态环境、财政部门等积极推进环境税费、排污权交易等环境经济政策试点与探索。环境经济政策体系不断健全完善，为生态文明建设与生态环境质量持续改善提供了重要推动力，充分支撑服务了宏观经济全面绿色低碳发展转型，在生态文明治理体系和治理能力现代化中的地位和作用更加凸显。在生态文明制度体系中，环境经济政策的杠杆作用越来越大。让资源环境有价，以环境成本优化经济增长，环境经济政策通过激发节能减排的内

生动力，发挥刺激作用、筹集资金作用、协调作用以及兼顾公平与效率，有力推动了生态环境保护和高质量发展。

5.1.3　环境经济制度意义

环境经济制度是一种将环境保护与经济发展相结合的政策与规范体系，其意义主要体现在以下几个方面。

（1）促进可持续发展

环境经济制度旨在实现经济发展与环境保护的"双赢"。它鼓励企业采用绿色技术，推动循环经济和低碳发展，从而确保经济增长的同时减少对环境的负面影响，实现可持续发展。环境经济政策将会在构建新发展格局中发挥新的更加重要的动力与支撑作用。协同推进降碳、减污、扩绿、增长的制度建设，需要构建以绿色发展为导向的财税、金融、投资、价格政策和标准体系，以环境经济政策创新与应用作为推动形成绿色低碳的生产方式和生活方式的新动能。在深入打好污染防治攻坚战以及积极稳妥推进"双碳"目标实现的进程中，着眼于高质量发展的追求，深化环境经济政策改革与创新，推动生态环境保护目标同社会经济发展目标相辅相成、相互促进。

（2）优化资源配置

制定环保标准、排污权交易制度、环境经济制度，能够引导企业和社会资本投向环保产业，优化资源配置，提高资源利用效率。我国正从提升全要素生产率向提升纳入资源环境要素的绿色全要素生产率转变，这将为高质量发展提供更加有效的市场动力。这要求充分发挥资源环境权益交易、绿色金融等环境经济政策在要素市场体系中的关键作用。重视健全资源生态环境要素的市场交易平台，完善市场化交易机制，以及重视探索开展资源环境权益融资等举措。要深化发展绿色财政、绿色金融以及生态补偿等环境经济政策，提高资源环境要素在市场中的流动性。

（3）维护社会公平

环境经济制度强调环境保护的公平性和普惠性，保障公众的环境权益。通过建立生态补偿机制、推动绿色公共服务均等化等措施，确保不同地区、不同群体都能享受到环境改善带来的福祉。提升环境经济政策在生态产品价值转化中的作用与效能，为促进生态产品价值实现提供激励与导向，助力生态优势转变为经济优势，突破当前生态产品价值转换"堵点"。人与自然和谐共生的现代化对共同富裕的现代化起着保障作用，环境经济政策将通过发挥在生态环境行为关系中的利益调节、资金融汇、拉动撬动等独特功能来促进实现这一目标。

5.2 环境经济制度发展历程

环境经济政策作为环境治理体系中的重要组成部分，其作用愈发突出。自1978年改革开放以来，如何处理好政府与市场之间关系成为各个领域、各个产业都在着力解决的关键课题之一。20世纪60年代，西方世界反思传统工业文明，特别是粗放增长方式给经济社会发展和生态环境带来的负面影响，绿色运动兴起，随后各国陆续开始重视环境保护与治理，采取的政策手段，除了环境立法和宣传教育之外，主要可分两类：一类是命令控制手段（command-control，有时也称直接规制），通常表现为设置统一的能效与环境标准，更直接地限制产量、控制价格或实施行政处罚等，多体现计划思维；另一类是基于市场的环境经济政策，包括环境税（费）、节能环保补贴、排放权交易等措施，主要反映市场决定资源配置的理念。半个多世纪以来，尽管不同时期、不同国家的治污思路和手段不尽相同，但总体趋势是由命令控制手段转向基于市场的环境经济政策，通常认为20世纪90年代是这种转向的分界点。

排污费、碳交易、排污权交易、环境保护税、循环经济、生态环境导向的开发模式等规范化、常态化环境保护价格工具的运用经验和发展演变，提出了借力环境市场工具兼顾行政手段打好污染防治攻坚战、促进经济社会绿色转型、构建人类命运共同体的对策建议，对中国生态文明和中国式现代化建设具有重要意义。

（1）开启探索阶段：命令控制型负向激励工具形成（1973～1981年）

排污费是我国较早的环境保护价格工具，其顶层设计与1973年环境保护工作顶层设计相通相融，1979年进入法制化建设，1982年7月开始运行，在我国运行34年零6个月，于2017年12月31日完成历史使命，退出历史舞台。这是我国第一个专门体现绿色税制的工具。

1978年12月，中共中央批转国务院环境保护领导小组《环境保护工作汇报要点》，首次提出实行"排放污染物收费制度"的设想。1979年颁布的《中华人民共和国环境保护法（试行）》第十八条规定："超过国家规定的标准排放污染物，要按照排放污染物的数量和浓度，根据规定收取排污费。"1982年国务院正式颁布《征收排污费暂行办法》，标志着排污收费制度正式建立，《征收排污费暂行办法》详细规定了收费对象，收费程序，收费标准，停收、减收和加倍收费的条件，排污费的列支，收费的管理和使用等内容。

1979年9月13日，第五届全国人民代表大会常务委员会第十一次会议通过了《中华人民共和国环境保护法（试行）》，明确规定，企业污染环境的废气、废水、废渣排放必须执行国家标准，超过国家标准，应按照污染物排放数量和浓度收取排污费。在此阶段，中国环境治理命令控制型负向激励工具形成。政府通过法律法规和政策文件，严格要求环境治理执行排污指标等规定，处罚不达标或违反要求的行为和主体，限制超标排污等环境污染行为。此阶段是中国环境治理建章立制的开启阶段，为中国环境保护事业的发展奠定了基础。但这一时期的环境治理表现为治理主体一元管控、治理政策被动滞后、治理手段命令强制、治理目标注重"末端治理"、治理效果难达预期。

（2）适应调整阶段：命令控制型负向激励工具加强，市场型激励工具初步形成（1982 ~ 2017年）

《中华人民共和国环境保护法（试行）》生效为价格工具助推环境保护提供了法律依据。1982年2月5日，国务院直接发布《征收排污费暂行办法》，自1982年7月1日起实施。《征收排污费暂行办法》规定了缴费主体及标的物、征费时间和标准、排污费使用和监督、排污费列支等详细条款。1983年7月21日，城乡建设环境保护部根据《中华人民共和国环境保护法（试行）》颁发《全国环境监测管理条例》，确定了四级环境监测站各级的环境监测范围、人员编制，标志着我国环境保护价格工具形成的排放、标准、计量、监督体系的更加完善。

1989年12月26日，第七届全国人民代表大会常务委员会第十一次会议通过了《中华人民共和国环境保护法》。排污费工具的法律依据由"试行"依法修订"转正"。2002年1月国务院通过《排污费征收使用管理条例》，于2003年7月1日替代《污染源治理专项基金有偿使用暂行办法》和《征收排污费暂行办法》。该条例共六章二十六条，包括排污费征收和使用管理的强化、减排达标和污染物处理合规不再缴费、排污费一律上缴财政、征费标准由国务院价格主管部门等四个部门联合制定等内容，明确了征费法律依据包括《环境保护法》《海洋环境保护法》《大气污染防治法》《固体废物污染环境防治法》《水污染防治法》《环境噪声污染防治法》，规定了减、缓、免征的程序、情形和骗取减、缓、免的处罚等。

党的十八大以后，排污费开始向环境保护税过渡。2014年4月24日，第十二届全国人民代表大会常务委员会第八次会议通过了《中华人民共和国环境保护法》（修订案），于2015年1月1日起施行，规定了排污费全部用于环境污染防治，不得挤占、截留、挪用。其中"缴费主体依法解缴环境保护税的，不再缴纳排污费"，隐含着排污费财政工具向环境保护税税收工具的过渡。为了促进排污费机制的有效运行，国家发展改革委与财政部、环境保护部出台了《关于调整排污费征收标准等有关问题的通知》（发改价格〔2014〕2008号）、《关于制定石油化工包装印刷等试点行业挥发性有机物排污费征收标准等有关问题的通知》（发改价格〔2015〕2185号），要求扩大排污费收费范围、提高排污征费标准、实行差别收费、促进企业减排、加强监测检查监督、开展挥发性有机物排污收费试点。2015年10月12日，中共中央和国务院在《中共中央　国务院关于推进价格机制改革的若干意见》中提出逐步形成污染物排放主体承担支出高于主动治理成本、完善环境服务价格政策的减排定价机制。

在此阶段，正负激励手段兼备的市场型激励工具开始发展，税费、财政补贴、押金-返还等工具试点探索。市场型激励工具通过运用市场机制、价格杠杆对环境治理主体行为产生影响,将环境成本和收益内部经济化,促进环境、社会、经济的可持续发展。命令控制型负向激励工具在此阶段依然占据主导地位。2007年设立主要污染物减排专项资金,同年12月设立重点流域水污染治理专项资金;2008年设立农村环境综合整治专项资金,通过"以奖代补、以奖促治"对农村污水垃圾处理等环境保护项目予以支持;2009年设立重金属污染防治专项资金,重点支持污染源综合整治、重金属历史遗留问题的解决、污染修复示范和重金属监管能力建设四类项目;2013年设立大气污染防治专项资金,通过"以奖代补"的方式支持重点领域防治大气污染,同年设立江河湖泊生态环境保护专项资金,重点支持江河湖泊生态安全调查与评估、饮用水水源地保护等江河湖泊综合治理项目;2015年整合"三河三湖"及松花江流域专项、湖泊生态环境保护专项、江河湖泊治理与保护专项设立水污染防治专项资金,重点支持重点流域水污染防治、水质较好江河湖泊生态环境保护等项目;2016年重金属污染防治专项调整为"土壤污染防治专项";2017年设立重点生态保护修复专项资金,支持山水林田湖草保护修复试点项目。截至2019年,基本形成了包括大气、水、土壤、农村等要素的环境保护专项资金的局面。

(3)融合提升阶段:多元共治、正负激励相容的现代格局(2018年至今)

排污权的有偿使用和交易是指在污染物排放总量控制指标确定的条件下,通过"污染者付费"原则,利用市场机制的调节作用及环境资源的特殊性,建立合法的污染物排放权利即排污权,并赋予这种权利商品属性,以此来对污染排放加以控制,从而达到节能减污降碳的目的。在中国一般是政府将排污权以一定的价格出让给需要排放污染物的排污主体,污染者既可以从政府手中购买权利(一级市场),他们之间也可以相互转让或出售权利(二级市场)。这种市场化交易的机制有利于企业将减排变为自觉行为,企业可以权衡自身的利益,决定是减排还是购买排污配额,在治污方面做得好的企业可以通过卖出配额获益,有利于提高企业参与减排工作的积极性。根据财政部2019年1月发布的数据,截至2018年8月,我国排污权一级市场征收有偿使用费累计117.7亿元,在二级市场累计交易金额72.3亿元。虽然全国大多数省份均开展了排污权交易,但交易信息的透明度较差。

2020年10月,《中共中央关于制定国民经济和社会发展第十四个五年规划和二〇三五年远景目标的建议》提出全面实行排污许可制,推进排污权市场化交易,明确了发展排污权交易的重要性,我国的排污交易工作在"十四五"规划中取得良好开局。2022年,我国积极推动排污权有偿使用和交易工作,国家层面陆续出台了多项有关排污交易的支持性政策,进一步明确了排污权交易的机制建设在全国统一大市场建设、要素市场化配置、节能减排、西部大开发、新旧动能转换、生态保护补偿机制、黄河生态保护治理、长江三角洲区域公共资源交易一体化、成渝地区双城经济圈等局部地区高质量发展过程中的重要地位。截至2022年底,全国已有28个省(自治区、直辖市)开展了排污权交易工作，除三部委正式批复的12个省市外，另有福建、安徽、江西、山东、广东、青海、甘肃、宁夏、新疆等16个省（自治区、直辖市）自行开展排污权交易，仅西藏、广西和吉林3省（自治区）暂未开展过排污权交易试点工作。

当前，我国生态文明建设已进入以降碳为重点战略方向的关键时期，碳交易作为一种推动减少碳排放的市场化手段得到越来越多的关注和重视。中国的碳市场建设是从地方试点起步，2011年10月在北京、天津、上海、重庆、广东、湖北、深圳7省市启动了碳排放权交易地方试点工作。2013年起，7个地方试点碳市场陆续开始上线交易，有效促进了试点省市企业温室气体减排，也为全国碳市场建设摸索了制度，积累了经验，奠定了基础。2017年末，经过国务院同意，《全国碳排放权交易市场建设方案（发电行业）》印发实施，要求建设全国统一的碳排放权交易市场。2018年以来，生态环境部根据"三定方案"新职能职责的要求，积极推进全国碳市场建设各项工作。2021年4月22日在领导人气候峰会上宣布中国将启动全国碳市场上线交易。生态环境部根据国务院批准的建设方案，牵头组织全国碳市场建设工作。2021年7月16日，全国碳市场上线交易正式启动，是全球规模最大的碳市场。截至2023年底全国碳排放权交易市场第二个履约周期（2021～2022年）的清缴工作已步入尾声，已经历了两个履约周期。目前，市场的履约主体涵盖了发电行业的2200多家重点排放单位，而碳排放配额（简称碳配额）则是这个市场上唯一可交易的产品。

党的十八大以来，党中央将生态文明建设纳入"五位一体"总体布局，开启了环境治理体系纳入国家治理体系的新征程。党的十九大指出"建设生态文明是中华民族永续发展的千年大计"，"坚持人与自然和谐共生"是坚持和发展中国特色社会主义的基本方略之一。2018年，生态文明被写入宪法，确立了其宪法地位；全国生态环境保护大会召开，正式确立了习近平生态文明思想。同年，国务院机构改革，组建生态环境部，生态环境治理事业及生态环境体制改革站在了新的历史方位和起点。2022年，党的二十大报告指出"健全现代环境治理体系"，明确了环境治理体系和治理能力现代化的方向。

环境治理体系和治理能力现代化强调多元主体共同参与。在此阶段，公众参与型激励工具涌现，《环保举报热线工作管理办法》《环境保护公众参与办法》等文件付诸应用，《企业信息公示暂行条例》《企业事业单位环境信息公开办法》等法规相继颁布，社会各界参与环境保护与治理工作的意愿显著提升。这一时期，市场型激励工具持续丰富创新，财政补贴、环境税（费）、生态补偿、环境污染责任保险等已有激励工具不断健全优化，碳排放权交易、PPP（政府和社会资本合作）模式、EOD（生态环境导向的开发）模式等市场工具试点施行，同时，不同市场手段探索组合运用。命令控制型负向激励工具进一步完善，《中华人民共和国清洁生产促进法》等法律法规相继修订，中央生态环境保护督察制度建立，通过负向激励工具持续传递生态环境治理责任和压力。

这一阶段，随着公众参与型激励工具的涌现、市场型激励工具的创新与组合应用、命令控制型负向激励工具的进一步完善，中国生态环境治理迈向多元共治、正负激励相容的现代格局。

5.3 环境经济制度体系

环境经济政策在我国环境政策体系中的地位总体呈上升发展趋势。我国环境政策改革创新的历史进程就是由过去单一命令控制型环境政策向多种环境政策手段综合并用转变的一个过程，在环境保护工作中越来越广泛地运用环境经济政策，手段越来越多，调控范围也从生产环节扩展到整个经济过程，作用方式也从过去的惩罚型为主向惩罚和激励双向调控转变。目前已经形成了包括环保投资、环境税费价格、排污权交易、碳市场、生态环境导向的开发模式（EOD）等在内的制度体系，在筹集环保资金、激励企业环保行为、提供生态环境动力方面发挥了重要作用。

5.3.1 环境税

（1）环境保护税提出及征收目的

环境保护税法是贯彻习近平生态文明思想、落实绿色发展理念的重大战略举措，是我国现代环境治理体系的重要组成部分，也是我国第一部专门体现"绿色税制"的单行税法。环境保护税法的出台和实施，提高了我国税制的绿色化水平，加快了税制的绿色化改革进程。开征环境保护税，主要目的是使排污单位承担必要的污染治理与环境损害修复成本，并通过"多排多缴、少排少缴、不排不缴"的税制设计，发挥税收杠杆的绿色调节作用，引导排污单位提升环保意识，加大治理力度，加快转型升级，减少污染物排放，助推生态文明建设。2016年12月25日第十二届全国人民代表大会常务委员会第二十五次会议通过了《中华人民共和国环境保护税法》，自2018年1月1日起施行。制定环境保护税法，是落实党的十八届三中全会、四中全会提出的"推动环境保护费改税""用严格的法律制度保护生态环境"要求的重大举措，对于保护和改善环境、减少污染物排放、推进生态文明建设具有重要的意义。为保障环境保护税法顺利实施，有必要制定实施条例，细化法律的有关规定，进一步明确界限、增强可操作性。

（2）环境保护税纳税人及征收判断依据

环境保护税的纳税人是在中华人民共和国领域和中华人民共和国管辖的其他海域，直接向环境排放应税污染物的企业事业单位和其他生产经营者。环境保护税主要针对污染破坏环境的特定行为征税，一般可以从排污主体、排污行为、应税污染物3个方面来判断是否需要交环境保护税。

1）排污主体

缴纳环境保护税的排污主体是企业事业单位和其他生产经营者，也就是说排放生活污水和垃圾的居民个人是不需要缴纳环境保护税的，这主要是考虑到目前我国大部分市县的生活污水和垃圾已进行集中处理，不直接向环境排放。

2）排污行为

直接向环境排放应税污染物的，需要缴纳环境保护税，而间接向环境排放应税污染物的，不需要缴纳环境保护税。例如：向污水集中处理、生活垃圾集中处理场所排放应税污染物的，在符合环境保护标准的设施、场所贮存或者处置固体废物的，以及对畜禽养殖废弃物进行综合利用和无害化处理的都不属于直接向环境排放污染物，不需要缴纳环境保护税。

3）应税污染物

共分为大气污染物、水污染物、固体废物和噪声四大类。

① 应税大气污染物包括二氧化硫、氮氧化物等44种主要大气污染物。

② 应税水污染物包括化学需氧量、氨氮等65种主要水污染物。

③ 应税固体废物包括煤矸石、尾矿、危险废物、冶炼渣、粉煤灰、炉渣以及其他固体废物，其中，其他固体废物的具体范围授权由各省、自治区、直辖市人民政府确定。

④ 应税噪声仅指工业噪声，是在工业生产中使用固定设备时产生的超过国家规定噪声排放标准的声音，不包括建筑噪声等其他噪声。

（3）应税污染物税目依据及细化领域

应税污染物的具体税目，可以查阅《环境保护税法》所附的"环境保护税税目税额表"和"应税污染物和当量值表"。

主要细化了以下3个方面：

① 明确了"环境保护税税目税额表"所称其他固体废物的具体范围依照《环境保护税法》第六条第二款规定的程序确定，即由省、自治区、直辖市人民政府提出，报同级人大常委会决定，并报全国人大常委会和国务院备案。

② 明确了"依法设立的城乡污水集中处理场所"的范围。《环境保护税法》规定，依法设立的城乡污水集中处理场所超过排放标准排放应税污染物的应当缴纳环境保护税，不超过排放标准排放应税污染物的暂予免征环境保护税。为明确这一规定的具体适用对象，《中华人民共和国环境保护税法实施条例》（以下简称《实施条例》）规定依法设立的城乡污水集中处理场所是指为社会公众提供生活污水处理服务的场所，不包括为工业园区、开发区等工业聚集区域内的企业事业单位和其他生产经营者提供污水处理服务的场所，以及企业事业单位和其他生产经营者自建自用的污水处理场所。

③ 明确了规模化养殖缴纳环境保护税的相关问题，规定达到省级人民政府确定的规模标准并且有污染物排放口的畜禽养殖场应当依法缴纳环境保护税；依法对畜禽养殖废弃物进行综合利用和无害化处理的，不属于直接向环境排放污染物，不缴纳环境保护税。

（4）污染物应税计算

按照《环境保护税法》的规定，应税大气污染物、水污染物按照污染物排放量折合的污染当量数确定计税依据，应税固体废物按照固体废物的排放量确定计税依据，应税噪声按照超过国家规定标准的分贝数确定计税依据。根据实际情况和需要，《实施条例》进一步明确了有关计税依据的两个问题：一是考虑到在符合国家和地方环境保护标准的设施、场所贮存或者处置固体废物不属于直接向环境排放污染物，不缴纳环境保护税，对依法综合利用固体废物暂予免征环境保护税，为体现对纳税人治污减排的激励，《实施条例》规定固体废物的排放量为当期应税固体废物的产生量减去当期应税固体废物的贮存量、处置量、综合利用量的余额；二是为体现对纳税人相关违法行为的惩处，《实施条例》规定，纳税人有非法倾倒应税固体废物，未依法安装使用污染物自动监测设备或者未将污染物自动监测设备与环境保护主管部门的监控设备联网，损毁或者擅自移动、改变污染物自动监测设备，篡改、伪造污染物监测数据以及进行虚假纳税申报等情形的，以其当期应税污染物的产生量作为污染物的排放量。

环境保护税的税额计算只要抓住"四项指标、三个公式"，就可以快捷准确地计算出环境保护税税额。

1）四项指标

"四项指标"是指污染物排放量、污染当量值、污染当量数和税额标准，这四项指标是计算环境保护税的关键。

① 污染物排放量。《环境保护税法》规定了四种计算污染物排放量的方法，按顺序使用：a. 对安装使用符合国家规定和监测规范的污染物自动监测设备的，按自动监测数据计算；b. 对未安装自动监测设备的，按监测机构出具的符合国家有关规定和监测规范的监测数据计算，为减轻监测负担，对当月无监测数据的可沿用最近一次的监测数据；c. 对不具备监测条件的，按照国务院生态环境主管部门公布的排污系数或者物料衡算方法计算；d. 不能按照前3种方法计算的，按照省、自治区、直辖市生态环境主管部门公布的抽样测算方法核定计算。

② 污染当量值。污染当量值是相当于1个污染当量的污染物排放数量，用于衡量大气污染物和水污染物对环境造成的危害和处理费用。以水污染物为例，将排放1kg的化学需氧量所造成的环境危害作为基准，设定为1个污染当量，将排放其他水污染物造成的环境危害与其进行比较，设定相当的量值。例如，氨氮的污染当量值为0.8kg，表示排放0.8kg的氨氮与排放1kg的化学需氧量的环境危害基本相等。总汞的污染当量值为0.0005kg，总铅的污染当量值为0.025kg，悬浮物的污染当量值为4kg，等等。每种应税大气污染物和水污染物的具体污染当量值，依照《环境保护税法》所附的"应税污染物和当量值表"执行。

③ 污染当量数。应税大气污染物和水污染物的污染当量数，是以该污染物的排放量除以该污染物的污染当量值计算。对每一排放口或者没有排放口的应税污染物，按照污

染当量数从大到小排序，应税大气污染物的前三项、总汞等第一类应税水污染物的前五项、悬浮物等应税其他类水污染物的前三项需要计算缴纳环境保护税。

④ 税额标准。应税大气污染物和水污染物实行浮动税额，大气污染物的税额幅度为1.2～12元，水污染物的税额幅度为1.4～14元。黑龙江省大气污染物的适用税额为1.2元，水污染物的适用税额为1.4元。固体废物和噪声实行固定税额。固体废物按不同种类，税额标准分别为每吨5元至1000元不等；噪声按超标分贝数实行分档税额，税额标准为每月350元至11200元不等。

2）"三个公式"

根据排放的应税污染物类别不同，税额的计算方法也有所不同，具体为：应税大气污染物和水污染物的应纳税额，为污染当量数乘以具体适用税额；应税固体废物的应纳税额，为固体废物的排放量乘以具体适用税额；应税噪声的应纳税额，为超过国家规定标准的分贝数对应的具体适用税额。

为充分发挥环境保护税绿色调节作用，《环境保护税法》建立了"多排多缴、少排少缴、不排不缴"的激励机制，通过明显有力的优惠政策导向，有效引导排污单位治污减排、保护环境。具体来看，目前减免税规定主要集中在以下3个方面。

① 鼓励集中处理。对依法设立的城乡污水集中处理、生活垃圾集中处理场所排放相应应税污染物，不超过国家和地方规定的排放标准的，免征环境保护税。依法设立的生活垃圾焚烧发电厂、生活垃圾填埋场、生活垃圾堆肥厂，均属于生活垃圾集中处理场所。

② 鼓励资源利用。纳税人综合利用的固体废物，符合国家和地方环境保护标准的，免征环境保护税。

③ 鼓励清洁生产。对于应税大气污染物和水污染物，纳税人排放的污染物浓度值低于国家和地方规定排放标准30%的，减按75%征税；纳税人排放的污染物浓度值低于国家和地方规定排放标准50%的，减按50%征税。

此外，对除规模化养殖以外的农业生产排放应税污染物的，机动车、铁路机车、非道路移动机械、船舶和航空器等流动污染源排放应税污染物的情形，均免征环境保护税。

从实际情况看，环境保护税征收管理相对更为复杂。为保障环境保护税征收管理顺利开展，《实施条例》在明确县级以上地方人民政府应当加强对环境保护税征收管理工作的领导，及时协调、解决环境保护税征收管理工作中重大问题的同时，进一步明确税务机关和环境保护主管部门在税收征管中的职责以及互相交送信息的范围，并对纳税申报地点的确定、税收征收管辖争议的解决途径、纳税人识别、纳税申报数据资料异常包括的具体情形、纳税人申报的污染物排放数据与环境保护主管部门交送的相关数据不一致时的处理原则，以及税务机关、环境保护主管部门无偿为纳税人提供有关辅导、培训和咨询服务等作了明确规定。根据《环境保护税法》第二十七条规定，该法自2018年1月1日施行之日起，不再征收排污费。《实施条例》与《环境保护税法》同步施行，作为征收排污费依据的《排污费征收使用管理条例》同时废止。

5.3.2　排污权交易制度

5.3.2.1　排污权交易制度发展

我国的排放权有偿使用和交易分别经历了开始、探索、强化和推广四个发展阶段。1987年上海闵行区的企业首次实施了水污染排放指标的排污权交易，1988年国家环境保护局发布了《水污染物排放许可证管理暂行办法》，对水污染物实行排放总量控制原则，揭开了我国排污权交易探索发展的序幕。2001年我国把太原确定为试点城市，启动了二氧化硫排污权交易项目。2002年，我国正式在天津、上海、河南等7个地区开展排污权交易试点。2006年，浙江省嘉兴市启动了全市碳排放交易计划。2007年国务院批准江苏、天津、浙江、湖北、重庆、湖南、内蒙古、河北、陕西、河南和山西11个地区为排污权交易试点，截至2013年底，有偿使用和交易金额累计达到40亿元左右。2014年国务院办公厅印发《关于进一步推进排污权有偿使用和交易试点工作的指导意见》，明确到2017年试点地区排污权有偿使用和交易制度基本建立，试点工作基本完成。财政部、国家发展改革委、环境保护部于2015年印发《排污权出让收入管理暂行办法》，指导地方开展试点工作，规范排污权出让收入管理；2015年后，按照《生态文明体制改革总体方案》要求，部分地区参照上述文件要求，自行开展排污权有偿使用和交易试点工作。2017年印发《对排污权有偿使用和交易试点工作开展调研和评估的通知》，对试点地区开展调研和成效评估，进一步研究完善政策措施。2014年以来，试点成效不断深化、有序推广，截至2023年，我国排污权交易制度的建设已经历了三十余年的尝试与变革，为污染排放总量控制目标和减排目标的实现做出了积极贡献。

5.3.2.2　国家和地方试点情况

（1）国家层面

与2014年推进试点时的形势相比，试点地区特别是浙江、山西、湖北、湖南等省做到了全国前列、先行先试，试点地区交易金额占全国的80%以上，发挥了试点应有的作用。同时，福建、广东、宁夏等省（自治区）也开展了富有成效的探索，排污权交易制度有了很好的试点基础。2023年，我国鼓励将排污权纳入要素市场化配置改革体系，积极推动排污权有偿使用和交易工作，在国家层面陆续出台了多项有关排污交易的支持性政策，主要集中在排污许可制度以及排污权的金融属性等方面。排污权交易制度与排污许可制度密不可分，排污许可制度是固定污染源环境管理制度的基础核心制度，对排污单位污染物排放实施法治化、系统化、精细化、信息化管理，而排污许可证是实施排污许可制的重要载体，排污单位排污权的核定必须以排污许可证的形式予以确认。2023年3月发布的《排污许可管理办法》（修订征求意见稿）及其修订说明，制定了详细的清单式检查、监测检查和执行报告检查的规则，强调"非现场"监管方式的重要性，要求推动"差异化"执法监管，严格将排污单位的"环境风险"作为确定监管频次和力度的标准之一，较先前版本而言更为明确且更具操作性；另外，2023年7月发布的《排污许可证质量核查技术规范》（HJ 1299—2023）和2023年8月发布的《排污许可证申请与核发技术规范 工业噪声》（HJ 1301—2023）均在排污许可证质量核查的方式与要求、核查准备工作及主要核查内容等方面提供了相关指导和规范。此外，我国也较为注重开发排污权的金融属性，出台了多项文件强化对排污权抵质押贷款业务发展的支持，推动企业探索新的排污权融资渠道，有效盘活排污权交易。2023年国家层面支持排污权有偿使用和交易市场建设政策如表5-1所列。

表5-1 2023年国家层面支持排污权有偿使用和交易市场建设政策

发布时间	政策名称	支持排污权交易市场建设内容
2023-03-27	排污许可管理办法（修订征求意见稿）	办法适用于排污许可制度的组织实施和监督管理
2023-06-16	中国人民银行 国家金融监督管理总局 证监会 财政部 农业农村部关于金融支持全面推进乡村振兴 加快建设农业强国的指导意见	加强农业绿色发展金融支持。推广林权抵押贷款等特色信贷产品，探索开展排污权、林业碳汇预期收益权、合同能源管理收益权抵质押等贷款业务
2023-06-07	排污许可证质量核查技术规范	本标准规定了开展排污许可证质量核查的方式与要求、核查准备工作及主要核查内容
2023-07-18	习近平在全国生态环境保护大会上强调：全面推进美丽中国建设 加快推进人与自然和谐共生的现代化	要推动有效市场和有为政府更好结合，将碳排放权、用能权、用水权、排污权等资源环境要素一体纳入要素市场化配置改革总盘子，支持出让、转让、抵押、入股等市场交易行为，加快构建环保信用监管体系，规范环境治理市场，促进环保产业和环境服务业健康发展
2023-08-04	排污许可证申请与核发技术规范 工业噪声	本标准规定了工业噪声排污单位排污许可证申请与核发的基本情况填报要求、工业噪声许可排放限值确定方法以及自行监测、环境管理台账与排污许可证执行报告等环境管理要求，提出了污染防治技术要求及合规判定方法
2023-10-16	国务院关于推动内蒙古高质量发展奋力书写中国式现代化新篇章的意见	深入开展环境污染防治。支持内蒙古深化排污权交易试点
2023-12-08	中国证监会 国务院国资委关于支持中央企业发行绿色债券的通知	发挥中央企业绿色投资引领作用。支持中央企业子公司探索利用碳排放权、排污权等资源环境权益进行质押担保，或由中央企业集团提供外部增信等方式发行绿色债券，推动细分领域节能减污降碳
2023-12-27	中共中央 国务院关于全面推进美丽中国建设的意见	强化激励政策。健全资源环境要素市场配置体系，把碳排放权、用能权、用水权、排污权等纳入要素市场化配置改革总盘子

排污权交易拓展实施应包括3个层面：

① 在大气污染防治重点区域，选择典型行业及其污染物，由国家牵头实施机构，组织开展跨行政区域大气排污权交易探索，建立区域或全国大气污染物排污权交易市场；

② 在重点流域，选择典型行业或污染物，由国家组织开展跨行政区域水排污权交易探索，建立流域水质（污染物）交易市场；

③ 鼓励地方在重金属等污染防治领域，探索建立排污权交易制度。

（2）青海试点

省级的排污权交易活动只限于一级市场即初始分配阶段，其一般交易流程为：省生态环境厅污染物排放总量控制处在网上发布主要污染物排污权竞买的通告—符合条件的竞买人携带必要的报名材料到省生态环境保护厅总量处进行现场报名—参与企业按照价格优先、时间优先的原则进行电子竞价并形成最终成交价格及成交量—企业于限定时间内将价款打到指定银行账户中—后续的登记及监督管理。

2019年，财政部经济建设司在积极肯定试点工作的同时，指出试点存在排污权核定工作推进较慢、环境监测执法能力跟不上、行政审批较多等问题。2021年1月，排污权交易管理技术中心收到全国19个地区反映的排污权交易工作中存在的问题，主要集中在4类，分别是排污权交易与排污许可等相关制度衔接不畅、全国性技术规范匮乏、二级市场活力不足、排污权法律权属及地位不高。这4类问题占全部问题的80%，主要体现在以下几个方面。

① 排污权确定及交易前提是环境容量的测算，而在了解过程中得知，针对环境容量青海省仅于十几年前做过一些局部地区水体的测算，也未公开过这些数据，所以目前环境标准主要是依据国家的相关规定，这难免会不太符合该省实际情况。环境容量的测算同时还受到当前科学技术的限制，所以青海省排污权的核定欠缺可靠的数据支持。

② 市场不健全，企业、公众参与度低。当前仅有一级市场在运作且方式较单一，新、改、扩建企业项目是必须参与排污权竞买的，一些企业会显现出被动性，对于购买排污权积极性不高。观念、意识的更新需要时间，这些情况也需要更多的宣传以及配套的鼓励、奖励措施来辅助。青海省目前并没有具体的奖励机制，对于竞买方积极参与以及减少排污量，只有对符合条件的少数企业有补助的规定，所以难以充分调动企业积极参与竞买以及减排、改进生产技术的积极性。同时，中小企业经济效益有限，难以支付排污权费用，又无力改进自身减排技术，也是当前面临的难题之一。青海省内纳税大户企业存在地方保护主义，为其预留较多的排污权，难以保障公平。公众参与度低，对排污权交易了解不足，这就使得短期内排污权交易在社会上难以被认同、被推广。

③ 排污的监督与管理存在不足。据了解，目前对于重点企业排污的监督采取的是企业自测与安装检测设备共存的方式，但是这仍然难以保证排污量的准确测算，非重点企业如何监测、数据的准确性及真实性如何保障仍是问题。

（3）河北试点

河北省省政府办公厅印发《关于深化排污权交易改革的实施方案（试行）》提出，2022年6月，完成全省二氧化硫、氮氧化物、化学需氧量、氨氮排污权确权，构建省、市两级排污权政府储备，建立全省统一排污权交易平台，完善排污权交易规则和市场机制。2023年，全面实现排污权有偿使用，政府储备进一步扩大，基本建立排污权跨区域流转的交易市场。2025年，拓展排污权交易种类，适时建立重金属等排污权省级政府储备，全面建成配置科学、运转高效、服务高质量发展的排污权交易市场。

1）推进排污权确权

率先完成二氧化硫、氮氧化物、化学需氧量、氨氮排污权确权，适时对颗粒物、挥发性有机物和重金属等进行确权。以排污许可为基础，坚持核算方法统一、审核原则统一，严格排污单位申请、县级初审、市级审核、省级核定的确权程序，建立省、市两级排污权确权台账。制发排污权确权凭证，作为排污单位排污权交易、污染减排和建设项目替代指标的依据。同时，在排污许可证中载明确权量和交易信息等。根据河北省全省主要污染物减排目标以及环境质量改善需求，每5年对排污单位的排污权确权一次。

2）建立排污权政府储备

排污单位破产、关停、被取缔或迁出其所在行政区域的闲置排污权，建设项目5年内未开工建设或停止建设放弃使用的排污权，以及排污单位污染治理形成的富余排污权，无偿取得的，市级政府无偿收回建立储备，有偿取得的，市级政府有偿回购建立储备。政府储备排污权实行省、市两级管理，政府储备排污权分别在行政区域内统筹使用。建立排污权政府储备台账，规范出让使用审查，优先保障战略性新兴产业、重大科技示范等项目建设。

3）实行排污权有偿使用

综合考虑污染治理成本、行业承受能力、区域环境承载空间、环境资源稀缺程度、经济发展水平等因素，由省发展改革委会同有关部门制定并动态调整排污权有偿使用出让标准。对排污单位无偿获得的排污权，实行分级征收有偿使用费。总装机容量30万千瓦及以上的火力发电和热电联产排污单位由省级征收，其他按照排污许可证核发权限，分别由市、县级征收。排污单位有偿获得的排污权期满后，按照排污权确权程序重新核定，并缴纳有偿使用费。

4）完善市场交易机制

建设排污权交易市场，鼓励排污单位间开展排污权交易，交易价格由双方协商或电子竞价等公开拍卖的方式确定，成交价格不得低于主要污染物排放权交易基准价格。依托河北省环境能源交易所建立全省统一排污权交易平台，细化交易规则，规范竞价流程，提供交易服务，接受主管部门监督管理。建设项目新增排污权，必须符合区域环境质量改善和总量控制要求，并通过交易取得。各级生态环境部门要严格执行总量削减替代要求，确保建设项目排污权指标来源可追溯、可监管，工业污染源与农业污染源不得交易。支持排污权跨区域流转。

5）强化排污权监管

排污单位完成排污权交易后，要向排污许可证核发部门申请排污许可证变更，载明交易信息，推动环评审批、排污权交易、排污许可变更的有效衔接。排污权政府储备出让或回购后，生态环境部门及时变更政府储备排污权台账。强化排污权使用核查，依法查处污染物实际排放量超过确权量的违法行为。

6）深化排污权交易

开展颗粒物、挥发性有机物和重金属排污权交易可行性研究论证，探索制定交易基准价格，适时纳入交易范围。鼓励金融机构提供绿色信贷服务，大力推进排污权抵押贷款；开展排污权租赁试点，盘活排污单位闲置排污权。

（4）浙江试点

2009年以来，浙江省作为全国首批排污权交易试点省份，通过构建完善制度体系、建立统一交易平台、创新交易管理机制，积极推进排污权有偿使用和交易试点工作，取得了丰硕成果，试点以来累计排污权有偿使用和交易金额161亿元（占全国1/2左右），在国务院组织的排污权有偿使用和交易试点评估中名列全国第一。2022年，通过《浙江省生态环境保护条例》地方立法为排污权确立了法律依据，明确要求建立和实施全省统一的排污权有偿使用和交易制度。为贯彻落实《浙江省生态环境保护条例》规定，按照省人大常委会办公厅《关于制定〈浙江省生态环境保护条例〉配套规范性文件的通知》要求，在《浙江省人民政府关于开展排污权有偿使用和交易试点工作的指导意见》（浙政发〔2009〕47号）、《浙江省排污权有偿使用和交易试点工作暂行办法》（浙政办发〔2010〕132号）基础上，充分吸收国家关于排污权相关最新要求以及近年来排污权有偿使用和交易工作的经验成果，又制定出台《浙江省排污权有偿使用和交易管理办法》。

《浙江省排污权有偿使用和交易管理办法》相较《浙江省排污权有偿使用和交易试点工作暂行办法》有以下3个特点。

① 内容更丰富。将排污权交易保证金机制、排污权租赁制度、排污权抵质押制度、新增排污权总量监管机制、排污权电子凭证等纳入《浙江省排污权有偿使用和交易管理办法》；根据国家规定，增加环境质量未达到要求的地区限制开展跨区域交易等规定；围绕服务保障重大项目，增加政府储备调配等内容。

② 职责更明确。因排污权出让收入征收由财政部门划转至税务部门，《浙江省排污权有偿使用和交易管理办法》中增加了税务部门的职责；因排污权抵质押绿色信贷工作由人行牵头推行，相应增加了人行部门的职责；增加了省级生态环境部门建立全省统一的省排污权交易系统等职责。

③ 程序更规范。根据国家相关规定，结合数字化改革要求，明确通过省排污权交易系统办理各项排污权交易业务，并进一步规范细化初始排污权和政府储备出让管理、排污权交易、监督管理等内容，切实落实国家层面关于"平台之外无交易"和"排污权市场化交易"等要求。

《浙江省排污权有偿使用和交易管理办法》对初始排污权的核定和有偿使用做了进一步规范。

① 对初始排污权核定的范围做了规定。结合排污许可制度，明确了"已取得重点管理或简化管理排污许可证且有总量控制要求的现有排污单位、已完成排污许可登记且拥有排污权的现有排污单位"纳入初始排污权核定范围。

② 对初始排污权核定权限做了规定。沿用分级管理的方式进行核定，同时根据国家要求每五年规划期核定一次。

③ 对初始排污权核定要求做了规定。明确按照排污权核定技术规范及国家和地方减排要求从严核定。

④ 对初始排污权有偿使用定价做了规定。根据国家要求，明确根据当地污染治理成本、生态环境资源稀缺程度、经济发展水平等因素，每五年核定排污权使用费征收标准，该价格主要是针对现有排污单位初始排污权制定。

⑤ 对有偿使用征缴要求做了规定。明确排污单位对初始排污权按照排污权使用费征收标准缴款，落实排污权有偿使用的要求。

《浙江省排污权有偿使用和交易管理办法》对排污权交易做了进一步规范。

① 对排污权交易范围做了规定。结合环境影响评价制度，明确了"建设项目环境影响评价报告书和报告表管理类别且确需新增排污权指标的新建、改建、扩建项目"纳入监管和交易范围。

② 对平台交易做了规定。按照国家和《浙江省生态环境保护条例》规定，明确排污权交易业务应通过省排污权交易系统办理。

③ 对市场定价交易做了规定。按照国家市场化交易的要求，明确政府储备排污权出让通过公开竞价的方式交易，与国家要求一致，明确五年有效期。

④ 对企业富余排污权转让做了规定。按照《浙江省大气污染防治条例》《浙江省排污权回购管理暂行办法》等规定，明确了"依法有偿取得排污权并安装污染物自动监测设备的排污单位，其富余排污权可以依法有偿转让或者申请政府回购"等要求。

⑤ 对跨区域交易做了规定。结合国家层面关于鼓励开展跨区域交易的要求及相关规定，明确了跨区域交易应在符合环境质量相关要求的前提下开展，对上年度大气、水环境质量未达到要求的县（市、区）不得开展增加本行政区域相关污染物总量的排污权交易；同时对浙江八大水系中同流域跨区域交易做了规定。

⑥ 对排污权交易流程做了规定。通过省排污权交易系统实现全流程线上办理。

⑦ 对排污权交易的罚则做了规定。通过排污权交易保证金机制维护交易市场的公平秩序。

⑧ 对排污权租赁做了规定。明确了租赁期限最长一年且不得跨自然年，并明确租赁仅可用于排污单位因生产波动的临时新增需求，不得用于新建、改建、扩建项目总量削减替代。

5.3.2.3　排污权交易案例介绍

（1）案例1：深化排污权储备交易机制　实现环境资源要素高效配置——九江市排污权储备出让项目

为充分发挥市场在资源配置中的决定性作用，针对优质项目落户前排污指标获取难的问题，江西省公共资源交易集团和九江市生态环境局通力合作，在总结前期工作探索实践经验的基础上，深化排污权储备交易机制。建立储备指标项目库，通过交易将库中各项目的零散指标有效整合打包，快速提供至需求企业，助力优质项目落地，探索出了一条环境资源要素及时保障与高效配置的双赢之路。

2023年，九江市生态环境局对全市排污权许可证注销企业、产城融合淘汰关停企业、重点减排工程进行了全面梳理，将35家企业闲置排污权纳入储备机构储备库管理。江西省公共资源交易集团积极为优质项目企业提供政策解读、业务咨询、报名指导等全流程专业化服务，助力国能神华九江发电有限责任公司、中国石油化工股份有限公司九江分公司等4家企业成功受让氮氧化物11460.91t（5年）、二氧化硫5753.98t（5年），合计成交金额1916.18万元。通过环境资源要素市场化配置的方式，变"项目等指标"为"指标等项目"，破解企业遇到的信息对接难、指标"卡脖子"等问题，缩短项目落地时间，让企业获取指标不再"跑断腿"，助力营商环境优化提升。

NO_x排污权交易结果公告如图5-1所示。

NOx出让排污权交易结果公告（2023年第14号）

[信息时间：2023-09-21]

排污权交易结果公告

江西省公共资源交易集团于2023年09月21日对江西省-省本级九江市NOx出让项目（项目编号JX23CB0106）以协议转让的方式进行了交易，交易结果如下：

出让方：九江市储备中心

出让指标1：NOx　出让量：1424.4吨　出让年限：5年　成交量：1424.4 吨　成交总金额：8546400.0元

受让方1：国能神华九江发电有限责任公司

受让指标1：NOx　申请量：1424.4 吨　受让量：1424.4 吨　成交价格：1200.0 元/年*吨

特此公告。

江西省公共资源交易集团
2023年09月21日

图5-1 NO_x排污权交易结果公告

（2）案例2：全省首笔！温州海经区完成排污权全要素跨区域交易

2024年温州海经区完成全省首笔排污权全要素跨区交易，在青田县正式签约。浙江宏丰铜箔有限公司与丽水亚泰制革有限公司签订排污权交易协议。根据协议约定，浙江宏丰铜箔有限公司获得丽水亚泰制革有限公司48.562t化学需氧量指标、5.088t氨氮指标、1.255t二氧化硫指标和1.902t氮氧化物指标，交易累计金额261万元。

浙江宏丰铜箔有限公司铜箔生产基地项目位于温州海经区，是浙江省重大产业项目，主要生产锂电铜箔和PCB铜箔，是全市新能源锂电池产业链补链、强链的关键环节，急需获得排污权投产。亚泰制革有限公司位于青田县温溪镇，是一家原年产400万平方米牛皮革项目的生产企业。2023年10月企业拆除生产设备，腾空厂房，永久关停，产生富余排污权指标，依托二级市场交易。

若通过公开竞价方式获得排污权，企业要等待合适的时机竞拍，周期较长且价格相对较高。海经区经信生态局靠前服务，了解企业基本生态要素需求。在温州市生态环境局与丽水生态环境局牵线搭桥下，与青田县开展跨区域对接，最终促成两地企业建立联系，并达成交易意向，推动双方实现共赢。同时依托省排污权交易平台完成四方审核并公示，实现"零次跑"办理跨地市排污权交易全业务办理。此次这笔交易相较于通过网上竞拍途径，可谓是省时又省钱。对亚泰制革有限公司来说，成功将"沉睡资产"转化为"流通资本"，盘活闲置资产，为企业绿色发展提供广阔的空间。

海经区经信生态局以全面优化营商环境提升三个"一号改革工程"为切入点，大力推进环保服务增值化改革。宏丰铜箔项目是浙江省重大产业项目，在项目落地之初，该局便在市生态环境局的指导下，主动靠前服务，为企业量身定制"三通"服务。通过成立专班专人精准服务，完善环境准入条件清单和设置首个入海排污口，实现企业"话"路通、"人"路通和"准"路通，进一步高效服务企业，以全市排污权跨区域交易改革试点为契机，顺利为企业走出一条经济绿色的发展之路。

（3）案例3：2个亿！东营市最大一笔排污权抵押贷款成功落地

2023年中国建设银行股份有限公司利津支行与利华益利津炼化有限公司签署排污权抵质押贷款合同，贷款金额2亿元。这是东营市开展排污权抵押贷款以来发放金额最大的一笔贷款，也是东营市探索完善环境权益交易市场建设的生动案例。

通过积极协调、线上线下对接等方式，东营市生态环境局与金融机构以及企业沟通，帮助完成排污权抵押贷款所需手续和业务办理流程。经政、银、企三方合力推动，该笔贷款成功于2023年12月8日获得批复并顺利办理排污权抵押登记。

通过排污权抵押贷款，排污权被赋予金融功能，盘活了企业排污权益资产，助力企业"化污为金"，有效拓宽了企业融资渠道，激励企业开展环保技术创新，以排污权"贷"动企业发展转型。

（4）案例4："双响炮"！丽水这次富余排污权交易有亮点

2023年4月，《浙江省排污权有偿使用和交易管理办法》出台。排污权交易是指在一定区域内，在污染物排放总量不超过允许排放量的前提下，允许这种权利像商品那样被买入和卖出，以此来进行污染物的排放控制。排放指标不足，也就意味着企业需要相互调剂排污量，要对外购买。目前可进行交易的主要是4种废气和废水的排污权。丽水市亚泰制革有限公司根据上述办法，通过省排污权交易系统，分别向浙江嘉兴市平湖独山港环保能源有限公司和浙江瑞浦机械有限公司出售了富余涉气排污权，交易的总量达34余吨，交易总金额达38万余元。独山港能源公司购买了5.266吨二氧化硫指标，这次交易可以帮助解决排污权指标不足的问题，保证了项目按时投产。本次排污权跨区域交易，总交易金额达到7.5万元，其购买的排污指标将用于该能源公司的碳减排创新项目，以实现区域工业固体废物资源化利用并减少煤炭使用量，预计投产后年减排二氧化碳20

余万吨。与此同时，位于青田县本地的瑞浦公司也根据管理办法，成功购得了氮氧化物富余指标29.526t，交易总额30.6万余元。

排污指标购买有两种途径：一种是从政府手中购买未分配完的排污权；另一种是向其他没有用完排污权的企业购买。从全省范围看，排污权交易更多是卖方市场，当然选择优质买方也很重要。富余排污权指标需要依托二级市场交易。若通过公开竞价方式获得排污权，按照正常流程需要2个月左右。根据排污权交易管理办法，排污权交易属于市场行为，由市场定价，交易价格由交易双方协商自行确定。政府部门仅负责核定初始排污权及其使用费征收标准。排污权交易走上正轨后，企业也可通过改进生产方式将产生的富余排污指标上市出售。将建立排污权指标政府储备库，调控本市排污权交易市场和保障重大项目建设，为促进企业绿色转型发展提供可复制、可推广的丽水模式。

5.3.3　生态环境导向的开发（EOD）模式

党的二十大指出建立生态产品价值实现机制。生态环境部会同有关部门积极探索EOD模式创新，取得了积极的进展，成为生态环境促进稳增长、服务高质量发展的重要手段，制定《生态环境导向的开发（EOD）项目实施导则（试行）》有利于引导EOD模式规范实施，行稳致远。EOD模式是践行"绿水青山就是金山银山"理念的项目实践。要正确把握生态环境保护和经济发展的关系，探索协同推进生态优先和绿色发展新路子。《关于建立健全生态产品价值实现机制的意见》鼓励将生态环境保护修复与生态产品经营开发权益挂钩，提出要形成保护生态环境的利益导向机制，将生态优势转化为经济优势。EOD模式通过生态环境治理项目改善生态环境质量，提升发展品质，推动生态优势转化为产业发展优势，实现产业的增值溢价，从项目层面践行了"绿水青山就是金山银山"的理念。

EOD模式是生态环境治理模式的重大创新。生态环境治理属于公益性事业，投入主要来源于政府财政资金，面临着总体投入不足、投融资渠道不畅、自我造血功能不足、可持续发展能力有待提高等问题。《关于构建现代环境治理体系的指导意见》要求创新环境治理模式，鼓励采用"环境修复＋开发建设"模式。《关于深化生态保护补偿制度改革的意见》提出要推进EOD模式项目试点，通过市场化、多元化方式，促进生态保护和环境治理。EOD模式将生态环境治理作为产业开发项目的重要组成部分，通过治理成效为产业开发带来增量收益，并依靠产业收益反哺生态环境治理的投入，有效缓解了政府投入压力，并有利于企业（社会资本）和金融机构参与项目投入，在不依靠政府投入的情况下实现区域生态环境高水平保护和社会经济高质量发展，有效破解了生态环境治理融资难的瓶颈。

EOD模式是发展绿色金融的重要举措。全国生态环境保护大会指出，要大力发展绿色金融，推进生态环境导向的开发模式和投融资模式创新。《中共中央　国务院关于加快推进生态文明建设的意见》要求完善经济政策。健全价格、财税、金融等政策，激励、引导各类主体积极投身生态文明建设。《中共中央　国务院关于深入打好污染防治攻坚战的意见》要求综合运用土地、规划、金融等政策，引导和鼓励更多社会资本投入生态环境领域。EOD 模式是通过生态环境治理，引导绿色低碳产业发展，为金融机构和社会资本精准投入提供了重要途径。

《生态环境导向的开发（EOD）项目实施导则（试行）》是积极稳妥、规范有序推进EOD 模式的现实需要。随着各地方需求的增加和社会关注的提高，各方面对 EOD 模式的理解不到位，存在项目内容和投资盲目扩大、政策把握不精准、项目质量不高、项目落地难等问题，亟须制定相应的规范性文件进行指导，帮助地方提升项目谋划能力和实施可行性，防范各种风险，推进 EOD 模式行稳致远。

生态环境导向的开发（eco-environment-oriented development，EOD），它是一种实施理念、一种创新性的项目组织实施模式，而并非投融资模式。2020 年《关于推荐生态环境导向的开发模式试点项目的通知》（环办科财函〔2020〕489 号）文件给出了 EOD 模式的官方定义：以习近平生态文明思想为引领，以可持续发展为目标，以生态保护和环境治理为基础，以特色产业运营为支撑，以区域综合开发为载体，采取产业链延伸、联合经营、组合开发等方式，推动公益性较强、收益性差的生态环境治理项目与收益较好的关联产业有效融合，统筹推进，一体化实施，将生态环境治理带来的经济价值内部化，是一种创新性的项目组织实施方式。EOD 模式以可持续发展为目标，将经济发展与环境治理相融合，从而实现区域整体价值增长，让生态建设与经济发展齐头并进，走出了一条绿色低碳高质量发展的道路。

1971 年，英国规划师麦克哈格从自然历史和人类文化的角度探讨了环境问题，他将"生态环境理念"第一次完整地引入城市规划之中。他认为大城市地区作为开放空间的土地应按照其自然演进的过程进行选择，只有二者结合才可为居民提供满意的开放空间。1990 年，"山水城市"这一中国特色生态城市概念由钱学森先生提出，提倡将中国传统工业城市的弊端用中国园林艺术进行改造，以达到人与自然和谐统一的目的。

EOD 在国内的发展主要是由国家政策引领，其发展过程中有三个重要的时间阶段，分别是前期的探讨阶段、中期的试点阶段、后期的加速推进阶段。EOD 一系列相关政策的出台，无论是在项目开展还是项目融资方面都为 EOD 模式的长远发展打下了坚实基础，帮助 EOD 项目降低了融资难度，规范了运营模式，推动了 EOD 项目的可持续发展。EOD 模式发展重要阶段如图 5-2 所示。

EOD 模式在国内的探讨最早是 2014 年，中信国安在北海开展 EOD 项目实践。2016年 11 月，《国务院关于印发"十三五"生态环境保护规划的通知》（国发〔2016〕65 号）提出探索环境治理项目与经营开发项目组合开发模式，即"治理+经营"，并多次强调"绿水青山就是金山银山"。2018 年，《生态环境部关于生态环境领域进一步深化"放管服"改革　推动经济高质量发展的指导意见》（环规财〔2018〕86 号）中明确提出探索开展 EOD 模式，这也是 EOD 模式首次正式出现在大众视野。

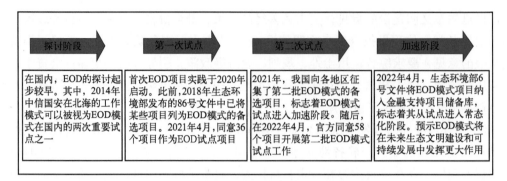

图5-2　EOD模式发展重要阶段

我国已开展两次EOD试点征集工作，均由生态环境部、国家发展改革委、国家开发银行三家单位发起。2020年9月《关于推荐生态环境导向的开发模式试点项目的通知》（环办科财函〔2020〕489号）的出台，向各地区征集EOD模式的备选项目，并提出了具体目标以及试点内容要求，拉开了第一次EOD试点的序幕。

直到2021年4月，生态环境部等部门联合发布《关于同意开展生态环境导向的开发（EOD）模式试点的通知》（环办科财函〔2021〕201号），同意36个项目开展EOD试点工作，期限为2021～2023年，EOD模式才开始真正地落地生根，同时也标志着EOD模式正式被推向实施层面。继第一批试点开展以后，在2021年生态环境部再次发布《关于推荐第二批生态环境导向的开发模式试点项目的通知》（环办科财函〔2021〕468号），向各地区征集第二批EOD模式的备选项目，同时该文件明确EOD模式项目成立的核心条件：生态治理与产业开发一体化实施和项目自平衡。文件中还提出了5项申报条件：各省份申报数量原则上不超过3个，重点支持实施基础好、投资规模适中、项目边界清晰、反哺特征明显、环境效益显著的试点项目。

2022年4月生态环境部办公厅、发展改革委办公厅、国家开发银行办公室联合发布《关于同意开展第二批生态环境导向的开发（EOD）模式试点的通知》（环办科财函〔2022〕172号），该文件同意58个项目开展第二批EOD模式试点工作，期限为2022～2024年。同时国家开发银行还对符合条件的试点项目，发挥开发性金融大额中长期资金优势，统筹考虑经济效益和环境效益，在资源配置上予以倾斜，加大支持力度。EOD试点启动以来，2批试点项目数量共94个，第二批次较第一批次试点项目数量增加22个，实施范围遍及各个省（自治区、直辖市）。

2022年4月《生态环境部办公厅关于印发〈生态环保金融支持项目储备库入库指南（试行）〉的通知》（环办科财〔2022〕6号）提出，建立生态环保金融支持项目储备库，并制定入库指南，指南明确了入库标准和入库项目类型，其中包括将EOD模式项目纳入金融支持项目储备库，各省（自治区、直辖市）每年入库EOD项目原则上不超过5个。EOD试点模式探索已经基本成熟，项目管理也越来越规范。

与此同时，为适应我国EOD等新模式新机制的研究与实践需要，高质量地为各级政府、投资机构、行业企业等相关决策工作提供技术支持，生态环境部环境规划院依托生态环保规划—重大项目策划—实施方案设计—关联产业培育—关键政策研究基础与项目实践优势，于2022年4月15日正式成立EOD创新中心。

在生态环境部的主导下，EOD模式实践已经连续5年开展，实施至今已经经历了第一次试点、第二次试点、常态化入库。经过各个地区两年多的试点，各省（自治区、直辖市）每年入库EOD项目数量上限由3个增长到5个，贷款银行由1家变为2家（国家开发银行与农业发展银行），正逐步将助力生态价值实现的规模扩大化。预计2025～2030年，随着项目常态化推进及碳达峰目标日期的逼近将迎来EOD模式项目增长的爆发期。

（1）EOD的核心内容

1）严守EOD模式核心要义

EOD模式是践行"绿水青山就是金山银山"理念的项目实践，有利于积极稳妥推进生态产品经营开发，推动生态产品价值有效实现。EOD模式具有明确的特征标准和严格的适用条件：

① 生态为基，提质增效。识别实施紧迫性强、生态环境效益高的公益性生态环境问题，确保项目实施后生态环境质量明显改善并持续向好。

② 深度融合，互为条件。生态环境治理与产业开发之间必须密切关联，深度融合。生态环境改善能够有效提升关联产业开发品质和价值，两者相互促进、互为条件、彼此受益。

③ 增值反哺，项目平衡。EOD项目通过关联产业增值收益平衡生态环境治理投入，在项目层面实现产业发展增值反哺生态环境治理，不依靠政府资金投入即可达到项目资金自平衡。

④ 市场运作，一体实施。按照"谁保护、谁受益"和"自主决策、自负盈亏"的原则，生态环境治理与关联产业开发作为整体项目由一个市场主体一体化实施，投资和收益主体一致。

2）确保生态环境精准施治

EOD项目要选择对实现生态环境保护目标支撑作用大、实施必要性强、工作基础好、生态环境效益显著的公益性生态环境治理内容。要充分衔接本地区现阶段生态环境保护重点任务，重点聚焦1～2个生态环境要素，切实发挥生态环境治理对产业开发的增值作用。

3）强化关联产业增值反哺与项目平衡

生态环境治理应与关联产业内容深度融合，空间临近或形成上下游产业链关系，互为条件，作为整体项目统筹实施。关联产业应是与生态环境治理关联性强、发展空间大、环境污染小、市场预期好、项目收益佳、反哺能力强的特色优势产业。

4）明确参与各方权责关系

市、县（区）人民政府或园区管委会作为项目组织主体，负责组织领导、项目谋划、统筹协调、督促推进、评估指导等工作。市场主体作为项目实施主体，按照自主决策、自负盈亏的原则，负责项目落地实施、运维经营，按照有关法律法规和标准以及约定的要求，承担相应的生态环境治理责任。项目涉及的用地、用海、资源能源、环境权益、人才技术等要素必须得到有效保障，且能够集聚到项目实施主体。统筹交通、信息、品牌等相关资源为产业发展综合赋能，提升项目增值空间。

5）守正创新，积极稳妥推进模式创新

试点期间，以推进项目落地、总结实施经验、健全管理制度为重点，强化项目质量，不追求项目数量和规模，严格落实EOD项目实施要求。对各地开展数量进行严格控制，对省级试点严格要求，不降低标准，不放松要求。项目实施中要严格落实项目立项、招投标、投融资、国土空间规划、土地利用、资源开发、资产处置、资金使用、债务管控等相关法规政策要求，不得以任何形式增加地方政府隐性债务。

（2）EOD实施流程

① 项目谋划：确定项目组织主体、识别突出环境问题、识别优势关联产业、开展项目融合分析、明确要素保障分析、明确一体化实施可行性。

② 方案设计：开展项目资金平衡分析、编制实施方案、开展市场测试、根据反馈情况完善方案、组织开展方案评估论证、试点期间申报生态环保金融支持项目储备库。

③ 主体确定：竞争性方式确定项目实施主体并签订项目合同。

④ 项目实施：整体立项、资金筹措、融资对接、投资建设、运营管理。

⑤ 评估监督：项目评估和后评价、接受部门监管、信息公开。

专栏5-1　EOD模式项目的绿色公司债券

2023年4月12日，江苏省首单用于EOD模式项目的绿色公司债券发行。

发行主体：无锡太湖城传感信息中心发展有限公司。

发行规模：5亿元。

发行期限：3年。

主体评级：AA。

票面利率：3.82%。

资金用途：用于无锡市经开区传感信息产业园片区EOD综合开发，项目位于鑫河（高浪路至震泽路段）两侧，以无界园区、复合业态、多元体验、智慧出行为发展策略，以产业园新典范、都市生活新目的地为发展目标，致力于打造科创型产业社区。

江苏省目前以国开行、农发行为主，动员了省内各金融机构积极参与合作，国家级EOD试点项目大部分已获得政策性银行支持并开工建设。同时，各地国企也在积极把握政策趋势筹措项目资金。

5.3.4　碳市场

党中央、国务院高度重视全国碳市场建设工作，2015年以来习近平总书记在多个国际场合就碳市场建设做出重要宣示。生态环境部根据国务院批准的建设方案，牵头组织全国碳市场建设工作，目前相关建设任务已经基本完成，各项准备工作已经就绪。国务院常务会议审议决定在2021年7月择机启动全国碳排放权交易市场，开展上线交易。

中国的碳市场建设是从地方试点起步，2011年10月在北京、天津、上海、重庆、广东、湖北、深圳7省市启动了碳排放权交易地方试点工作。2013年起，7个地方试点碳市场陆续开始上线交易，有效促进了试点省市企业温室气体减排，也为全国碳市场建设摸索了制度，锻炼了人才，积累了经验，奠定了基础。2017年末，经过国务院同意，《全国碳排放权交易市场建设方案（发电行业）》印发实施，要求建设全国统一的碳排放权交易市场。

2018年以来，生态环境部根据"三定方案"新职能职责的要求，积极推进全国碳市场建设各项工作。

① 构建了支撑全国碳市场运行的制度体系，先后出台了《碳排放权交易管理办法（试行）》和碳排放权登记、交易、结算等管理制度，以及企业温室气体排放核算、核查等技术规范。同时，正在积极配合司法部推进国务院《碳排放权交易管理暂行条例》的立法进程。

② 稳妥制定配额分配实施方案。明确发电行业作为首个纳入全国碳市场的行业，市场启动初期，只在发电行业重点排放单位之间开展配额现货交易，并衔接我国正在实行的碳排放强度管理制度，采取基准法对全国发电行业重点排放单位分配核发首批配额。

③ 扎实开展数据质量管理工作。严格落实碳排放核算、核查、报告制度，在企业报告、地方生态环境部门核查的基础上，生态环境部组织专门的督导帮扶，监督指导省级生态环境部门加大核查力度，组织开展核查抽查，通过对地方督促检查和对企业现场抽查，进一步加强对数据管理，提升数据质量。

④ 完成相关系统建设和运行测试任务。利用全国排污许可证管理信息平台，建设了重点排放单位温室气体排放信息管理系统，指导推动湖北省、上海市完成了全国碳排放权注册登记系统和交易系统的建设任务，并且通过了系统的测试和验收。

⑤ 组织开展能力建设，提升能力水平。对各地生态环境主管部门、相关企业、第三方机构等持续开展了全国碳市场系统培训，培养温室气体核查、核算、管理等方面的人才。

5.3.4.1　发电行业碳排放权交易

（1）全国碳排放权交易配额总量设定与分配实施方案（发电行业）

2020年12月，生态环境部印发了《2019—2020年全国碳排放权交易配额总量设定与分配实施方案（发电行业）》和《纳入2019—2020年全国碳排放权交易配额管理的重点排放单位名单》。这也意味着以发电行业为突破口的全国统一的碳交易市场第一个履约周期正式启动。全国碳市场选择以发电行业为突破口有两个方面的考虑。一方面是发电行业直接烧煤，所以这个行业的二氧化碳排放量比较大。包括自备电厂在内的全国2000多家发电行业重点排放单位，年排放二氧化碳超过了40亿吨，因此首先把发电行业作为首批启动行业，能够充分地发挥碳市场控制温室气体排放的积极作用。另一方面是发电行业的管理制度相对健全，数据基础比较好。因为要交易，首先要有准确的数据。排放数据的准确、有效获取是开展碳市场交易的前提。发电行业产品单一，排放数据的计量设施完备，整个行业的自动化管理程度高，数据管理规范，而且容易核实，配额分配简便易行。从国际经验看，发电行业是各国碳市场优先选择纳入的行业。既然发电行业二氧化碳排放量大、煤炭消费多，所以该行业首先纳入可以同时起到减污降碳协同的作用。2023年3月15日，生态环境部印发了《2021、2022年度全国碳排放权交易配额总量设定与分配实施方案（发电行业）》，与2019、2020年度相比，2021、2022年度配额方案在整体保持政策的延续性和稳定性的同时，就配额管理的年度划分、平衡值、基准值、修正系数等方面作出了优化。

（2）发电、水泥、电解铝行业碳排放核算、核查指南

碳排放核查是根据核算、核查的相关技术规范，对重点排放单位报告的温室气体排放量及其相关信息、数据质量控制计划进行全面核实、查证的过程，碳排放核查结果是配额分配与清缴的重要依据。出台核查核算指南对于规范发电行业碳排放核查具有积极意义。《企业温室气体排放核算与报告指南　发电设施》明确了采样、制样、化验需遵循的标准和要求，但因目前核查机构对采样、制样的核查存在滞后性，难以及时发现企业在采样、制样过程的问题。《企业温室气体排放核查技术指南　发电设施》（以下简称《核查指南》）规定了核查机构要核查和判断排放单位的采、制、化是否符合相关标准和要求。考虑到目前核查机构普遍缺少采、制、化相关知识和经验，为降低核查难度和风险，提高排放单位的采、制、化规范性，《核查指南》细化了对煤的采、制、化的核查要求，规定了核查组通过查、问、看、验对燃煤采、制、化规范性核查的具体方法和步骤。

① 完善制度体系，满足提升全国碳市场数据质量的需要。以发电行业为例，根据核查数据评审，2021年度完成核查的发电企业约80%出现经核查后的排放量与初始排放报告的排放量不一致的情况。报告前后不一致的主要参数包括元素碳含量、供热比、供电量、燃煤消耗量等。实践证明，碳排放报告核查工作有力保障了全国碳市场数据质量，而出台针对发电行业的《核查指南》则是对核查工作的进一步规范化指导。《核查指南》是全国碳市场制度体系中的重要组成部分，可为科学开展发电行业碳排放核查提供政策保障，进一步提升全国碳市场数据质量。

② 统一行业理解，满足精准指导核查活动的需要。在发电日常监管中，发现部分核查机构仍存在对部分问题的理解不统一、工作程序不符合规定、核查报告质量差、核查履职不到位、核查结论失实以及核查程序不合规等问题。因此，有必要对发电行业核查提供精准指导，针对每个参数明确统一规范的核查工作流程，进而切实提高核查工作质

量，统一核查人员对《企业温室气体排放核算与报告指南　发电设施》的理解，提升核查人员的核查技能。

5.3.4.2　碳排放权交易管理办法（试行）

2020年12月31日，生态环境部发布了《碳排放权交易管理办法（试行）》，定位于规范全国碳排放权交易及相关活动，规定了各级生态环境主管部门和市场参与主体的责任、权利和义务，以及全国碳市场运行的关键环节和工作要求。该管理办法将于2021年2月1日起开始实施。该办法是为落实党中央、国务院关于建设全国碳排放权交易市场的决策部署，在应对气候变化和促进绿色低碳发展中充分发挥市场机制作用，推动温室气体减排，规范全国碳排放权交易及相关活动，根据国家有关温室气体排放控制的要求而制定的法规。该办法明确了有关全国碳市场的各项定义，对重点排放单位纳入标准、配额总量设定与分配、交易主体、核查方式、报告与信息披露、监管和违约惩罚等方面进行了全面规定。

① 范围。《碳排放权交易管理办法（试行）》第二章详细规定了应纳入温室气体重点排放单位的条件：一是属于全国碳排放权交易市场覆盖行业；二是年度温室气体排放量达到2.6万吨二氧化碳当量。

② 配额。《碳排放权交易管理办法（试行）》第十四条、第十五条规定，省级生态环境主管部门根据生态环境部制定的碳排放配额总量确定与分配方案，向本行政区域内的重点排放单位分配规定年度的碳排放配额；碳排放配额分配以免费分配为主，可以根据国家有关要求适时引入有偿分配。

③ 交易。《碳排放权交易管理办法（试行）》第十七条、第二十二条规定，重点排放单位要在全国碳排放权注册登记系统开立账户，以协议转让、单向竞价或者其他符合规定的方式在全国碳排放权交易系统进行交易。

④ 核查。《碳排放权交易管理办法（试行）》第二十五条、第二十六条规定，重点排放单位应当根据生态环境部制定的温室气体排放核算与报告技术规范，编制该单位上一年度的温室气体排放报告，载明排放量，并于每年3月31日前报生产经营场所所在地的省级生态环境主管部门；省级生态环境主管部门应当组织开展对重点排放单位温室气体排放报告的核查，并将核查结果告知重点排放单位。

⑤ 清缴。《碳排放权交易管理办法（试行）》第二十八条规定，重点排放单位应当在生态环境规定的时限内，向分配配额的省级生态环境主管部门清缴上年度的碳排放配额。清缴量应当大于等于省级生态环境主管部门核查结果确认的该单位上年度温室气体实际排放量。

5.3.4.3　碳排放权交易管理暂行条例

国务院公布《碳排放权交易管理暂行条例》（以下简称《条例》），自2024年5月1日起施行。制定条例是落实党的二十大精神的具体举措，也是我国碳排放权交易市场建设发展的客观需要。《条例》总结实践经验，全流程管理，重在构建基本制度框架，保障碳排放权交易政策功能的发挥。对于碳排放权的法律属性有更加清楚的界定，为全国碳排放权交易市场运行管理提供明确法律依据。这不仅推动全国碳排放权交易市场的扩容和全国碳排放交易未来绿色发展，也有利于金融业务在绿色低碳领域的延伸。

近年来，我国碳排放权交易市场建设稳步推进。2021年7月全国碳排放权交易市场上线交易。上线交易以来，全国碳排放权交易市场运行整体平稳，年均覆盖二氧化碳排放量约51亿吨，占全国总排放量的比例超过40%。截至2023年底，全国碳排放权交易市场共纳入2257家发电企业，累计成交量约4.4亿吨，成交额约249亿元，碳排放权交易的政策效应初步显现。与此同时，全国碳排放权交易市场制度建设方面的短板日益明显。此前我国还没有关于碳排放权交易管理的法律、行政法规，全国碳排放权交易市场运行管理依据国务院有关部门的规章、文件执行，立法位阶较低，权威性不足，难以满足规范交易活动、保障数据质量、惩处违法行为等实际需要，需制定专门行政法规，为全国碳排放权交易市场运行管理提供明确法律依据，保障和促进其健康发展。

《条例》的制定总结实践经验，坚持全流程管理，覆盖碳排放权交易各主要环节，避免制度空白和盲区。同时，立足我国碳排放权交易总体属于新事物、仍在继续探索的实际情况，重在构建基本制度框架，保持相关制度设计必要弹性，为今后发展留有空间。此外，针对碳排放数据造假突出问题，着力完善制度机制，有效防范惩治，保障碳排放权交易政策功能发挥。《条例》在制度内容方面则在充分吸收借鉴已有规章内容的基础上，结合党中央、国务院关于碳达峰碳中和国家目标承诺和工作部署，围绕有效控制和减少温室气体排放这一碳达峰碳中和领域的工作重点，对全国碳排放权交易市场的交易及相关活动提出了更加明确的管理要求。

① 明确宣示碳达峰碳中和国家目标。实现碳达峰碳中和既是国家层面作出的重大宣示，是主动履行国际义务、承担大国责任的重要体现，同时也是一场广泛而深刻的经济社会变革。将碳达峰碳中和明确写入《条例》，一方面，可以通过立法明确宣示碳达峰碳中和国家目标，贯彻落实党中央、国务院关于碳达峰碳中和的重大决策部署；另一方面，可以通过立法将规范碳排放权交易目标与碳达峰碳中和目标一体规定，实现立法价值目标的统一。

② 落实"积极稳妥推进碳达峰碳中和"要求。党的二十大报告提出，"积极稳妥推进碳达峰碳中和"。通过完善碳排放权交易市场机制可以有效控制和减少温室气体排放，体现我国积极推进碳达峰碳中和目标，推动经济社会发展绿色化、低碳化，参与全世界共同应对气候变化的决心。由于我国发展中国家的国情现状、自然资源状况和工业化阶段特征，还需要将推进碳达峰碳中和与我国生态环境治理、经济社会发展相衔接，有计划分步骤地进行。因此，在《条例》中确立碳排放权交易要坚持温室气体排放控制与经济社会发展相适应原则，一方面，可以适应我国现阶段经济社会发展的状况，在制定并实施碳排放权交易制度过程中考虑经济社会发展因素；另一方面，可以贯彻落实党的二十大精神，落实"积极稳妥推进碳达峰碳中和"的要求。

③ 明确对碳排放数据质量管理做出规范。真实准确的碳排放数据是碳排放权交易市场良好运行的基础。2021年全国统一碳排放权交易市场建立后，整体运行较为平稳，但碳

排放数据弄虚作假的问题较为突出。针对碳排放权交易实践中的数据质量管理问题，《条例》在规定重点排放单位如实报告碳排放数据义务、数据的原始记录和管理台账保存义务以及相关法律责任之外，还进一步规定了技术服务机构的责任和监管部门的监管职责。《条例》通过明确规定重点排放单位、监管部门、第三方机构等主体的义务和责任，加强了对碳排放数据质量的监督管理，有利于保障全国碳排放权交易市场的平稳运行。

5.3.5　碳足迹管理

2023 年 11 月，国家发展改革委等部门联合印发《关于加快建立产品碳足迹管理体系的意见》（以下简称《意见》），提出推动建立符合国情实际的产品碳足迹管理体系的总体目标，明确了工作要求、重点任务以及保障措施等，对规范有序开展国家碳足迹管理工作、有效应对欧美涉碳贸易壁垒冲击、加快生产和消费绿色低碳转型、助力实现碳达峰碳中和目标都具有重要意义。

（1）《意见》立足产品碳足迹领域实际需求，明确工作原则和具体目标

习近平总书记作出碳达峰碳中和重大宣示以来，我国"双碳"工作取得了积极进展，在全社会各主要领域构建起碳达峰碳中和"1+N"政策体系，各项工作进入实质性推进阶段。《意见》按照党中央、国务院碳达峰碳中和重大战略决策部署，聚焦当前产品碳足迹管理体系制度不健全、方法标准不完善、背景数据库不完备等问题，提出了建立符合国情实际的产品碳足迹管理体系的主要原则、近中期建设目标和重点工作任务。

规则标准优先序方面，《意见》提出按照急用先行的原则，优先制定出台现阶段市场需求强烈、供应链带动作用明显的产品碳足迹核算规则标准，这既是全球主要经济体建设产品碳足迹管理制度的通行做法，也将帮助我国外贸企业及时有效应对欧盟碳边境调节机制等贸易限制措施冲击。政府与市场关系方面，《意见》提出坚持"政府引导，市场为主"的原则，强调碳足迹管理相关举措将由企业依照自愿原则决定是否实施，政府部门将加快建立健全相关法规制度和管理机制，构建公平有序的市场环境。创新管理机制方面，《意见》强调创新是碳足迹管理水平提升的关键要素，提出加强碳足迹核算和数据库构建相关技术方法的原始创新、集成创新和消化吸收再创新，利用大数据、区块链、物联网等前沿技术不断提升数据质量。国内国际统筹方面，《意见》提出要在坚持以我为主的前提下，主动加强与国际相关方沟通对接、促进国内外规则衔接互认，助力国内碳足迹核算规则标准获得国际认可，有力支撑国内绿色低碳产品"走出去"，有效降低我外贸企业经营成本。

《意见》提出了近期和中期建设目标，聚焦重点产品碳足迹核算规则、重点行业碳足迹背景数据库以及国家产品碳标识制度的建立等，为全国碳足迹管理体系建设提出明确目标，相关目标举措尊重客观实践规律，符合实际工作需要，高度契合国家双碳"1+N"政策体系相关部署要求。

（2）《意见》系统部署各项重点任务，具备较强的针对性和实操性

《意见》聚焦我国产品碳足迹管理政策的短板弱项，系统部署了核算规则标准、背景数据库、碳标识认证制度、碳足迹应用场景、国际衔接互认5个方面重点任务。

① 制定产品碳足迹核算规则标准。针对目前产品碳足迹核算规则标准不完善的现状，由行业主管部门综合研究提出拟优先制定核算规则标准的重点产品名单，指导有关行业协会、企业、科研院所等研究制定产品碳足迹核算规则，并由主管部门发布产品碳足迹核算规则标准采信清单，为企业和第三方机构提供统一规范的核算方法。

② 加强产品碳足迹背景数据库建设。针对目前碳足迹领域背景数据库以国际供应商为主、国内数据库建设尚处于起步阶段的实际，《意见》明确行业主管部门和有条件的地区可根据工作需要开展相关行业背景数据库建设。在特定行业领域，鼓励行业协会、企业、科研单位等依法合规发布细分产品碳足迹背景数据库。此外，考虑到目前国际数据库普遍高估我国电力排放因子等背景数据，《意见》提出鼓励国际数据库与国内运营主体开展合作，据实更新相关背景数据的任务要求。

③ 建立产品碳标识认证制度。《意见》首次提出将在国家层面建立统一规范的产品碳标识认证制度，明确碳足迹适用范围、标识式样、认证流程、管理要求等，鼓励企业按照市场化原则自愿开展碳标识认证，引导其在产品或包装物、广告等位置标注和使用碳标识。建立碳足迹认证制度有助于规范碳标识管理流程、促进绿色低碳消费，将对提升重点产品能效碳效、提高全社会节能降碳意识发挥重要作用。

④ 丰富产品碳足迹应用场景。《意见》要求进一步丰富产品碳足迹在企业供应链管理、节能降碳诊断、政府采购等领域的应用场景，充分发挥产品碳足迹对企业绿色低碳转型的促进作用。鼓励大型商场和电商平台开展电子产品、家用电器和汽车等大宗消费品碳标识应用试点，通过多种渠道推广使用碳标识，进一步丰富产品碳足迹的应用场景。待产品碳足迹管理制度相对成熟后，可考虑将碳足迹管理相关要求纳入政府采购需求标准，引导公共机构加大碳足迹较低产品的采购力度，进一步树立节能降碳导向。

⑤ 推动碳足迹国际衔接互认。实现碳足迹互认是支撑国内企业顺利开展国际贸易的必要保障。碳足迹领域国际合作要坚持以我为主，充分发挥双多边对话机制作用，利用国内超大规模市场优势和产业完备的配套优势，推动与主要贸易伙伴在碳足迹核算方法和认证规则方面衔接互认。在标准制定方面，《意见》提出要积极参与国际碳足迹标准规则制修订，加强对国际制度规则的跟踪研究，结合实际将有关国际标准有序转化为国内标准。

（3）加强工作统筹，确保产品碳足迹管理目标任务取得实效

产品碳足迹管理体系建设工作覆盖范围广、涉及行业多、社会影响大，需要在推进过程中聚焦关键环节和重点任务，加强工作统筹协调，明确任务责任分工，制定完善基础制度，有力有序推进各项重点工作。

保障措施方面，《意见》从支持政策、能力建设、数据质量、知识产权保护等方面提出了具体工作要求：

① 健全支持政策。行业主管部门将加强碳足迹核算规则标准的研制和背景数据库建设，鼓励社会资本参与商用数据库建设，支持金融机构逐步建立以产品碳足迹为导向的企业绿色低碳水平评价制度。

② 加强能力建设。有关部门将研究组建产品碳足迹管理专家工作组，组织行业协会、企业机构等规范有序开展工作培训，加强行业机构自身能力建设，全面提升从业人员专业水平。

③ 提升数据质量。加强碳足迹数据质量计量保障体系建设，鼓励使用大数据、5G等现代信息技术加快碳足迹背景数据库建设，持续提升碳足迹数据质量与数据采样即时性。引入信用惩戒和退出机制，加强对第三方机构的监管。

④《意见》还对加强碳足迹领域的知识产权保护工作提出细化要求。

组织实施方面，《意见》从加强统筹协调、明确职责分工、鼓励先行先试等方面提出任务要求。国家发展改革委将加强工作调度协调，会同有关部门按职责分工扎实推进重点任务。支持粤港澳大湾区碳足迹试点工作加快形成有益经验和制度成果，为国家及其他地区开展碳足迹管理体系建设提供借鉴。《意见》还提出，鼓励有条件的地方在国家已出台的碳足迹标准规则名录以外，开展地方特色产品碳足迹核算规则研究和标准研制，条件成熟的可适时纳入国家产品碳足迹管理体系。

5.4 新时期环境经济制度发展挑战和趋势

5.4.1 新时期环境经济制度发展挑战

总体来看，环境经济政策为深入打好污染防治攻坚战持续提供动力保障，有效支撑并服务了高质量发展，助力美丽中国建设加快推进。在实现"双碳"目标背景下，环境经济政策的范围进一步拓展到减污降碳协同，国际上碳减排政策新形势也对我国在基于WTO国际贸易规则框架下，如何发挥市场经济政策手段作用以有效应对提出了新诉求。党的十八大报告将"生态文明建设"列入中国特色社会主义事业"五位一体"总体布局之中，资源和经济的和谐发展是资源环境经济研究的热点之一。经过长期过度开采，许多资源型城市面临一系列环境、生态问题。在全球气候变暖、新时代谋求高质量发展背景下，资源型城市走绿色转型、低碳转型的道路势在必行。资源型城市低碳转型的效率和基于低碳转型视角分析资源型城市产业转型、经济发展路径成为资源型城市转型研究的重要领域。资源型城市问题有着多元性，经济转型与政治、经济、文化、人口等有着密不可分的关系，发展低碳经济不仅仅是我国经济社会发展的需求，更是发展循环经济和实现可持续发展的必然要求。

部分政策的功能尚未充分发挥。世界范围内亟待寻求新的产业引擎。倡导和推广绿色经济，各国纷纷颁布绿色新政，中国也先后实施了绿色信贷、绿色保险、绿色证券以及碳交易等一系列绿色金融制度。但总体来看，这些政策功能尚未得到充分发挥，原因较为复杂，既因为相关金融企业或部门对绿色发展的决心和认识不够，也和中国节能环保产业自身发展不成熟、盈利性不高有关，还有部分原因在于宏观政策不到位。例如，排污权的强制性减排约束以及后期的绩效考核与奖惩机制等问题均未得到实质性解决。现有环境保护税在征税对象、污染物种类、征收标准等方面仍需优化。依据《中华人民共和国环境保护税法》，中国"向环境排放应税污染物的企业事业单位和其他生产经营者为环境保护税的纳税人"，这意味着中国的环境保护税将主要针对工业源污染物排放，对生活源污染物影响有限。即便在工业源污染物方面，中国环境保护税主要是依据废水、废气、固体废物、噪声等主要污染物类型及其相应污染物中的危险成分制定征收标准，而没有考虑不同行业的污染物排放量，特别是行业产品的供给价格弹性和需求价格弹性，因为排污单位根据其产品供求弹性的大小能够不同程度转嫁环境税负，进而影响环境税对企业生产和排污决策的效力。

5.4.2 新时期环境经济制度发展趋势

40多年来，随国家经济实力不断增强、环境保护重点工作调整以及环保产业市场逐渐成熟，中国环保投资政策由行政规制为主向市场激励为主、由单一投资向多元投资、由数量为主向量质并重方向演化。

建立基于环境绩效的财政资金分配机制。按照中共中央、国务院《关于全面实施预算绩效管理的意见》，全面建立大气污染防治、土壤污染防治、农村环境整治、重点生态保护修复治理等专项资金绩效评价制度，对财政专项资金支持的项目开展常态化的绩效评价，提高资金使用效益。建立基于绩效的专项资金分配机制与奖惩机制，在环境保护专项资金分配中建立竞争立项与因素分配相结合的资金分配方式，将项目实施成效与地方资金安排、项目投资补助额度、竞争立项等挂钩，建立联动机制，对超额完成治理目标的给予奖励，未完成目标的扣回财政资金或削减以后年度预算。

整合现有各项环境经济政策，强化政策手段的组合调控。相比于传统环境经济学单一性、分离性和目标函数一元化的研究范式，面向美丽中国建设的环境经济学更注重一体性、协同性基础上的目标函数多元化，以推进环境经济政策在生态文明建设与生态环境保护工作中发挥更大政策作用。从重点环境经济政策创新方向来看，环境财政政策需要进一步加强引导支持力度，逐步健全生态环境质量改善的财政资金绩效与项目库机制。环境资源价格政策改革需要持续深化，在绿色低碳发展和深度推进结构调整中发挥更加重要的市场信号引导和激励作用。绿色税收政策需要研究碳税的可行性，在进一步发挥好环境保护税政策作用的同时，持续深化环境保护相关税收政策改革，进一步促进税收的绿色化。绿色金融政策需要在统一标准、运行机制、风险管控等方面进一步强化。行业环境经济政策需要针对行业的特征，在细分政策领域下功夫，在名录清单、产业链与供应链的绿色低碳转型政策方面进一步突破。环境与贸易政策需要强化内外协同，衔接好我国的全面绿色低碳发展转型战略。

虽然我国财税、补贴、补偿、金融等环境经济政策在生态环境保护工作中发挥的作用越来越显著，生态环境开发、利用、保护和改善的市场经济政策长效机制在逐步健全，但是与"双碳"目标、结构调整、质量改善、多元治理等需求依然存在政策供给不足，经济政策未充分实现对生态环境开发利用、保护和改善的全方位调控，支撑服务全面绿色低碳发展转型的政策供给力度还有待加强。随着我国生态环境保护工作的不断深入推进，多阶段、多领域、多类型的生态环境问题交织，需要更加强调环境经济政策的科学性、经济性和制度化建设，需要进一步理顺行政和市场手段这两只"看得见的手"和"看不见的手"之间的关系，加大环境经济政策创新力度，实施系统设计、综合调控、集成应用，在国家环境治理体系和治理能力现代化建设中发挥重要作用。

参考文献

[1] 国务院. 中华人民共和国环境保护税法实施条例[Z]. 2017-12-25.

[2] 范欣宇. 2023年我国排污权交易市场进展情况和政策建议[EB/OL]. 中央财经大学绿色金融国际研究院. 2024-02-20. https://iigf.cufe.edu.cn/info/1012/8430.htm.

[3] 刘君. 青海省排污权交易试点工作现状的调研报告[J]. 黑龙江生态工程职业学院学报, 2015, 28(6): 1-2.

[4] 生态环境部. 一图读懂|生态环境导向的开发（EOD）项目实施导则（试行）[EB/OL]. 2023. https://wzq1.mee.gov.cn/zcwj/zcjd/202401/t20240103_1060646.shtml.

[5] 生态环境部. 司法部、生态环境部负责人就《碳排放权交易管理暂行条例》答记者问[EB/OL]. 2024. https://www.mee.gov.cn/ywdt/zbft/202402/t20240205_1065855.shtml.

[6] 国家发展改革委. 国家发展改革委等部门关于加快建立产品碳足迹管理体系的意见[EB/OL]. 2023. https://www.ndrc.gov.cn/xxgk/zcfb/tz/202311/t20231124_1362231_ext.html.

[7] 林永生, 吴其倡, 袁明扬. 中国环境经济政策的演化特征[J]. 中国经济报告, 2018(11): 39-42.

[8] 陈彪, 张倩倩, 朱清. 中国资源环境经济研究现状、热点与趋势——基于CiteSpace的可视化分析[J]. 中国国土资源经济, 2023, 36(2): 55-64.

[9] 程亮, 陈鹏, 刘双柳, 等. 中国环境保护投资进展与展望[J]. 中国环境管理, 2021, 13(5): 119-126.

[10] 徐顺青, 程亮, 陈鹏等. 我国生态环境财税政策历史变迁及优化建议[J]. 中国环境管理, 2020(3): 32-39.

[11] 董战峰, 昌敦虎, 郝春旭, 等. 全面推进美丽中国建设的环境经济政策创新研究[J]. 生态经济, 2023, 39(12): 13-18.

[12] 郝春旭, 董战峰, 程翠云, 等. 国家环境经济政策进展评估报告2022[J]. 中国环境管理, 2023, 15(2): 58-65.

[13] 董战峰, 葛察忠, 贾真, 等. 国家"十四五"生态环境政策改革重点与创新路径研究[J]. 生态经济, 2020, 36(8): 13-19.

[14] 刘帅. 发达经济体运用环境经济政策提升产能利用率的典型做法与经验借鉴[J]. 财政科学, 2023, 3(87): 108-114.

第6章
工业源清洁生产制度

□ 清洁生产内涵和意义

□ 清洁生产制度发展历程

□ 清洁生产制度体系

□ 清洁生产制度案例介绍

□ 新时期清洁生产制度发展挑战和趋势

6.1　清洁生产内涵和意义

6.1.1　清洁生产内涵

从清洁生产的定义中，不难发现清洁生产可以总结为"节能、降耗、减污、增效"八个字，"节能"是指减少水、电、蒸汽、燃油等能源消耗；"降耗"是指减少物料浪费，提高资源利用率；"减污"是指减少污染排污，降低污染物的毒害性；"增效"是指降低成本，提高工效，增加效益。

其内涵如下：

① 全过程提升：清洁生产针对生产制造的全过程，涵盖原料、工艺装备、资源能源消耗、污染物产生和综合利用以及清洁生产管理等环节。

② 持续改进：清洁生产是一个持续应用、不断改进提升的过程，而不是一次性的行为。

③ 综合效益：清洁生产关注的是全生命周期的健康、安全以及对环境的不利影响等因素，从这方面来讲清洁生产是一个整体预防的环境管理战略。

④ 多赢目标：清洁生产主张生产过程生态化的可持续性。它是一个提高生态效率，同时减少人类及环境风险的"三赢"战略。

立足新发展阶段，贯彻新发展理念，构建新发展格局，深入学习贯彻习近平生态文明思想，明确将清洁生产定位为落实节约资源和保护环境基本国策的重要举措、减污降碳协同增效的重要手段、加快形成绿色生产方式和经济社会绿色转型的有效途径。

6.1.2　清洁生产制度意义

（1）企业全过程清洁化生产的根本宗旨

从管理角度看，清洁生产审核是一套环境管理制度，是推动重点行业、重点污染源、重点风险源实现"源头削减、过程控制、末端治理"全过程污染防治的有力抓手，有助于提升工业企业清洁生产水平，进而改善环境质量。从企业角度看，清洁生产审核则是一套逻辑严谨的全过程污染防控问题排查与措施制定的技术工具，支撑企业实现环境问题的精准排查、措施的精准制定、绩效的精准分析，系统性、综合性、整体性地提升企业环保管理水平。

（2）行业转型、绿色低碳转型的必要手段

传统清洁生产审核对象为企业个体，虽然能有效促进企业个体提升清洁生产水平，但存在周期长、效率较低、覆盖面窄的问题。为进一步提高审核效能，可建立重点行业

和工业集聚区清洁生产整体审核模式，将相同行业、相同区域的企业统一组织起来，集中连片审核，形成系统化、规模化、链条式、片区式的新型审核模式，快速有效扩大清洁生产覆盖的范围并提升其水平，推动区域、行业、园区等整体转型和绿色发展，避免人力、物力重复投入和审核过程简单复制。深入推进强制性清洁生产审核工作，以"转"赋能，以"升"聚力，最终实现行业转型、绿色低碳转型。

（3）产业结构不断持续优化的重要抓手

清洁生产对推动减污降碳有协同增效作用，能助力实现碳达峰碳中和，有助于促进产业结构绿色低碳转型升级。清洁生产对全生产过程、全产业链和产品全生命周期提出绿色低碳要求，持续带动产业绿色低碳技术的研发和推广应用，推动构建绿色生产方式，促进产业转型升级，有助于减少污染物排放。清洁生产要求减少或避免生产、服务和产品使用过程中污染物的产生和排放，提升生态环境质量。自《大气污染防治行动计划》《水污染防治行动计划》《土壤污染防治行动计划》发布实施以来，通过产能结构调整、产业布局优化和实施末端治理，工业节能减排取得前所未有的成效。

（4）社会经济绿色低碳发展的核心工具

清洁生产强调使用清洁低碳能源，通过不断改善管理和技术进步，实现从源头到末端全流程节能降碳。清洁生产的持续推进能够有力促进各领域能源利用效率提升，有助于推动全社会节能降碳。清洁生产通过创新和改造生产工艺，实现传统产业生产过程清洁化、能源消耗低碳化、资源利用高效化、"三废"处理循环化，可促进当地经济的发展，成为经济绿色低碳发展的必然选择。

6.2 清洁生产制度发展历程

我国清洁生产的形成和发展可以概括为四个阶段：第一阶段，从1973年到1992年，为清洁生产理念的形成阶段；第二阶段，从1993年到2002年，为清洁生产推行阶段；第三阶段，从2003年到2019年，清洁生产进入环境管理制度阶段；第四阶段，从2020年至今，从清洁生产制度深入阶段进入清洁生产制度创新阶段。

（1）清洁生产理念的形成阶段（1973～1992年）

清洁生产起源于1960年的美国化学行业污染预防审计。"清洁生产"一词最早可以追溯到1976年，当时的欧共体在巴黎举行了"无废工艺和无废生产国际研讨会"，会上提出"消除造成污染的根源"的思想。1979年4月，欧共体理事会宣布实施清洁生产政策。联合国环境规划署（UNEP）是负责统筹清洁生产的部门。联合国环境规划署成立于

1972年，总部位于肯尼亚首都内罗毕，是联合国系统内负责全球环境事务的牵头部门和权威机构。1973年，我国制定了《关于保护和改善环境的若干规定》。该规定提出要努力改革生产工艺，不生产或少生产废气、废水和废渣，加强管理，消除"跑、冒、滴、漏"的现象，提出了"预防为主，防治结合"的治污方针。这是我国最早的关于清洁生产的法律规定。但是，由于当时缺乏完整的法规、制度和操作细则，加之计划经济体制对资源分配和产品销售价格的统一管制，企业仅对生产计划负责，因此这一方针并未得到有效贯彻和执行。

20世纪80年代，随着环境问题的日益严重，我国又提出消除"三废"的根本途径是技术改造，要通过技术改造把"三废"的数量降到最低。1983年，国务院颁发了《关于结合技术改造防治工业污染的几项规定》，其中就提到"对现有工业企业进行技术改造时，要把防治工业污染作为重要内容之一，通过采用先进的技术和设备，提高资源、能源的利用率，把污染物消除在生产过程之中"。这个规定中的一些内容已经体现了清洁生产的思想。1985年，国务院批转国家经委《关于开展资源综合利用若干问题的暂行规定》（国发〔1985〕117号），对企业开展资源综合利用规定了一系列的优惠政策和措施，并附有资源综合利用的具体名录。该规定的颁布，标志着我国政府在总结环境保护工作和经济建设中的经验教训后提出了持续发展的战略思想。1989年，联合国环境规划署提出推行清洁生产的行动计划后，清洁生产的理念和方法开始引入我国，我国政府做出了积极回应，有关部门和单位开始研究如何在我国推行清洁生产。1992年5月，我国举办了第一次国际清洁生产研讨会，推出了"中国清洁生产行动计划（草案）"。同年月，国务院制定了《中国环境与发展十大对策》，提出"在新建、改建、扩建项目时技术起点要高，尽量采用能耗、物耗小，污染物排放量少的新工艺"。

（2）清洁生产推行阶段（1993～2002年）

1993年10月，在上海召开的第二次全国工业污染防治工作会议上，国务院、国家经贸委及国家环保局的领导提出了清洁生产的重要意义和作用，明确了清洁生产在我国工业污染防治中的地位。1994年3月，国务院常务会议讨论通过了《中国21世纪议程——中国21世纪人口、环境与发展白皮书》，专门设立了"开展清洁生产和生产绿色产品"这一优先领域。1994年12月，国家环保局成立了"国家清洁生产中心"。1995年，国家修改并颁布了《中华人民共和国大气污染防治法（修正）》，条款中规定："企业应当优先采用能源利用率高、污染物排放量少的清洁生产工艺，减少大气污染物的产生"，并要求淘汰落后的工艺设备。1996年8月，国务院颁布了《关于环境保护若干问题的决定》，明确规定所有大、中、小型新建、扩建、改建和技术改造项目，要提高技术起点，采用能耗物耗小、污染物排放量少的清洁生产工艺。1997年4月，国家环保局制定并发布了《关于推行清洁生产的若干意见》，要求各级环境保护行政主管部门将清洁生产纳入日常环境管理中，并逐步与各项环境管理制度有机结合起来。为指导企业开展清洁生产工作，国家环保局还同有关工业部门编制了《企业清洁生产审计手册》以及啤酒、造纸、有机化工、电镀、纺织等行业的清洁生产审计指南。1997年，召开了"促进中国环境无害化技术发展国际咨询研讨会"。1998年10月，国家环保总局副局长王心芳代表我国政府在《国际清洁生产宣言》上郑重签字，我国成为《宣言》的第一批签字国之一。1998年，全国人大九届二次会议上所作的《政府工作报告》中，明确提出了"鼓励清洁生产"的主张。1999年，全国人大环境与资源保护委员会将《清洁生产法》的制定列入立法计划。1999年5月，国家经贸委发布了《关于实施清洁生产示范试点计划的通知》，选择北京、上海等10个试点城市和石化、冶金等5个试点行业开展清洁生产示范和试点。与此同时，陕西、辽宁、江苏、山西、沈阳等许多省市也制定和颁布了地方性的清洁生产政策和法规。2000年，国家经贸委公布《国家重点行业清洁生产技术导向目录》（第一批）2002年6月29日，九届全国人大常委会第二十八次会议通过了《中华人民共和国清洁生产促进法》后简称《清洁生产促进法》。

（3）清洁生产进入环境管理制度阶段（2003～2019年）

2003年1月1日起《清洁生产促进法》正式施行。为了落实《清洁生产促进法》，2023年2月27日，国家经贸委、国家环保总局公布了《国家重点行业清洁生产技术导向目录》（第二批）；2003年4月4日，国家环保总局发布了《关于贯彻落实〈清洁生产促进法〉的若干意见》。2003年12月17日，国务院办公厅转发了由国家发改委、国家环保总局等11部门发布的《关于加快推行清洁生产的意见》。2004年8月，国家发改委、国家环境保护总局发布《清洁生产审核暂行办法》（第16号令），明确清洁生产审核分为自愿性审核和强制性审核。2005年12月，国家环保总局印发《重点企业清洁生产审核程序的规定》，标志着强制性清洁生产审核已经有章可依、有规可循。2006年，国家发改委公布了关于《国家重点行业清洁生产技术导向目录》（第三批）。2007年底，国家发改委会发布了包装、纯碱、电镀、电解、火电、轮胎、铅锌、陶瓷和涂料等行业的《清洁生产评价指标体系（试行）》。2008年7月1日，环境保护部（简称环保部）发布了《关于进一步加强重点企业清洁生产审核工作的通知》（环发〔2008〕60号）以及《重点企业清洁生产审核评估、验收实施指南（试行）》。环保部先后发布了2008年度、2010年度和2012年度《国家先进污染防治技术示范名录》和《国家鼓励发展的环境保护技术目录》的通知。2009年10月31日，环保部发布了《关于贯彻落实抑制部分行业产能过剩和重复建设引导产业健康发展的通知》（环发〔2009〕127号）。2010年4月，环保部发布了《关于深入推进重点企业清洁生产的通知》（环发〔2010〕54号）。2011年5月17日，国家发改委办公厅、财政部办公厅印发了《循环经济发展专项资金支持餐厨废弃物资源化利用和无害化处理试点城市建设实施方案》的通知。2012年2月29日，第十一届全国人民代表大会常务委员会第二十五次会议通过了《全国人民代表大会常务委员会关于修改〈中华人民共和国清洁生产促进法〉的决定》，自2012年7月1日起施行。2012年6月，国家发改委发布了《国家鼓励的循环经济技术、工艺和设备名录（第一批）》。该名录涉及减量化、再利用与再制造、废物资源化利用、产业共生与链接四个方面，共42项重点循环经济技术、工艺和设备。

2013年6月，国家发改委等发布了《清洁生产评价指标体系编制通则》（试行稿）。2014年9月，为完善清洁生产技术支撑文件体系，加快推进清洁生产评价指标体系的整合修编进程，国家发改委会同环境保护部、工业和信息化部研究制定了《清洁生产评价指标体系制（修）订计划（第一批）》。2015年10月，国家发改委修编了《平板玻璃行业清洁生产评价指标体系》《电镀行业清洁生产评价指标体系》《铅锌采选业清洁生产评价指标体系》《黄磷工业清洁生产评价指标体系》，制定了《生物药品制造业（血液制品）清洁生产评价指标体系》。2016年5月，为落实《中华人民共和国清洁生产促进法》（2012年），进一步规范清洁生产审核程序，更好地指导地方和企业开展清洁生产审核，发布了修订后的《清洁生产审核办法》，并于2016年7月1日起正式实施。2017年7月，整合修编了《制革行业清洁生产评价指标体系》，制定了《环氧树脂行业清洁生产评价指标体系》《1,4-丁二醇行业清洁生产评价指标体系》《有机硅行业清洁生产评价指标体系》《活性染料行业清洁生产评价指标体系》。2018年12月，整合修编了《钢铁行业（烧结、球团）清洁生产评价指标体系》《钢铁行业（高炉炼铁）清洁生产评价指标体系》《钢铁行业（炼钢）清洁生产评价指标体系》《钢铁行业（钢延压加工）清洁生产评价指标体系》《钢铁行业（铁合金）清洁生产评价指标体系》《再生铜行业清洁生产评价指标体系》《电子器件（半导体芯片）制造业清洁生产评价指标体系》《合成纤维制造业（氨纶）清洁生产评价指标体系》《合成纤维制造业（锦纶6）清洁评价指标体系》《合成纤维制造业（聚酯涤纶）清洁生产评价指标体系》《合成纤维制造业（维纶）清洁生产评价指标体系》《合成纤维制造业（再生涤纶）清洁评价指标体系》《再生纤维素纤维制造业（粘胶法）清洁生产评价指标体系》《印刷业清洁生产评价指标体系》14个行业清洁生产评价指标体系文件。2019年8月，制定了《煤炭采选业清洁生产评价指标体系》《硫酸锌行业清洁生产评价指标体系》《锌冶炼业清洁生产评价指标体系》《污水处理及其再生利用行业清洁生产评价指标体系》《肥料制造业（磷肥）清洁生产评价指标体系》5个行业清洁生产评价指标体系。

（4）清洁生产制度创新阶段（2020年至今）

2020年10月，生态环境部发布了《关于深入推进重点行业清洁生产审核工作的通知》，积极推进清洁生产审核模式创新。2021年10月，国家发改委联合生态环境部印发了《"十四五"全国清洁生产推行方案》（发改环资〔2021〕1524号），要求大力推行重点领域清洁生产，推动实现减污降碳协同增效。为强化清洁生产在重点行业、重点区域减污降碳和产业升级改造中的重要作用，结合地方开展清洁生产审核创新需求，2022年生态环境部发布了《关于推荐清洁生产审核创新试点项目的通知》。2022年1月，生态环境部等三部门发布了关于印发《国家清洁生产先进技术目录（2022）》的通知，目录旨在充分发挥清洁生产在深入打好污染防治攻坚战和推动实现碳达峰碳中和目标中的重要作用，目录包括钢铁烧结烟气内循环减污降碳协同技术、活性染料染色残液络合萃取盐水再生利用技术等20项技术，进一步凸显了减污降碳的必然要求。

6.3 清洁生产制度体系

经过几十年发展，清洁生产推行制度体系基本建立，涵盖《中华人民共和国清洁生产促进法》、清洁生产标准体系和清洁生产审核制度等内容，其中清洁生产标准体系主要包括了清洁生产评价指标体系和清洁生产审核指南两大类。前者是为评判企业清洁生产水平量化考核指标体系，后者则是为企业开展清洁生产审核工作提供的技术方法。目前国内已发布实施钢铁、火电等55个行业清洁生产评价指标体系和四批清洁生产先进技术目录，为实现我国绿色低碳发展提供了重要保障。

6.3.1 清洁生产促进法

自20世纪90年代引入清洁生产理念后，我国先后经历了以企业层面清洁生产审核示范为主的宣传推广阶段、以清洁生产政策示范等项目为代表的政策研究和建立阶段以及以《中华人民共和国清洁生产促进法》（以下简称《清洁生产促进法》）颁布为标志的全面推进阶段，逐步形成以专门法为引领、部门和地方规章为支撑的法规政策体系以及自上而下的政策推动模式。经过多年发展，我国清洁生产推进在机构设置、人才培养、市场培育、工具开发、审核推进和技术提升方面做了大量工作，取得了令人瞩目的成就。《清洁生产促进法》自颁布实施以来，学术界对法律实施过程中的问题研究持续不断，有效推动了法律的修正。2012年修正后的《清洁生产促进法》对部门权责分工、清洁生产审核范围等进行规定，但是依然存在可操作性不强、激励措施不到位等问题。特别是党的十八大以来，绿色发展成为新时期国家发展的战略目标，环境管理从总量控制转向质量改善，党的十九大报告强调"要加快生态文明体制改革，建设美丽中国"，并明确将壮大清洁生产产业作为推进绿色发展的重要任务之一，全社会对清洁生产推行的广度和深度有了更高的需求，对《清洁生产促进法》修订的呼声逐渐升高。

《清洁生产促进法》于2002年6月29日由第九届全国人民代表大会常务委员会第二十八次会议通过，于2003年1月1日施行。这是一部从源头削减污染和生产全过程控制污染的法律，是对传统末端污染治理方式的根本性转变，也是对传统生产方式和发展模式的根本变革。

《清洁生产促进法》作为推进清洁生产的基本法，在当时颁布、实施对我国清洁生产推进起了很大的促进作用。总体来说清洁生产经过十几年的推进，已经有了很大的进展，初步建立了较完善的清洁生产法律法规体系、清洁生产推进技术支撑体系、重点企业清洁生产推进机制。但是在《清洁生产促进法》实施八年后，在国家经济发展进入"十二五"规划之际，《清洁生产促进法》已经不能够做到与时俱进。一是《清洁生产促进法》中承担清洁生产组织、协调职能的经济贸易主管部门几经变更，工业和通信业清洁生产职能已经划入工信部职责范围，亟须在《清洁生产促进法》中予以明确各部委在清洁生产推进中的职责。二是我国加快转变经济发展方式、优化产业结构的战略需求对清洁生产工作提出了更高的要求，有必要总结、剖析多年来清洁生产推进中的经验和得失，在《清洁生产促进法》中完善清洁生产鼓励、引导政策，完善重点企业清洁生产审核制度，建立从根本上能有效推动清洁生产的激励机制、问责机制、监督检查机制等制度。因此，修改《清洁生产促进法》势在必行。

2012年2月29日，第十一届全国人民代表大会常务委员会第二十五次会议通过了《关于修改〈中华人民共和国清洁生产促进法〉的决定》，并于2012年7月1日起正式施行，这是中国清洁生产发展进程中的一个重要里程碑，标志着源头预防、全过程控制的战略已经融入经济发展综合策略中，必将对我国推进清洁生产、促进经济发展方式转变和环境改善产生深远影响。

新修正的《清洁生产促进法》共6章40条，较修正前的《清洁生产促进法》章节上没有改变，由原来的42条变成40条。虽然法律的总体结构、大部分章节条款没有多大变动，但新增了多项推进清洁生产的法律规定，在许多方面有新的、重大的突破。

（1）明确国家建立清洁生产推行规划制度

修正前的《清洁生产促进法》过于宽松，清洁生产规划只是由"县级以上人民政府的经济贸易行政主管部门"制定，这些规划仅有指导性，没有约束性，法律效力不强。此次修改，中国政府通过法律形式首次明确由"国家建立清洁生产，推行规划制度"，未来清洁生产将上升为国家战略，并由法律保证国家规划的刚性约束力，这是一个创新也是一项突破。

新修正的《清洁生产促进法》第八条规定："国务院清洁生产综合协调部门会同国务院环境保护、工业、科学技术部门和其他有关部门，根据国民经济和社会发展规划及国家节约资源、降低能源消耗、减少重点污染物排放的要求，编制国家清洁生产推行规划，报经国务院批准后及时公布。"

"国家清洁生产推行规划应当包括：推行清洁生产的目标、主要任务和保障措施，按照资源能源消耗、污染物排放水平确定开展清洁生产的重点领域、重点行业和重点工程。""国务院有关行业主管部门根据国家清洁生产推行规划确定本行业清洁生产的重点项目，制定行业专项清洁生产推行规划并组织实施。""县级以上地方人民政府根据国家清洁生产推行规划、有关行业专项清洁生产推行规划，按照本地区节约资源、降低能源消耗、减少重点污染物排放的要求，确定本地区清洁生产的重点项目，制定推行清洁生产的实施规划并组织落实。"

此条款在原条款基础上进行了很大的调整。一是明确国务院清洁生产综合协调部门会同国务院环境保护、工业、科学技术部门和其他有关部门，根据国民经济和社会发展规划及国家节约资源、降低能源消耗、减少重点污染物排放的要求，编制国家清洁生产推行规划。二是提出了国家清洁生产推行规划应当包含的两项内容：推行清洁生产的目标、主要任务和保障措施；按照资源能源消耗、污染物排放水平确定开展清洁生产的重点领域、重点行业和重点工程。三是提出国务院有关行业主管部门根据国家清洁生产推行规划的要求，确定本行业清洁生产的重点项目，制定行业专项推行规划并组织实施的职责。四是强化了有关地方人民政府推行清洁生产的职责等。

（2）明确规定建立清洁生产财政资金

目前引导清洁生产的激励措施不足，财政专项资金分散在各个部门，没有形成促进清洁生产的合力。中央财政资金仅用于工业和通信业领域，且资金规模小，项目少，不能满足工作的需要，多数省市尚未建立资金引导机制，造成清洁生产工作推行缓慢。针对上述问题，新修正的《清洁生产促进法》规定国家设立中央财政清洁生产资金。不仅如此，地方政府财政也要安排此专项资金。

新修正的《清洁生产促进法》第九条规定："中央预算应当加强对清洁生产促进工作的资金投入，包括中央财政清洁生产专项资金和中央预算安排的其他清洁生产资金，用于支持国家清洁生产推行规划确定的重点领域、重点行业、重点工程实施清洁生产及其技术推广工作，以及生态脆弱地区实施清洁生产的项目。中央预算用于支持清洁生产促进工作的资金使用的具体办法，由国务院财政部门、清洁生产综合协调部门会同国务院有关部门制定。""县级以上地方人民政府应当统筹地方财政安排的清洁生产促进工作的资金，引导社会资金，支持清洁生产重点项目。"

（3）首次将"强制性清洁生产审核"写入法律

"强制性清洁生产审核"的概念是在2004年国家发展改革委和国家环保总局联合印发的《清洁生产审核暂行办法》中首次提出的，该办法第一次依据《清洁生产促进法》的精神明确提出了强制性清洁生产审核，明确清洁生产审核分为自愿性审核和强制性审核，并对清洁生产审核范围、审核程序、咨询服务机构的条件、方案落实、奖励和处罚等方面做了规定。2005年国家环保总局发布了《重点企业清洁生产审核程序的规定》（环发〔2005〕151号），进一步规范了重点企业强制性清洁生产审核程序。本次修正首次把"强制性清洁生产审核"明确地写入了《清洁生产促进法》，规定了三类企业实施强制性清洁生产审核，增强了法律的强制性。

（4）强化和完善了企业清洁生产审核制度

修正前的《清洁生产促进法》对政府及其部门对企业实行强制性清洁生产审核的监督责任未作规定，使得法律颁布实施以来，企业实行清洁生产审核的比例较低。强化和完善企业清洁生产审核制度，是社会有关各方普遍关注的问题，也是此次法律修改的重点内容之一。新修正的《清洁生产促进法》第二十七条规定："企业应当对生产和服务过程中的资源消耗以及废物的产生情况进行监测，并根据需要对生产和服务实施清洁生产审核。有下列情形之一的企业，应当实施强制性清洁生产审核：一是污染物排放超过国家或者地方规定的排放标准，或者虽未超过国家或者地方规定的排放标准，但超过重点污染物排放总量控制指标的；二是超过单位产品能源消耗限额标准构成高耗能的；三是使用有毒、有害原料进行生产或者在生产中排放有毒、有害物质的。"

污染物排放超过国家或者地方规定的排放标准的企业，应当按照环境保护相关法律的规定治理。实施强制性清洁生产审核的企业，应当将审核结果向所在地县级以上地方人民政府负责清洁生产综合协调的部门、环境保护部门报告，并在本地区主要媒体上公布，接受公众监督，但涉及商业秘密的除外。县级以上地方人民政府有关部门应当对企业实施强制性清洁生产审核的情况进行监督，必要时可以组织对企业实施清洁生产的效果进行评估验收，所需费用纳入同级政府预算。承担评估验收工作的部门或者单位不得向被评估验收企业收取费用。实施清洁生产审核的具体办法，由国务院清洁生产综合协调部门、环境保护部门会同国务院有关部门制定。

这次法律第二十七条款的修改重点强化了几个方面。

① 扩大了对企业实施强制性清洁生产审核范围，将超过单位产品能源消耗限额标准构成高耗能的企业列入了强制性审核范围。

② 与环境保护相关法律的衔接，明确污染物排放超过国家和地方规定的排放标准的企业，按照环境保护相关法律规定治理。这既促使企业通过强制性清洁生产审核从源头和生产全过程分析原因，查找症结，也明确了按照环境保护相关法律规定进行治理，保持了法律间的衔接。

③ 充分发挥社会监督作用，明确要求实施强制性清洁生产审核的企业，应当将审核结果向所在地县级以上地方人民政府负责清洁生产综合协调的部门、环境保护部门报告，并在本地区主要媒体上公布，接受公众监督，但涉及商业秘密的除外。

④ 强化了政府有关部门对企业实施强制性清洁生产审核的监督责任。同时规定实施强制性清洁生产审核所需费用纳入同级政府预算。

⑤ 在规范强制性审核的同时鼓励企业自愿实施清洁生产。

（5）强化了法律责任

修正前的《清洁生产促进法》强制性条款太少，强制性较弱，法律责任难落实，企业违法成本低。对企业不实施清洁生产的行为，相关处罚规定是较弱的。为增强法律的强制性，新修正的《清洁生产促进法》进一步强化了三方面的法律责任：

一是强化了政府有关部门不履行职责的法律责任。第三十五条规定："清洁生产综合协调部门或者其他部门未依照法律规定履行职责的，对直接负责的主管人员和其他直接责任人员依法给予处分。"

二是强化了企业开展强制性清洁生产审核的法律责任。第三十六条规定："未按照规定公布能源消耗或者重点污染物产生、排放情况的，由县级以上地方人民政府负责清洁生产综合协调的部门、环境保护部门按照职责分工责令公布，可以处十万元以下的罚款。"第三十九条规定："不实施强制性清洁生产审核或者在清洁生产审核中弄虚作假的，或者实施强制性清洁生产审核的企业不报告或不如实报告审核结果的，由县级以上地方人民政府负责清洁生产综合协调的部门、环境保护部门按照职责分工责令限期改正；拒不改正的，处以五万元以上五十万元以下的罚款。"

三是强化了评估验收部门和单位及其工作人员的法律责任。第三十九条规定："承担评估验收工作的部门或单位及其工作人员向被评估验收企业收取费用的，不如实评估验收或者在评估验收中弄虚作假的，或者利用职务上的便利谋取利益的，对直接负责的主管人员和其他直接责任人员依法给予处分；构成犯罪的，依法追究刑事责任。"

（6）提高了可操作性

修正前的《清洁生产促进法》"法律责任"一章中，对违法追究虽列出了相关规定，但强制性不够，企业违法成本低。据不完全统计，目前全国受到处罚的企业只有寥寥数家，企业守法意识淡薄，约束力明显不足。新修正的《清洁生产促进法》在"法律责任"一章中，加大了对违法企业的处罚力度，增加了对未按照规定公布重点污染物产生、排放情况的可以处10万元以下的罚款的规定；对应当开展强制性清洁生产审核却未按规定实施或者在审核过程中弄虚作假的、不报告或者不如实报告审核结果的企业，罚款由原来的"十万元以下"提高到"五万元以上五十万元以下"，极大地增强了法律的威慑力，进一步加大了清洁生产执法监管的力度。

（7）对主管部门及职责进行了调整

《清洁生产促进法》自2003年施行后，国务院进行了两次机构改革，客观上导致了部门职责与法律规定的不一致，职能和责任不清、分工不明确，一定程度上影响了法律的贯彻实施。

新修正的《清洁生产促进法》根据国务院部门"三定方案"和中编办调整的职能分工，明确了两个方面：一是国务院清洁生产综合协调部门负责组织、协调全国的清洁生产促进工作，国务院环境保护、工业、科学技术、财政部门和其他有关部门，按照各自的职责，负责有关的清洁生产促进工作；二是针对地方政府负责清洁生产工作部门不一致的情况，规定由县级以上地方人民政府确定的清洁生产综合协调部门负责组织、协调本行政区域内的清洁生产促进工作。新修正的《清洁生产促进法》，虽然在立法上有许多新的突破，但它仍然是一部阶段性的法律，与先进国家水平和人民的要求还有差距，相信今后会根据情况的变化再做修订以不断适应实际的需求。

6.3.2 清洁生产技术标准体系

基于物质流等理论构建清洁生产技术标准体系，生态环境标准是落实环境保护法律法规的重要手段，是推进精准治污、科学治污、依法治污的重要基础，在生态环境保护和生态文明建设中起着引领、规范和保障作用。截至2023年11月12日，累计发布国家生态环境标准2873项，现行2351项；累计依法备案地方标准352项，现行249项，标准覆盖各类环境要素和管理领域，控制项目种类和水平与发达国家相当，支撑污染防治攻坚战的标准体系基本建成。特别是党的十八大以来，发布国家生态环境标准1293项，占50年累计总数的45%；依法备案地方标准265项，占累计总数的75%，是我国生态环境标准发展最迅速、成效最显著的阶段。

清洁生产标准是我国环境保护从末端治理向污染全过程控制的产物。随着政府和企业对清洁生产的要求越来越迫切，就更要求我国尽快完善清洁生产标准体系的建立，并把实施清洁生产同实施环境标准的最终目标结合起来，充分发挥标准的引领和支撑作用。清洁生产标准体系主要包括了清洁生产评价指标体系和清洁生产技术和审核指南两大类。前者是评判企业清洁生产水平的量化考核指标体系，后者则是为企业开展清洁生产审核工作提供的技术方法，二者全部是推荐性标准。目前国内已发布实施钢铁、火电等55个行业清洁生产评价指标体系和四批清洁生产先进技术目录。

6.3.2.1　清洁生产评价指标体系

为全力提升我国生态工业水平并逐步与世界接轨，清洁生产评价指标体系提出了"六类三级"指标体系编制原则。"六类"是指按照清洁生产全过程防控理念提出的"生产工艺及装备指标、资源能源消耗指标、资源综合利用指标、污染物产生指标、产品特征指标和清洁生产管理指标"六大类指标。"三级"是指六类指标基准值按照"国际清洁生产领先水平、国内清洁生产先进水平和国内清洁生产一般水平"三个等级分别提出的定量或定性要求。

清洁生产评价指标采用限定性指标评价和指标分级加权评价相结合的方法。在限定性指标全部达到Ⅲ级水平的基础上，采用指标分级加权评价方法，计算行业清洁生产综合评价指数。三个级别指标对国内行业企业达标率设定原则分别是达到行业污染物排放标准企业总数的5%、20%和50%。

清洁生产评价指标体系的三级指标体系的职能定位和管理支撑主要表现为以下3方面。

（1）Ⅲ级指标倒逼传统行业结构调整和优化升级

清洁生产评价指标体系的Ⅲ级指标已作为总量和浓度超标、使用和产生有毒有害物质以及单位产品能耗超过能耗限额的"双超、双有、高能耗"强制性清洁生产审核验收标准；同时也应用于生态环境部组织的环境保护核查和工业和信息化部门组织开展的行业准入和规范条件，已经成为倒逼传统产业淘汰落后和过剩产能、生产技术装备技术改造升级、清洁能源利用的重要依据，辐射带动了清洁生产产业和清洁能源产业的不断发展。以钢铁行业为例，2005年首次发布了《钢铁行业清洁生产评价指标体系（试行）》，随着产业技术不断发展，2014年进行修订，从标准发布实施来看，2015年钢铁行业重点大中型企业吨钢综合能耗、吨钢耗新水量、吨钢 SO_2 排放量、吨钢颗粒物排放量较2005年分别下降了17.6%、62.2%、70%和62.8%。以铅酸电池和再生铅行业为例，通过行业清洁生产标准的环境准入和环保核查，在行业产量增长前提下行业企业数量缩减了50%以上。

（2）Ⅱ级指标带动了传统行业不断转型优化

清洁生产标准Ⅱ级指标作为环境影响评价新、改、扩建项目的审批以及清洁生产专项资金绩效评估验收的重要依据，对规范和提升行业水平起到了重要的支撑作用。作为主要的技术准入标准，支撑了环境保护部和工业和信息化部钢铁、建材、冶金、铅酸电池、纺织印染、再生铅、稀土等行业的上市企业环保核查和环境准入工作。以钢铁行业为例，2014年发布的《钢铁行业清洁生产评价指标体系》中将"高炉煤气干法除尘装置配置率"作为行业引领型指标，2015年工业和信息化部、水利部、全国节约用水办公室发布的《高耗水工艺、技术和装备淘汰目录（第一批）》中要求2018年12月前淘汰钢铁行业"高炉煤气湿法除尘工艺"，并用"高炉煤气干法除尘工艺"的替代。

（3）Ⅰ级指标引领传统行业科技创新水平国际化

为了全力发挥清洁生产标准国际引领作用，鼓励行业企业技术研发和创新，带动行业总体水平升级，清洁生产标准Ⅰ级指标目前已应用于环境领跑制度以及部分行业企业资源清洁生产审核，如火电、造纸和钢铁等行业企业，刺激和激励行业不断创新技术，提升行业整体清洁生产水平。

如表6-1所列，清洁生产评价指标体系目前主要适用于各个部门的管理配套政策，主要有如下领域。

表6-1　清洁生产评价指标体系的管理支撑

序号	管理应用	职能部门
1	强制性清洁生产审核	生态环境部
2	环境影响评价及源强核算	
3	排污许可和排污收税	
4	行业规范性（准入）条件	工业和信息化部
5	清洁生产专项资金审批和验收	
6	企业清洁生产水平评定	国家发改委
7	引领和规范清洁生产产业	
8	行业节能	

根据《中华人民共和国清洁生产促进法》规定，清洁生产评价指标体系标准用于支撑审批新建和改建（扩建）项目环境影响评价；全面推进清洁生产审核；严格落实行业准入，优化产业结构；支撑环境"领跑者"制度，引领行业转型升级；全面推进推动行业节能减排；规范和引领清洁生产产业的壮大等环境管理制度方面的应用需求具有重要作用。

1）审批新建和改建（扩建）项目环境影响评价

清洁生产评价指标体系将作为国家和地方在审批新建和改建（扩建）项目环境影响评价中的主要依据之一，根据国家有关推行清洁生产的产业发展和技术进步政策、资源环境保护政策规定以及行业发展规划选取的定性评价指标将采取一票否决。

2）全面推进清洁生产审核，实施节能减排计划

对于"双超、双有、高能耗"开展强制性清洁生产审核的重点企业，应强制执行清洁生产评价指标体系，审核验收后的重点企业应达到该行业先进清洁生产水平。对于自愿性清洁生产审核的企业，自愿执行清洁生产评价指标体系，审核验收后的企业应达到该行业中上等清洁生产水平。

3）严格落实行业准入，优化产业结构

清洁生产评价指标体系将符合我国现行对环境准入制度的环境保护管理要求，如产业政策、产业技术文件、行业准入条件、项目审批、"两高一资"行业政策、有关的环境管理标准（如污染物排放标准）、"三同时"制度、环境影响评价制度、排污许可证制度和总量控制制度等有关文件的要求。清洁生产评价指标体系将依托的强度准入制度与现有环境管理制度协调一致，以清洁生产标准为主要依据的强度准入是环境准入制度的有机组成部分，是现行环境管理准入制度的重要补充。作为现行环境准入管理手段的重要依据和补充，清洁生产评价指标体系从污染预防的角度体现了环境管理从重末端治理逐步转向全过程控制的趋势。

4）支撑环境"领跑者"制度，引领行业转型升级

环境"领跑者"是指同类可比范围内环境保护和环境污染治理取得最高成绩和效果即环境绩效最高的产品，产品应采用高效的清洁生产技术，达到国际先进清洁生产水平，全生命周期污染排放较低。财政部会同有关部门制定激励政策，给予环境"领跑者"名誉奖励和适当政策支持，引导全社会向环保"领跑者"学习，倡导绿色生产和绿色消费，激发市场主体节能减排内生动力、促进环境绩效持续改善、加快生态文明制度体系建设。

5）全面推进推动行业节能减排

为了更好地推动全国清洁生产工作，引导企业的生产技术进步，指导行业清洁生产水平评价，国家发改委、环保部和工信部于2013年共同发布《清洁生产评价指标体系编制通则》（试行稿），逐步将三套评价技术规范统一整合为清洁生产评价指标体系。在整合过程中，指标限值设置贴合行业实际，以满足环境准入、环境影响评价、清洁生产审核、环境绩效评价、企业清洁生产水平评价等各类需求为目的。

以钢铁行业为例，国家发改委和环保总局于2005年发布了《钢铁行业清洁生产评价指标体系（试行）》，环保总局于2006年发布了《清洁生产标准　钢铁行业》（HJ/T 189—2006），而后国家发改委、环境保护部和工信部在2014年联合发布《钢铁行业清洁生产评价指标体系》替代了前两项钢铁行业清洁生产标准。历经了钢铁行业清洁生产评价指标体系的发布实施，该行业的吨钢综合能耗从2005年的694.1kg（标准煤），吨钢耗

新水量8.6m³，SO₂和颗粒物排放量2.83kg/t和2.18kg/t，分别下降到2010年重点统计钢铁企业吨钢综合能耗的605kg（标准煤），吨钢耗新水量4.1m³，SO₂和颗粒物排放量1.63kg/t和1.15kg/t，下降幅度分别是12.8%、52.3%、42.4%和47.2%。"十二五"期间，"大气十条"将钢铁行业列为应全面推行清洁生产，进行清洁生产审核的重点行业，行业企业按照《钢铁工业"十二五"发展规划》的部署，继续深入推进节能减排，依法开展能源审计、清洁生产审核和清洁生产方案的实施，根据《钢铁工业调整升级规划（2016—2020年）》，"十二五"期间重点大中型企业吨钢综合能耗（折合标准煤）由605kg下降到572kg，吨钢二氧化硫排放量由1.63kg下降到0.85kg，吨钢烟粉尘排放量由1.19kg下降到0.81kg，吨钢耗新水量由4.10t下降到3.25t，达到"十二五"规划目标并已接近或达到《钢铁行业清洁生产评价指标体系》中相关指标的Ⅱ级基准值。

6）规范和引领清洁生产产业的壮大

2018年党中央提出了发展壮大清洁生产产业，作为转变绿色增长方式，实现我国经济和环境双赢目标的重要途径，清洁生产产业首次被正式提出。目前，清洁生产产业尚处于发展起步阶段，清洁生产评价指标体系作为行业绿色发展的重要技术规范，将成为引领该产业发展壮大的重要支撑之一。

2007年1月15日国家发改委环资司在北京召开了清洁生产评价指标体系编制工作研讨会，以谋求达到评价企业清洁生产水平，指导和推动企业依法实施清洁生产的目的。并于同年4月23日国家发展改革委公告第24号发布了试行的7个行业清洁生产评价指标体系；在2014年第16号中清洁生产评价指标体系制（修）订首批计划中涉及14个行业，2016年国家发展改革委公告第8号清洁生产评价指标体系制（修）订计划（第二批）包含26个行业。到目前为止，经过10余次征求意见稿的不断修正，发改委已发布的清洁生产评价指标体系涵盖55项行业类别。

6.3.2.2　国家清洁生产技术体系

我国共发布了四批清洁生产技术导向目录，共计163项清洁生产技术。2000年国家经济贸易委员会发布《国家重点行业清洁生产技术导向目录》（第一批），目录涉及冶金、石化、化工、轻工和纺织5个重点行业，共57项清洁生产技术。2003年国家经贸委、国家环保总局发布《国家重点行业清洁生产技术导向目录》（第二批），目录涉及冶金、机械、有色金属、石油和建材5个重点行业，共56项清洁生产技术。2006年国家发展改革委目录涉及钢铁、有色金属、电力、煤炭、化工、建材、纺织等行业，共28项清洁生产技术。为贯彻党的十九届五中、六中全会精神和《清洁生产促进法》，落实《"十四五"生态环境保护规划》《"十四五"全国清洁生产推行方案》《关于构建市场导向的绿色技术创新体系的指导意见》有关要求和工作分工，引导企业采用先进的"节能、节水、节材、减污、降碳"清洁生产工艺和技术，加快减污降碳协同技术的应用推广，促进形成绿色生产方式，充分发挥清洁生产在深入打好污染防治攻坚战和推动实现"双碳"目标中的重要作用，2022年生态环境部会同国家发展改革委、工业和信息化部编制形成《国家清洁生产先进技术目录（2022）》，共22项清洁生产技术。这批清洁生产先进技术全部为国内自主知识产权研发成果，符合国家清洁生产、生态环境保护相关法律法规、政策和标准。主要特点有：

① 反映重点行业领域技术需求，在节能、节水、节材、减污、降碳等方面具有较为明显的效果，具备成功案例，体现了先进性和适用性。

② 减污降碳协同增效特点明显。在源头减量、过程减污、工艺降碳等方面特点显著，可为推动行业绿色转型升级、重点行业领域协同推进减污降碳提供技术支撑。

③ 为解决行业痛难点问题提供参考。为部分行业当前面临的生态环境治理关键问题提供一定的技术思路和途径。目录的发布将使清洁生产对深入打好污染防治攻坚战和推动实现"双碳"目标起到重要的技术支撑作用。

6.3.3　清洁生产审核

6.3.3.1　清洁生产审核办法

2016年5月16日国家发展改革委、环境保护部令第38号公布，自2016年7月1日起施行《清洁生产审核办法》。清洁生产审核是指按照一定程序，对生产和服务过程进行调查和诊断，找出能耗高、物耗高、污染重的原因，提出降低能耗、物耗、废物产生以及减少有毒有害物料的使用、产生和废弃物资源化利用的方案，进而选定并实施技术经济及环境可行的清洁生产方案的过程。清洁生产审核分为自愿性审核和强制性审核。

实施强制性清洁生产审核：

① 污染物排放超过国家或者地方规定的排放标准，或者虽未超过国家或者地方规定的排放标准，但超过重点污染物排放总量控制指标的；

② 超过单位产品能源消耗限额标准构成高耗能的；

③ 使用有毒有害原料进行生产或者在生产中排放有毒有害物质的。

其中有毒有害原料或物质包括以下几类：

第一类，危险废物。包括列入《国家危险废物名录》的危险废物，以及根据国家规定的危险废物鉴别标准和鉴别方法认定的具有危险特性的废物。

第二类，剧毒化学品、列入《重点环境管理危险化学品目录》的化学品，以及含有上述化学品的物质。

第三类，含有铅、汞、镉、铬等重金属和类金属砷的物质。

第四类，《关于持久性有机污染物的斯德哥尔摩公约》附件所列物质。

第五类，其他具有毒性、可能污染环境的物质。

实施强制性清洁生产审核的企业，分别公布的主要信息包括企业名称、法定代表人、企业所在地址、排放污染物名称、排放方式、排放浓度和总量、超标及超总量情况；企业名称、法定代表人、企业所在地址、主要能源品种及消耗量、单位产值能耗、单位产品能耗、超过单位产品能耗限额标准情况；企业名称、法定代表人、企业所在地址、使用有毒有害原料的名称、数量、用途，排放有毒有害物质的名称、浓度和数量，危险废物的产生和处置情况，依法落实环境风险防控措施情况等。

清洁生产审核程序原则上包括审核准备、预审核、审核、方案的产生和筛选、方案的确定、方案的实施、持续清洁生产等。

清洁生产审核分为筹划和组织、预审核、审核、方案的产生和筛选、可行性分析、方案实施和持续清洁生产七个阶段。

第一阶段，筹划和组织：这一阶段的重点是取得领导支持，组建审核小组，制定工作计划，宣传清洁生产思想。成立审核领导小组，制定审核工作计划。

第二阶段，预审核：通过现状调查发现清洁生产潜力。确定审核重点、提出无低费方案，完善审核小组。这一阶段的方案是一个广泛征集意见建议的过程。

第三阶段，审核：建立物料平衡，从量化角度进一步寻找审核重点，分析原因，针对审核重点提出无低费方案。围绕原材料、过程管理、工艺技术、设备、产品、废弃物、员工和管理八个方面考虑，方案的提出也从这八个方面展开，例如，工艺改进、加强设备的维护、完善岗位操作制度、加强员工培训等。开始实施无低费方案。

第四阶段，方案的产生和筛选：具体方案列表，按照无低费/高费方案分类汇总，筛选方案，继续实施无低费方案并核定实施效果。这一阶段需要完成中期审核报告，建议在前四个阶段一直完善中期审核报告。

第五阶段，可行性分析：从技术、经济和环境三个方面评估方案的可行性，形成中高费方案汇总。

第六阶段，方案实施：组织实施方案，汇总无低费方案的实施成果，验证中高费方案的成果，分析所有已实施方案的成果。

第七阶段，持续清洁生产：形成清洁生产管理制度。清洁生产成为企业的长期战略融入企业的各项活动中。

清洁生产审核流程如图6-1所示。

6.3.3.2　重点企业清洁生产审核评估与验收实施指南

2008年，环境保护部印发的《重点企业清洁生产审核评估、验收实施指南》（试行）（环发〔2008〕60号）正式确立了清洁生产审核评估与验收制度，2012年修正实施的《清洁生产促进法》2016年国家发展改革委与环境保护部联合修订发布的《清洁生产审核办法》均对开展清洁生产审核评估与验收有明确的要求。为贯彻党的十九大精神，落实上述要求，生态环境部联合国家发展改革委制定出台了《清洁生产审核评估与验收指南》（以下简称《指南》）。

《指南》出台的目的：保证清洁生产审核质量。清洁生产审核是推进清洁生产工作的主要方式。为了保证清洁生产审核的质量，必须对清洁生产审核开展评估与验收，

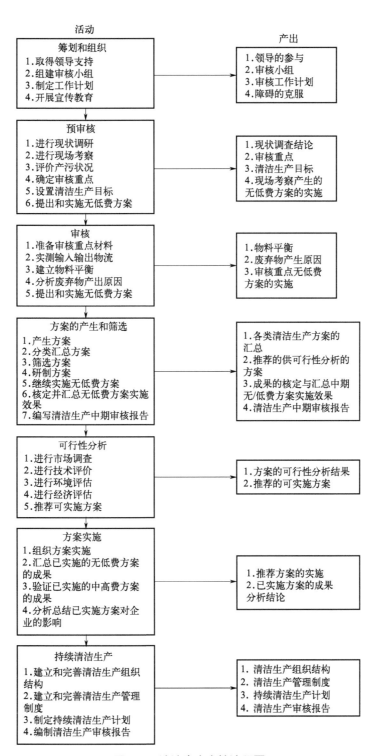

图6-1 清洁生产审核流程图

《指南》为评估与验收提供了依据和标准。

《指南》出台的意义：自2008年印发《重点企业清洁生产审核评估、验收实施指南》（试行）（环发〔2008〕60号）确立清洁生产审核评估与验收制度以来，《指南》首次将评估与验收的程序和规范以国家文件的形式发布，这是对清洁生产审核评估与验收制度的进一步细化和规范，也是对十年来全国开展清洁生产评估与验收工作的一次全面提炼和总结，对完善清洁生产工作具有重要的意义。

《指南》编制思路：一是充分汲取地方清洁生产审核评估与验收管理经验，立足现有评估与验收工作基础，有序提升和深化对清洁生产审核评估与验收工作的规范化管理；二是与《清洁生产促进法》《清洁生产审核办法》中关于清洁生产审核评估与验收条款要求有效衔接，进一步细化清洁生产审核评估与验收的规定和要求，增强清洁生产审核评估与验收制度实施的可操作性；三是将清洁生产审核评估结果实施分级管理，验收结果进行信息公开；四是细化清洁生产审核评估与验收的技术内容与具体指标要求。

《指南》的亮点和特色：一是精准确定了评估与验收的内涵。《清洁生产审核办法》第二十一条、第二十二条对评估、验收的重点进行了规定。《指南》对清洁生产审核评估的定义重新进行了界定，强调在企业基本完成清洁生产无低费方案，在清洁生产中高费方案可行性分析后和中高费方案实施前的时间节点，开展清洁生产审核评估工作，这是对《重点企业清洁生产审核评估、验收实施指南》（试行）（环发〔2008〕60号）中评估时段进行了调整，更好地将评估与验收工作进行了区分。对于审核验收，强调在企业实施完成清洁生产中高费方案后，对已实施清洁生产方案的绩效、清洁生产目标的实现情况及企业清洁生产水平进行综合性评定，并做出结论性意见。二是强化了评估与验收内容的专业性、技术性和可操作性。第九条和第十六条分别规定了清洁生产审核评估、验收的技术内容及要求，同时增加了对清洁生产审核评估与验收标准及具体指标的要求，以及对评估与验收专家组成员的具体遴选要求；细化了地方主管部门对审核的评估技术审查意见和验收技术审查意见的处理办法，大大提高了指南的可操作性。三是取消了评估、验收企业的前置条件。《重点企业清洁生产审核评估、验收实施指南》（试行）（环发〔2008〕60号）中规定由企业主动申请开展评估、验收工作。根据《清洁生产审核办法》第二十条规定对清洁生产审核的效果进行评估与验收，因此《指南》与法律法规保持一致性，不再设置评估、验收企业的前置条件。四是强化了评估、验收专家队伍能力建设。《指南》提出了评估与验收组织部门应对评估、验收专家开展相关培训等要求。

6.3.3.3 清洁生产审核制度及创新

（1）《关于深入推进重点行业清洁生产审核工作的通知》

党的十九大报告提出，到2035年，生态环境根本好转是美丽中国目标基本实现的总体要求。污染防治攻坚战已取得良好成效，但生态环境改善从量变到质变的拐点还没有到来，需要在"十四五"继续努力。清洁生产审核作为工业污染防治的重要制度手段之一，有效推动了污染防治从末端治理向全过程控制的转变，是落实绿色发展方式的重要途径。

国家层面针对重点行业企业清洁生产审核的管理工作有待进一步加强。随着2012年《中华人民共和国清洁生产促进法》的修正和2016年《清洁生产审核办法》的出台，以及国家层面清洁生产管理要求的不断提升和完善，《关于深入推进重点企业清洁生产的通知》（环发〔2010〕54号）的内容要求已明显滞后，亟须从国家层面出台加强重点行业清洁生产审核管理工作的政策指导文件，进一步完善重点行业清洁生产审核推进机制，用于指导地方清洁生产工作的开展和推进。

《关于深入推进重点行业清洁生产审核工作的通知》（环办科财〔2020〕27号）是中国环境科学研究院清洁生产与循环经济研究中心协助生态环境部、国家发改委编制发布的，对新形势下推进清洁生产审核工作具有重要指导意义。

1）《通知》整体思路方面

一是突出强调提高清洁生产对促进绿色发展重要性的认识。通过深入推进清洁生产审核工作，进一步挖掘企业节能减排潜力，从源头上减少污染排放，为加快形成绿色生产方式、推动实现高质量发展提供有力支撑。二是进一步加强与国家重大政策、规划和计划要求的结合。选取当前大气、水、土壤等领域污染防治需求迫切的行业作为实施清洁生产审核的重点行业，突出清洁生产审核在污染防治攻坚中的作用。三是贯彻"放管服"精神。鼓励各地区结合自身管理工作需求，制定本地区清洁生产审核实施方案；探索开展清洁生产审核模式创新，制定地方清洁生产专家库、行业清洁生产评价指标体系、技术导向目录、审核指南和案例汇编等，用于加强清洁生产审核工作的推进。四是落实差异化环境管理策略。探索灵活多样的差异化审核形式；对达到国际清洁生产领先水平的企业提出差异化环境管理政策，形成激励措施。五是进一步加强与环境管理制度的结合。加强与政府绿色采购、企业信贷融资、监督执法正面清单、环境信用评价、环境信息强制性披露、排污权交易等环境管理制度的结合，力求改变清洁生产审核与其他环境管理制度不衔接等情况。

2）《通知》整体任务方面

一是充分认识新形势下推进清洁生产审核的重要意义。清洁生产及清洁生产审核工作在提高重点行业清洁生产水平、大幅降低污染物排放强度、助力打赢污染防治攻坚战、促进产业改造升级等方面取得了显著成效；是落实绿色生产和绿色发展方式的重要途径，对提升生态环境质量具有重要意义；各地区要从贯彻落实习近平生态文明思想、加强生态文明建设的战略高度，充分认识开展清洁生产审核工作的重大意义，切实履职尽责、积极作为，通过深入推进清洁生产审核工作，进一步挖掘企业节能减排潜力，从源头上减少污染排放。

二是扎实推进重点行业清洁生产审核工作。紧密结合《中共中央　国务院关于全面

加强生态环境保护 坚决打好污染防治攻坚战的意见》等国家政策、规划和计划的相关要求提出，各地区省级清洁生产主管部门要优先选取能源、冶金、焦化等大气、水、土壤污染防治需求较为迫切的行业作为当前实施清洁生产审核的重点，以充分发挥清洁生产审核制度在污染防治攻坚战中的作用。我国已发布了电力、煤炭采选、钢铁等45个行业的清洁生产评价指标体系，为《通知》中的重点行业开展清洁生产审核提供了充足的技术支撑。

三是压实企业实施清洁生产审核的主体责任。强调企业在清洁生产审核实施过程中的主体责任，要求纳入各地区清洁生产审核范围的企业应积极主动配合各级清洁生产主管部门有关强制性清洁生产审核工作的要求和安排，在清洁生产审核开展过程中要提高主动性和责任意识。明确各地区应将企业开展清洁生产审核情况纳入企业环境信用评价体系和环境信息强制性披露范围，将违反《清洁生产促进法》和《清洁生产审核办法》相关规定并受到处罚的企业，通过全国信用信息共享平台向社会公布，并记入社会诚信档案，为惩戒措施的落地提供了操作途径，也有利于公众参与，更好发挥公众监督作用。

四是积极推进清洁生产审核模式创新。传统的清洁生产审核方法是以企业为单位，要求按照7个阶段35个步骤实施清洁生产审核，整个过程大约需要八个月时间。随着"放管服"改革的深入推进和差异化环境管理理念的逐步深入，传统的审核方法已不能满足不同类型实施单位开展差异化清洁生产审核的需求，针对不同生产工艺企业的差别化清洁生产审核以及针对行业、园区和企业集群的整体审核新模式的需求日益凸显，且在当前新形势下能够切实减轻企业负担。排污许可制为固定污染源监管核心制度，衔接清洁生产审核制度和排污许可制度有利于形成制度合力，压实企业主体责任，有效提高清洁生产审核的效率和针对性。一方面，清洁生产审核制度可支撑排污许可证科学核发。另一方面，清洁生产审核制度可有效促进排污许可规范实施与后续管理。

五是健全技术与服务支撑体系。国家清洁生产相关技术支撑文件制定和出台工作流程较长，且缺乏地方针对性，难以全面满足各地区清洁生产审核工作推进需求。有条件的地区可根据需要制定地方行业清洁生产评价指标体系、技术导向目录、审核指南和案例汇编。部分省（区、市）建立了清洁生产专家库，其余省份清洁生产主管部门要建立清洁生产专家库，明确专家入库条件，实行记分考核、动态管理，以指导各地区形成有效的清洁生产专家支撑力量。加强培训工作，制定年度培训计划，对专家、咨询机构、企业，以及县级以上相关部门清洁生产管理人员开展有针对性的培训，提升清洁生产管理能力和技术水平。

六是强化资金保障与政策支持。依据《清洁生产促进法》第三十一条规定和《清洁生产审核办法》第二十三条规定，提出各省级清洁生产主管部门应严格落实清洁生产审核工作经费。对从事清洁生产研究、示范和培训，以及按照清洁生产自愿协议或清洁生产审核结果实施的清洁生产改造项目，由县级以上人民政府给予资金支持。与《重污染天气重点行业应急减排措施制定技术指南》中的重污染天气重点行业绩效分级实施细则对比，达到国际清洁生产领先水平的企业，可以达到绩效分级中A级企业的要求，此类企业纳入监督执法正面清单，实现清洁生产审核结果与环境管理制度的有效衔接。达标企业通过清洁生产技术升级改造实现的主要污染物排放稳定削减量、节能量可按相关规定将进入排污权、用能权交易市场进行交易，以提高企业实施清洁生产审核的积极性。

七是推进清洁生产信息系统建设。建立清洁生产信息系统；提供有关清洁生产方法和技术、可再生利用的废物供求以及清洁生产政策等方面的信息和服务；实现对本地区清洁生产审核企业、评估验收专家、清洁生产审核咨询机构和人员的信息化管理。

八是加大宣传引导力度。广泛宣传清洁生产法律法规、政策、管理制度、企业清洁生产审核典型案例；开展先进企业经验交流和技术推广；提升政府管理人员、企业经营管理者和社会公众的清洁生产意识。

（2）《"十四五"全国清洁生产推行方案》

国家发展改革委联合生态环境部等印发《"十四五"全国清洁生产推行方案》（发改环资〔2021〕1524号，以下简称《方案》），明确了"十四五"期间我国推行清洁生产的发展目标、工作思路、主要任务等，指明了"十四五"清洁生产发展路径，为各地有序推行清洁生产工作提供了重要依据，对实现减污降碳协同增效，加快形成绿色生产方式、促进经济社会发展全面绿色转型，实现碳达峰、碳中和目标具有十分重要的意义。

1）突破传统治理模式，推动工业行业环境保护向纵深推进

《方案》明确指出，突出抓好工业领域的清洁生产工作，从加强高耗能高排放建设项目清洁生产评价、推行工业产品绿色设计、加快燃料原材料清洁替代、大力推进重点行业清洁低碳改造多个角度入手，推进工业行业的绿色、清洁和高质量发展，充分体现了源头预防、过程控制和末端治理有机结合的全过程污染防控理念，将成为生态环境源头治理、系统治理和整体治理的具体措施和抓手。多年来，以能源、钢铁、焦化等为代表的重点行业已成为环境污染问题的焦点，而清洁生产工作带动了各行各业的节能、减排和技术进步。

《方案》提出推动能源、钢铁、焦化、建材等重点行业"一行一策"绿色转型升级，加快存量企业及园区实施涵盖节能、节水、节材、减污、降碳的系统性清洁生产改造，紧扣环境污染的关键行业，从源头、过程及末端的全过程控制，突破重点行业污染治理的难点。"一行一策"则是抓住行业关键共性问题，改变传统生态环境保护工作单一通过末端治理的手段，针对行业特点摸排污染物产生关键环节和点位，从生产全过程提出具有明显行业特点的污染防控对策，同时也使得原本难以治理的环境问题得到有效

解决。例如，农副食品加工业一直是废水产生量大、污染物浓度高的行业，传统的末端治理工程量大、运维费用高，企业普遍难以承受巨大的污染治理费用，甚至出现偷排、漏排等违法事件。通过在行业推行关键共性清洁生产技术，则可有效解决农副食品加工业的污染问题。例如，在甘蔗制糖行业通过一系列清洁生产技术的应用，废水产生量已经由60m³/t糖以上降低到8.1m³/t糖，大幅度缓解了末端治理的压力，降低了废水处理费用。清洁生产的"效益激励"机制，有效化解了环保和经济发展的矛盾，持续推动企业自我改进，实现绿色升级，是"精准治污、科学治污、依法治污"的具体体现。

2）紧扣碳达峰、碳中和战略目标，助力绿色低碳转型

党的十八大以来，绿色低碳发展已成为新形势下我国经济社会发展新趋势和新方向，特别是第七十五届联合国大会和气候雄心峰会上郑重宣示我国碳达峰目标和碳中和愿景，再次明确了我国经济绿色低碳转型发展的战略抉择、科学决策和坚定决心。我国推行清洁生产工作多年，受我国经济发展阶段、清洁生产政策体系完善度、推进清洁生产职能部门管理定位以及清洁生产宣传培训力度等诸多因素限制，截至目前我国清洁生产工作推行主体更多集中在工业领域。例如，我国发布的51项清洁生产评价指标体系，34个重点行业的清洁生产技术推行方案，310项行业关键共性技术95%以上分布在工业领域行业。本次方案立足助力绿色低碳转型发展的新定位，除了对工业领域清洁生产做出了详细要求外，还拓展了农业、建筑业、交通运输业、服务业等其他领域。

3）坚持目标导向，多维主体推进清洁生产

基于绿色发展和减污降碳推进主体的差异性等新形势和新需求，《方案》以重点行业为试点对象，开展行业生产工艺全过程诊断，避免审核过程简单复制以及人力、财力的重复投入，梳理行业关键共性问题，形成并实施具有行业特色的清洁生产方案，充分发挥行业清洁生产审核的效能，提升整体清洁生产水平。另一方面，在工业园区层面，提升园区基础设施共建共享水平，优化企业间资源要素配置、物质代谢和能源梯级利用，推动区域内优势互补、资源能源高效利用，开展集中式清洁生产审核模式试点；《方案》创新性提出了涵盖企业、行业、园区、区域四个维度的清洁生产多维推进主体，同时结合不同清洁生产推进主体的目标需求差异性，提出了五大区域协同推进、十大行业绿色转型"一行一策"、清洁生产改造工程和园区整体清洁生产审核模式创新试点。

4）发挥政策联动合力，系统协同推进清洁生产

《方案》通过科学一体化设计，多部门联动、多措施融合、多角度发力，通过推进清洁生产各类标准体系制定以及清洁生产技术体系创新，支撑清洁生产评价认证工作的创新模式，并将评价结果作为阶梯电价、用水定额、绿色信贷、重污染天气绩效分级管控等差异化政策制定和实施的重要依据，这种"政策-标准-经济-技术"清洁生产推进机制创新，实现了清洁生产与其他重点工作的深度系统融合和衔接，切实有效推动清

生产工作的落实和全社会各类主体的积极参与。

（3）《关于推荐清洁生产审核创新试点项目的通知》

为深入贯彻落实党中央、国务院决策部署，充分发挥清洁生产在减污降碳协同增效中的重要作用，加快形成绿色生产方式，促进经济社会发展全面绿色转型，根据《清洁生产促进法》有关要求，经国务院同意，国家发展改革委会同有关部门印发了《关于深入推进重点行业清洁生产审核工作的通知》（环办科财〔2020〕27号）、《"十四五"全国清洁生产推行方案》，2022年生态环境部发布了《关于推荐清洁生产审核创新试点项目的通知》，强化清洁生产在重点行业、重点区域减污降碳和产业升级改造中的重要作用，结合地方开展清洁生产审核创新需求，生态环境部会同国家发展改革委计划开展清洁生产审核模式创新试点工作，针对不同审核对象，通过科学诊断分析、合理确定审核方式方法和技术路线，压缩评估验收时间、提高审核效率、节省审核费用，扩大清洁生产审核覆盖范围、受益行业和企业数量，推动传统行业清洁生产改造，形成绿色生产方式，促进经济社会全面绿色转型。

试点目标以能源、钢铁、焦化、建材、有色金属、石化化工、印染、造纸、化学原料药、电镀、农副食品加工、工业涂装、包装印刷等行业为重点，选取园区、产业集群和重点区域、流域开展清洁生产审核创新试点，探索若干具有引领示范作用的审核新模式，形成一批可复制、可推广的先进经验、管理规范和典型案例成果，并在全国范围进行推广，快速有效提升清洁生产覆盖范围和水平，形成对传统行业清洁化改造、绿色化改造和深入打好污染防治攻坚战的有效支撑。

清洁生产审核创新试点以试点项目的形式开展，具体分为以下3类：

① 重点行业清洁生产整体审核创新。以区域内的重点行业企业为试点对象，开展行业生产工艺全过程诊断，避免单个企业审核过程简单复制和人力、财力的重复投入，梳理行业关键共性问题，形成并实施具有行业特色的清洁生产方案，充分发挥行业清洁生产审核效能，提升清洁生产水平。

② 工业园区（产业集群）清洁生产整体审核创新。以园区、企业集群为试点对象，充分考虑企业间资源要素配置、物质代谢和能源梯级利用情况，开展集中式清洁生产审核，推动区域内优势互补、资源能源高效循环利用，提升园区层面基础设施共建共享水平和园区发展效率效益。

③ 重点区域和流域清洁生产协同审核创新。创新重点区域和流域在重点行业清洁生产协同审核的组织方式，在京津冀及周边、汾渭平原、长江三角洲地区、珠江三角洲地区、成渝地区等区域，重点实施钢铁、石化化工、焦化、工业涂装、包装印刷等行业企业的清洁生产协同审核，重点推进细颗粒物（$PM_{2.5}$）和臭氧（O_3）协同控制；长江、黄河等流域重点实施印染、造纸、化学原料药、农副食品加工等行业企业的清洁生产协同审核，重点推进氨氮和磷污染减排。

6.4 清洁生产制度案例介绍

6.4.1 清洁生产VOCs减排

《挥发性有机物无组织排放控制标准》（GB 37822—2019）对挥发性有机物（VOCs）的定义为：参与大气光化学反应的有机化合物，或者根据有关规定确定的有机化合物。在表征VOCs总体排放情况时，根据行业特征和环境管理需求，可选择总挥发性有机物（以TVOC表示），或者非甲烷总烃（以NMHC表示）作为污染物控制项目。VOCs的主要成分为烃类、卤代烃、氧烃和氮烃，包括苯系物、有机氯化物、氟里昂系列、有机酮、胺、醇、醚、酯、酸和石油烃化合物等。VOCs的危害包括丙酮、脂肪烃（$C_6 \sim C_{12}$）、含氯溶剂、醋酸丁酯、二氯苯、4-苯己烯、萜烯（松香油）、臭氧等物质的"毒性+刺激性"；苯、1,3-丁二烯、甲醛等物质的"致癌性"。VOCs是二次反应造成$PM_{2.5}$升高及夏季臭氧升高的重要污染物，控制VOCs排放对改善区域大气环境质量和控制雾霾污染具有重要作用和意义。人为VOCs污染来源于工业源、机动车源、生活源的石油化工、煤化工、精细化工上游和下游产品的生产、加工和使用。具体产污环节包括原料的存储和运输、化工工艺过程、产品的贮存运输和营销、产品的使用或再加工过程等环节。涉及的主要过程包括表面涂装过程（产品喷涂、船舶涂装、家具涂装）、有机化工生产过程（溶剂、石油化工、焦炭、精细化工），机械加工过程（机加产品表面喷漆）、油漆生产、橡胶及其制品生产、电子行业生产过程等。

VOCs治理存在的问题包括以下几部分。

① 大部分涉VOCs行业环保政策和标准有欠缺。如国家涉VOCs行业排放标准不健全、VOCs监测标准不健全、VOCs行业企业市场准入标准缺乏、涉VOCs行业清洁生产评价指标体系（标准）不健全、源清单分类不完善不全面，特别是石油化工和精细化工工艺过程源分类不清楚不详细、VOCs污染控制技术评价标准缺失等。

② 源头控制力度不足。工业涂料中水性、粉末等低VOCs含量涂料的使用比例不足20%，低于欧美等发达国家40% ～ 60%的水平。

③ 无组织排放问题突出。我国工业VOCs排放中无组织排放占比达60%以上。

④ 治污设施简易低效。在一些地区，低温等离子、光催化、光氧化等低效技术应用甚至达80%以上，治污效果差。

清洁生产是VOCs减排的有效手段，能够实现节能降耗、减污增效。依据本行业清洁生产标准、评价指标体系或对比分析国内外同类企业的状况，对本企业的VOCs减排的清洁生产潜力进行全面分析与评价。根据2019年6月生态环境部发布的《重点行业挥发性有机物综合治理方案》，VOCs减排的清洁生产思路包括：

① 大力推进源头替代，加强政策引导。企业采用符合国家有关低VOCs含量产品规定的涂料、油墨、胶黏剂等，排放浓度稳定达标且排放速率、排放绩效等满足相关规定的，相应生产工序可不要求建设末端治理设施。使用的原辅材料VOCs含量（质量比）低于10%的工序，可不要求采取无组织排放收集措施。

② 全面加强无组织排放控制，推进使用先进生产工艺。通过采用全密闭、连续化、自动化等生产技术，以及高效工艺与设备等，减少工艺过程无组织排放。挥发性有机液体装载优先采用底部装载方式。

③ 深入实施精细化管控，推行"一厂一策"制度。各地应加强对企业帮扶指导，明确原辅材料替代、工艺改进、无组织排放管控、废气收集、治污设施建设等全过程减排要求。鼓励地方对重点行业推行强制性清洁生产审核。

通过量化分析，明确VOCs污染源及主要产污环节，将生产工艺过程与末端治理协同考虑。在石化（煤化）行业开展"泄漏检测与修复（LDAR）"技术改造。完成油库以及油罐车的油气回收治理工作。严格控制贮存、运输环节，原料、中间产品、成品贮存设施应全部采用高效密封的浮顶罐，或安装顶空联通置换油气回收装置。对石化、煤化企业，生产车间尽可能密闭，负压收集处理；其生产工艺单元排放的有机工艺尾气，应回收利用，不能完全回收利用的，应采用吸收、吸附、冷凝、催化燃烧、热力燃烧等方式予以处理。推行"一厂一策"制度。各地应加强对企业帮扶指导，明确原辅材料替代、工艺改进、无组织排放管控、废气收集、治污设施建设等全过程减排要求。鼓励地方对重点行业推行强制性清洁生产审核。

钣金喷漆工序工艺流程如图6-2所示。

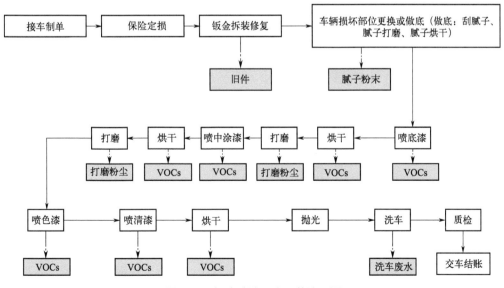

图6-2　钣金喷漆工序工艺流程图

　　要通过清洁生产审核，先通过预审核后，再确定审核重点：该企业喷漆维修采用红外线烤漆设备、无尘干磨工艺、省漆喷涂工艺、喷枪清洗设备，达到清洁生产评价指标体系Ⅰ级基准值；

　　考虑到汽车维修使用的油漆、稀释剂和固化剂多为有机溶剂型，调漆、喷烤漆和洗枪时会产生大量的VOCs，同时还会产生废活性炭、废机油、废铅蓄电池、废漆料等危险废物。因此，本轮的清洁生产工作重点放在减少VOCs的排放和规范危险废物的贮存上。物料平衡如图6-3所示，VOCs来源占比如图6-4所示（书后另见彩图），物料去向占比如图6-5所示（书后另见彩图）。

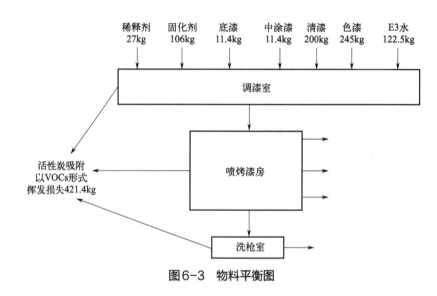

图6-3　物料平衡图

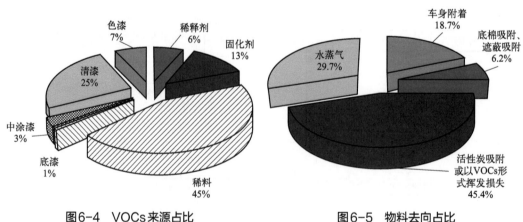

图6-4　VOCs来源占比　　　　　图6-5　物料去向占比

　　1）无低费清洁生产方案

　　① 优化过程控制：规范喷漆流程，提高喷漆效率，对员工技能进行培训，参加厂家的培训，内部培训1月1次。

② 优化过程控制：加强喷枪清洗的操作规范。

2）中高费清洁生产方案

子项目1：溶剂型色漆更换为水性色漆项目。

子项目2：调漆室改造项目。

子项目3：喷烤漆房改造项目。

子项目4：中涂、打磨工位改造项目。

投资：230多万元，可实现VOCs的减排量：6300kg/年。

方案具体内容如表6-2所列。

表6-2　方案具体内容

方案名称	手动混气喷涂改为自动混气静电喷涂并回收利用漆雾	编号	HF01
方案简述	公司现行的手动混气喷涂是用手动转动喷枪对工件进行喷涂，涂着效率仅为55%，公司油漆利用率很低。另外，涂装时有45%的漆雾飞散，让其自然干燥并将漆渣倒掉，这造成了原材料的浪费并引起环境污染		
技术评估	将手动混气喷涂改为自动混气静电喷涂后，可以提高生产效率，增加稳定性，将操作人员的失误减到最低。对工件进行合理布局，让后排被喷工件利用一部分前排被喷工件喷涂时的漆雾，之后再参照水性漆涂装线过喷漆雾回收利用的方法，采用挡板式回收利用装置，将回收后的油漆黏度调整到标准黏度，过滤后再使用		
环境评估	使涂装线的涂着效率进一步提高，并回收过喷漆雾，最大限度地减少废漆渣的排放，避免漆渣产生的污染，降低排放费用，改善操作环境和劳动条件		
经济评估	自动混气静电喷涂节约油漆，漆雾回收油漆		
评估结论	由于技术成熟，国内外有许多厂家已经采取该方式，建议实施		

推行清洁生产，实施源头控制、过程控制是解决VOCs问题的根本途径；重点企业应通过清洁生产审核等，对标先进水平，找出清洁生产的潜力，实现VOCs减排绩效的持续改进。建议国家和地方进一步加大涉VOCs行业清洁生产评价指标体系（标准）的制修订力度，指导各行业、企业开展清洁生产实践。

6.4.2　铜铅企业清洁生产指标体系

《"十四五"全国清洁生产推行方案》要求"建立健全清洁生产标准体系"。随着经济社会发展和行业技术进步，我国铜、铅冶炼行业的快速发展，行业细分领域更为复杂，企业类型更为多样，原有铜、铅冶炼行业清洁生产相关标准已不能完全满足行业清洁低碳转型的需要，难以有效指导行业开展针对性的清洁生产改造和提升绿色生产水平，需进一步修订完善。2007年，国家发展改革委发布了《铅锌行业清洁生产评价指标体系（试行）》，2024年，国家发展改革委会同生态环境部、工业和信息化部对铜冶炼、铅冶炼行业清洁生产指标体系进行了修订，印发《铅冶炼行业清洁生产评价指标体系》《铜冶炼行业清洁生产评价指标体系》并于2024年3月1日起施行，对铜、铅冶炼行业深入推进清洁生产工作、提高清洁生产水平提供了重要支撑。

（1）修订指标体系的总体考虑

① 贯彻落实党中央、国务院决策部署。党的二十大强调要"推进工业、建筑、交通等领域清洁低碳转型"。《中共中央 国务院关于完整准确全面贯彻新发展理念做好碳达峰碳中和工作的意见》明确要求"全面推进清洁生产"。《"十四五"全国清洁生产推行方案》要求推进有色行业绿色转型升级，在有色行业实施清洁生产改造工程，推动一批重点企业达到清洁生产领先水平。近年来，有关部门也陆续出台系列政策措施，对铜、铅冶炼等行业高质量发展提出了新要求。此次修订深入贯彻落实党中央、国务院决策部署，按照绿色低碳高质量发展相关要求对指标体系进行全面升级。

② 促进行业高质量发展。铜、铅冶炼属于国民经济中的基础性行业，为经济社会发展提供重要原材料。此次修订对行业清洁生产提出了更高要求，有利于推动企业更新技术装备，减少能源资源消耗和污染物排放，提升行业绿色生产水平，促进行业绿色低碳转型。

③ 强化行业绿色生产技术指引。铜冶炼行业清洁生产评价指标体系修订强化了铜冶炼生产工艺技术方向和要求，修订了单位产品能源消耗、铜冶炼综合回收率等指标，引导企业采用短流程冶炼、富氧熔池熔炼技术，提高资源综合利用水平。铅冶炼行业清洁生产评价指标体系强化了对铅冶炼废水、废气中重金属的管控要求，明确了铅冶炼推行富氧底吹熔炼、液态铅渣直接还原炼铅工艺的技术提升方向，设置了单位产品特征污染物产生量和排放量指标，推动铅冶炼企业减污降碳协同增效。

（2）修订后的指标体系

① 完善了清洁生产评价指标体系。修订后的指标体系分为9大类指标，分别为生产工艺及装备、能源消耗、水资源消耗、原/辅料消耗、资源综合利用、污染物产生与排放、温室气体排放、产品特征和清洁生产管理。与原清洁生产评价指标体系的6类指标相比，将原"资源能源消耗"调整为能源、水资源和原/辅料消耗三项指标，进一步体现我国全面节约战略，突出资源节约集约高效利用，同时新增碳排放指标。

② 进一步优化清洁生产评价指标。按照当前我国铜、铅冶炼行业的主流技术工艺、主要设施设备、多工艺段产品的资源消耗、主要污染物类型和重点污染物种类等内容，针对性完善了铜、铅冶炼行业清洁生产评价指标体系。

③ 提升清洁生产水平评定科学性。修订后的指标体系更强调系统性，综合考虑限定性指标和综合指数双重评价来确定清洁生产水平，实现清洁生产水平的科学评定。

铜、铅冶炼行业清洁生产评价指标体系，按照《清洁生产评价指标体系编制通则》（GB/T 43329—2023）进行指标架构，并与节能、节水、环保等相关领域标准在指标设置上保持一致，如《一般工业固体废物贮存和填埋污染控制标准》（GB 18599—2020）、《环境管理体系　要求及使用指南》（GB/T 24001—2016）、《危险废物贮存污染控制标准》（GB 18597—2023）等污染物污染控制标准；《能源管理体系　要求及使用指南》（GB/T 23331—2020）等能源管理标准；《粗铜》（YS/T 70—2015）、《阳极铜》（YS/T 1083—2015）、《粗铅》（YS/T 71—2013）等产品标准。清洁生产评价指标体系与现行标准设定的指标数值进行了充分衔接，并根据铜、铅冶炼行业当前技术进步情况，按照清洁生产水平分级评价要求设定了更高的指标数值，以引领行业绿色低碳高质量发展。阳极铜（粗铜）火法冶炼企业清洁生产评价指标如表6-3所列。

表6-3　阳极铜（粗铜）火法冶炼企业清洁生产评价指标

序号	一级指标	二级指标	
1	生产工艺及装备	熔炼工艺	
2		吹炼工艺	
3		阳极铜生产工艺	
4		火法精炼设备	
5		浇铸设备	
6		制酸工艺	
7		生产规模（单系统）	
8		余热利用装置	
9		粉状物料仓储和输送	
10		数字化管理系统	
11		废气的收集与处理	
12	能源消耗	单位产品综合能耗	
13			
14	水资源消耗	单位产品新鲜水耗	
15		工业用水循环利用率	
16	原/辅料消耗	铜精矿	
17		单位产品耐火材料消耗	
18	资源综合利用	铜冶炼综合回收率	
19		硫回收率	
20		一般工业固体废物综合利用率	
21	污染物产生与排放	废水	单位产品废水产生量
22			单位产品废水排放量
23			单位产品化学需氧量产生量
24			单位产品化学需氧量排放量
25			单位产品氨氮产生量
26			单位产品氨氮排放量
27			单位产品砷产生量

续表

序号	一级指标	二级指标	
28	污染物产生与排放	废水	单位产品砷排放量
29			单位产品铅产生量
30			单位产品铅排放量
31			单位产品镉产生量
32			单位产品镉排放量
33			单位产品汞产生量
34			单位产品汞排放量
35			单位产品铜产生量
36			单位产品铜排放量
37		废气	单位产品二氧化硫产生量（制酸后）
38			单位产品二氧化硫排放量
39			单位产品氮氧化物产生量
40			单位产品氮氧化物排放量
41			单位产品颗粒物产生量
42			单位产品颗粒物排放量
43			单位产品砷产生量
44			单位产品砷排放量
45			单位产品铅产生量
46			单位产品铅排放量
47			单位产品汞产生量
48			单位产品汞排放量
49		工业固体废物	单位产品一般工业固体废物产生量
50			单位产品危险废物产生量
51	温室气体排放	碳减排管理	
52	产品特征	粗铜	
53		阳极铜	
54		硫酸	
55	清洁生产管理	环保法律法规执行情况	
56		产业政策符合性	
57		清洁生产管理	
58		清洁生产审核	
59		节能管理	
60		污染物排放监测	
61		危险化学品管理	
62		计量器具配备情况	

序号	一级指标	二级指标
63	清洁生产管理	固体废物处理处置
64		土壤污染隐患排查
65		运输方式

6.4.3 工业园区清洁生产审核

工业园区是工业发展寻求高效、可持续发展模式的产物，不仅是工业发展的空间载体，也是工业经济的产业组织形式。工业园区具有企业聚集性强、产业共生显著、产业链和供应链协同创新潜力巨大、基础设施集约化程度高、行政管理体系相对独立等先发优势。推进我国工业园区建设和发展既是顺应全球工业发展的普遍规律，也是我国工业领域高质量发展的必然趋势。与此同时，工业园区也是资源能源集中消费的主要群体，存在一定的环境风险，是温室气体、污染物、有毒有害物质集中排放的场所，已成为工业污染防治和节能减排的主战场。在国家大力推进"双碳"目标和加快绿色低碳发展的背景下，工业园区减污降碳协同治理将成为"十四五"期间的重要举措，为我国实现工业领域绿色低碳转型提供有效途径。

近年来，我国已逐步推行工业园区清洁生产审核工作，在政策层面、研究层面和实践层面积累了宝贵经验。在政策引导方面，我国近十年来持续出台了推进工业园区清洁生产审核的相关政策文件。早期的政策中并没有明确提出开展工业园区清洁生产审核，主要侧重于提升园区企业和行业的清洁生产水平。直到2016年，环境保护部在《环境保护部推进绿色制造工程工作方案》中提出"制定工业园区推进清洁生产指导意见和《工业园区清洁生产审核指南》《工业园区清洁生产评价指标体系》，开展工业园区清洁生产审核试点"，工业园区清洁生产审核首次作为部委重要工作内容出现在政策文件中，同时要求制定配套的审核指南和指标体系等技术指导工具。此外，文件还提到从园区规划、空间布局、环境准入、环境基础设施建设、环境监管体系和环境风险管控等方面开展园区清洁生产示范，标志着工业园区清洁生产审核示范项目正式启动，为政策落地实施提供了平台和指导性意见。此后，国务院、国家发展改革委、工信部等部门陆续推出探索工业园区审核模式、提升清洁生产水平的政策文件，将工业园区清洁生产审核推到了前所未有的高度。2021年出台的《"十四五"全国清洁生产推行方案》对工业园区清洁生产审核工作提出更明确的要求，鼓励有条件的地区开展行业、园区和产业集群整体审核试点，研究将碳排放指标纳入清洁生产审核，并选取100个园区或产业集群开展整体清洁生产审核创新试点。由此可见，工业园区清洁生产审核将成为"十四五"期间在清洁生产方面重要推进工作之一，不仅要形成完整成熟的审核体系和方法，还要在试点工作中体现创新的审核模式并与"双碳"工作内容相结合，在工业园区清洁生产审核中突显减污降碳协同治理，为今后审核工作的进一步拓展奠定坚实的基础。

我国的工业园区清洁生产审核实践始于"十二五"期间。2013～2015年，河北省、江西省、浙江省、贵州省先后开展了工业园区清洁生产的探索，通过自愿申报的方式确定试点园区参与清洁生产示范项目。这一时期的工业园区清洁生产审核主要为企业个体清洁生产审核的叠加，并未形成系统的审核方法。2016年，环境保护部正式提出开展工业园区清洁生产审核试点，在重点区域选择典型工业园区，开展园区清洁生产示范。自此，工业园区清洁生产审核实践有了明确的政策指导。借此契机，四川省积极开展工业园区清洁生产审核的试点工作，以新津工业园区为案例推进清洁生产，为其他省份开展工业园区清洁生产试点提供一定的借鉴。广州市对以电镀行业为主的工业园区推进整体清洁生产项目，并发布了《广东省电镀工业园区清洁生产评价指标体系（试行）》，进一步完善清洁生产审核评价体系。

随着《"十四五"全国清洁生产推行方案》的发布，新一轮工业园区清洁生产审核实践工作在各地落实。海南省、浙江省、山东省等地陆续出台指导建议推进工业园区清洁生产审核。其中，山东省率先开展园区（产业集群）整体清洁生产审核创新试点申报工作，最终选取10个园区（产业集群）作为创新试点开展清洁生产审核工作，对于工业园区清洁生产审核方法学的研究与实际运用具有重要意义。

专栏6-1　工业园区清洁生产审核方法及思路

一、某园区发展概况

某园区位于江苏省，主导产业包括以电子基础材料、电脑机外设备生产和加工、云计算与移动互联网为核心的电子信息产业，轨道交通装备、汽车零部件、智能装备制造产业，以环保装备制造、环保新材料、再生资源回收、环境治理为主的环保和新材料产业，以太阳能光伏、新能源燃料电池、智能电网为主的新能源产业，以及以医疗器械、现代中药、化学制药、健康服务为主，以医药中间体、医用包装等为辅的绿色康养产业。2021年，园区地区生产总值1600余亿元，三次产业比例为0.1：48.3：51.6。规模以上工业产值3400亿元。

二、园区清洁生产审核路径及方法

（1）开展园区清洁生产审核驱动力分析及评价

从资源环境压力，产业发展、污染排放和环境管理现状，以及园区内已经开展的清洁生产审核的情况等方面，分析园区主要存在的资源环境压力痛点，产排污水平以及实现清洁生产的响应能力，建立评价指标体系，综合评估园区开展清洁生产审核的主要驱动因素，明确园区清洁生产审核的目的和主要改善方向。

（2）进行园区清洁生产审核问题诊断

根据清洁生产审核驱动力分析结果，针对园区审核驱动力较大的主要产业片区、主导行业、重点基础设施等，采用层次分析等研究方法，梳理各类审核对象在审核投入、审核难度、审核预期效益等方面的共性和个性问题，形成园区清洁生产审核共性和个性问题清单，开展综合评估，明确审核对象及审核重点。

（3）建立分类施策的清洁生产审核方案

针对问题清单研究制定清洁生产审核方案，对于园区的基础设施，如集中供热、供电、供水、废水处理、固体废物处置等设施，尽可能提升资源能源共享利用效率。对于行业内具有共性能源消耗高、污染物和碳排放量大、工艺技术"短板"的企业，采用统一清洁生产改造方案，整体提升同类型企业的生产技术水平，提升园区整体清洁生产水平。多角度多方面制定园区清洁生产审核方案，指导各类型审核对象提升清洁生产水平，全面提升园区整体资源能源利用效率和污染治理能力。

（4）开展园区清洁生产审核绩效评估

根据国家、所在省和市相关污染防治重点问题以及创新试点的目标要求，建立绩效评估指标体系，开展园区清洁生产绩效评估，使园区管理者及时了解掌握园区各层级清洁生产的实施现状，评估清洁生产水平，明确取得的成效，把握清洁生产方向，对未来园区持续推行清洁生产和建立环境管理长效机制提供一定的评价和支撑作用。

三、园区清洁生产审核试点内容

（1）提出一区多园式工业园区清洁生产审核重点和方向

工业园区（产业集群）清洁生产整体审核创新是以园区、企业集群为试点对象，将整个工业园区作为一个整体来开展清洁生产审核的过程。以往清洁生产审核的方法主要围绕企业层面展开，在对园区整体开展审核时，可以借鉴清洁生产审核的最基本原理，对园区的生产和服务过程进行调查诊断和对症施策。但由于我国工业园区往往承载着一定的社会生活功能，产城融合发展现象普遍存在，因此"一区多园"或"园中园"式发展成为多数工业园区的发展现状。为了在一定时间内探索实现园区集群式审核模式和方法，以"一区多园"中的园区或片区为对象开展梳理评估，遴选出空间集中度、产业集中度、污染集中度"三高"的片区或产业园作为重点审核和试点主要实施对象集中攻坚。

（2）构建面向工业园区的清洁生产审核技术体系

面对工业园区工业企业数量多、行业类型多、产排污特征复杂等特点，按照以往逐家企业开展清洁生产审核，面临耗时长、人力物力重复投入、审核成本高等问题。因此在工业园区开展清洁生产审核，应结合工业园区同类型企业多、产业链上下游企业存在工业共生基础、园区基础设施具备共享条件等特点，开发适用于工业园区的清洁生产审核方法，推动园区内优势互补、资源能源高效循环利用，从多个方面提升整个工业园区的清洁生产水平。

（3）建立园区清洁生产审核绩效评估方法

目前工业园区层面的清洁生产审核实践较少，清洁生产审核绩效评估方法尚未建立，可借鉴区域环境绩效评价等研究经验，结合现有工业行业层面清洁生产评价指标体系，探索建立工业园区清洁生产绩效评估方法，制定绩效评估的评价指标体系。对审核片区/行业的整体清洁生产水平变化情况、资源能源利用效率提升情况、整体环境管理水平提升情况、清洁生产方案与技术的环境绩效和经济绩效等情况开展评估，及时总结审核成果，对行业及片区提供持续改进的方向。

（4）形成园区清洁生产长效管理机制

通过开展清洁生产审核创新试点，引导试点片区/行业按照全过程污染防治思路落实清洁生产方案，指导试点片区/行业提升清洁生产技术水平，落实环境保护主体责任，完善环境管理机构和制度建设。从园区层面建立健全清洁生产资金鼓励扶持机制，规范清洁生产审核和绩效评价管理机制，推动建立基于清洁生产审核的长效环境管理机制，以期达到持续稳定提升园区环境管理效率、提高产业污染防治水平、减少区域环境风险的目的。

6.4.4　清洁生产技术

本书列举了不同批次推荐的钢铁行业清洁生产技术发展趋势，从四批推荐目录来看逐渐向减污降碳协同转变。《国家重点行业清洁生产技术导向目录》第一批钢铁行业、《国家重点行业清洁生产技术导向目录》第二批钢铁行业、《国家重点行业清洁生产技术导向目录》第三批钢铁行业和《国家清洁生产先进技术目录（2022）》第四批钢铁行业如表6-4～表6-7所列。

表6-4　《国家重点行业清洁生产技术导向目录》第一批钢铁行业

编号	技术名称	适用范围	主要内容	投资及效益分析
1	干熄焦技术	焦化企业	干熄焦是用循环惰性气体做热载体，由循环风机将冷的循环气体输入红焦冷却室冷却，高温焦炭至250℃以下排出。吸收焦炭显热后的循环热气导入废热锅炉回收热量产生蒸汽。循环气体冷却、除尘后再经风机返回冷却室，如此循环冷却红焦	按100×10^4t/(a·J)计，投资2.4亿元人民币，回收期（在湿法熄焦基础上增加的投资）6～8年。建成后可产蒸汽（按压力为4.6MPa）5.9×10^5t/a。此外，干熄焦还提高了焦炭质量，其抗碎强度M40提高3%～8%，耐磨强度M10提高0.3%～0.8%，焦炭反应性和反应后强度也有不同程度的改善。由于干法熄焦于密闭系统内完成熄焦过程，湿法熄焦过程中排放的酚、HCN、H_2S、NH_3基本消除，减少焦尘排放，节省熄焦用水

编号	技术名称	适用范围	主要内容	投资及效益分析
2	高炉富氧喷煤工艺	炼铁高炉	高炉富氧喷煤工艺是通过在高炉冶炼过程中喷入大量的煤粉并结合适量的富氧，达到节能降焦、提高产量、降低生产成本和减少污染的目的。目前，该工艺的正常喷煤量为200kg/t Fe，最大能力可达250kg/t Fe	经济效益以日产量9500t铁（年产量为346万吨铁）计算，喷煤比为120kg/t Fe时，年经济效益1895万元；喷煤比为200kg/t Fe时，年经济效益6160万元
3	小球团烧结技术	大、中、小型烧结厂的老厂改造和新厂新设	通过改变混合机工艺参数，延长混合料在混合机内的有效滚动距离，加雾化水，加布料刮刀等，使烧结混合料制成3mm以上的小球大于75%，通过蒸汽预热，燃料分加，偏析布料，提高料层厚度等方法，实现厚料层、低温、匀温、高氧化性气氛烧结。通过这种方法烧出的烧结矿，上下层烧结矿质量均匀。烧结矿强度高、还原性好	以1台90m² 烧结机的改造和配套计算，总投资约380万元，投资回收期0.5年，年直接经济效益895万元，年净效益798万元。使用该技术还可减少燃料消耗、废气排放量及粉尘排放量；提高烧结质量和产量。同时可较大幅度降低烧结工序能耗，提高炼铁产量和降低炼铁工序能耗，促进炼铁工艺技术进步
4	烧结环冷机余热回收技术	大、中型烧结机	通过对现有的冶金企业烧结厂烧结冷却设备，如冷却机用台车罩子、落矿斗、冷却风机等进行技术改造，再配套除尘器、余热锅炉、循环风机等设备，可充分回收烧结矿冷却过程中释放的大量余热，将其转化为饱和蒸汽，供用户使用。同时除尘器所捕集的烟尘，可返回烧结利用	按照烧结厂烧结机90m² × 2估算投资，需4000万～5000万元人民币。烧结环冷机余热得到回收利用，实际平均蒸汽产量16.5t/h；由于余热气闭路循环，当废气经过配套除尘器时，可将其中的烟尘（主要是烧结矿粉）捕集回收，既减少烟尘排放，又回收了原料，烧结矿粉回收量336kg/h
5	烧结机机头烟尘净化电除尘技术	24～450m² 各种规格烧结机机头烟尘净化	电除尘器是用高压直流电在阴阳两极间造成一个足以使气体电离的电场，气体电离产生大量的阴阳离子，使通过电场的粉尘获得相同的电荷，然后沉积于与其极性相反的电极上，以达到除尘的目的	按将原4台75m²烧结机的多管除尘器改为4台104m²三电场电除尘器计算，总投资1100万元，回收期15年，年直接经济效益255万元，年创净效益71万元。同时烧结机头烟尘达标排放，年减少烟尘排放6273t
6	焦炉煤气H.P.F法脱硫净化技术	煤气的脱硫、脱氰净化	焦炉煤气脱硫脱氰有多种工艺，近年来国内自行开发了以氨为碱源的H.P.F法脱硫新工艺。H.P.F法是在H.P.F（醌钴铁类）复合型催化剂作用下，H_2S、HCN先在氨介质存在下溶解、吸收，然后在催化剂作用下铵硫化合物等被湿式氧化形成元素硫、硫氰酸盐等，催化剂则在空气氧化过程中再生。最终，H_2S以元素硫形式，HCN以硫氰酸盐形式被除去	按处理30000m³/h煤气量计算，总投资约2200万元，其中工程费约1770万元。主要设备寿命约20年。同时每年从煤气中（按含 H_2S 6g/m³ 计）除去H_2S约1570t，减少SO_2排放量约2965t/a，并从H_2S有害气体中回收硫黄，每年约740t。此外，由于采用了洗氨前煤气脱硫，此工艺与不脱硫的硫铵终冷工艺相比，可减少污水排放量，按相同规模可节省污水处理费用约200万元/年

表6-5 《国家重点行业清洁生产技术导向目录》第二批钢铁行业

编号	技术名称	适用范围	主要内容	投资及效益分析
1	高炉余压发电技术	钢铁企业	将高炉副产煤气的压力能、热能转换为电能，既回收了减压阀组释放的能量，又净化了煤气，降低了由高压阀组控制炉顶压力而产生的超高噪声污染，且大大改善了高炉顶压力的控制品质，不产生二次污染，发电成本低，一般可回收高炉鼓风机所需能量的25%～30%	投资一般为3000万～5000万元，投资回收期为3～5年，节能环保效果明显
2	双预热蓄热式轧钢加热炉技术	型材、线材和中板轧机的加热炉	采用蓄热方式（蓄热室）实现炉窑废气余热的极限回收，同时将助燃空气、煤气预热至高温，从而大幅度提高炉窑热效率的节能、环保新技术	对于中小型材、线材、中板、中宽带及窄带钢的加热炉（每小时加热能力100t左右），改造投资在800万～1000万元（其中蓄热式系统投资200万～300万元），在正常运行情况下，整个加热炉改造投资回收期为一年左右。废气中有害物质排放大幅度降低
3	转炉复吹溅渣长寿技术	转炉	采用"炉渣金属蘑菇头"生成技术，在炉衬长寿的同时，保护底吹供气元件在全炉役始终保持良好的透气性，使底吹供气元件的一次性寿命与炉龄同步，复吹比100%，提高复吹炼钢工艺的经济效益	改造投资100万～500万元，投资回收期在一年之内
4	高效连铸技术	炼钢厂	用洁净钢水，高强度、高均匀度的一冷、二冷，高精度的振动、导向、拉矫、切割设备运行，在高质量的基础上，以高拉速为核心，实现高连浇率、高作业率的连铸系统技术与装备。主要包括接近凝固温度的浇铸、中间包整体优化、结晶器及振动高优化、二冷水动态控制与铸坯变形优质化、引锭、电磁连铸六大方面的技术和装备	投资：方坯连铸10～30元/吨能力，板坯连铸30～50元/吨能力，比相同生产能力的常规连铸机投资减少40%以上，提高效率60%～100%，节能20%，经济效益50～80元/吨坯，投资回收期小于1年
5	连铸坯热送热装技术	同时具备连铸机和型线材或板材轧机的钢铁企业	该技术是在冶金企业现有的连铸车间与型线材或板材轧制车间之间，利用现有的连铸坯输送辊道或输送火车（汽车），增加保温装置，将原有的冷坯输送改为热连铸坯输送至轧制车间热装进行轧制，该技术分：热装、直接热装、直接轧制三种形式。该技术的使用，大大降低了轧钢加热炉加热连铸坯的能源消耗，同时减少了钢坯的氧化烧损，并提高了轧机产量	一般连铸方坯投资在1000万～2000万元；连铸板坯投资在3000万～5000万元。正常运行情况下，1～2年即可收回投资

表6-6 《国家重点行业清洁生产技术导向目录》第三批钢铁行业

序号	技术名称	适用范围	主要内容	主要效果
1	利用焦化工艺处理废塑料技术	钢铁联合企业焦化厂	利用成熟的焦化工艺和设备，大规模处理废塑料，使废塑料在高温、全封闭和还原气氛下，转化为焦炭、焦油和煤气，使废塑料中有害元素氯以氯化铵可溶性盐方式进入炼焦氨水中，不产生剧毒物质二噁英（dioxins）和腐蚀性气体，不产生二氧化硫、氮氧化物及粉尘等常规燃烧污染物，实现废塑料大规模无害化处理和资源化利用	对原料要求低，可以是任何种类的混合废塑料，只需进行简单破碎加工处理。在炼焦配煤中配加2%的废塑料，可以增加焦炭反应后强度3%～8%，并可增加焦炭产量
2	冷轧盐酸酸洗液回收技术	钢铁酸洗生产线	将冷轧盐酸酸洗废液直接喷入焙烧炉与高温气体接触，使废液中的盐酸和氯化亚铁蒸发分解，生成Fe_2O_3和HCl高温气体。HCl气体从反应炉顶引出、过滤后进入预浓缩器冷却，然后进入吸收塔与喷入的新水或漂洗水混合得到再生酸，进入再生酸贮罐，补加少量新酸，使HCl含量达到酸洗浓度要求后送回酸洗线循环使用。通过吸收塔的废气送入收水器，除水后由烟囱排入大气。流化床反应炉中产生的氧化铁排入氧化铁料仓，返回烧结厂使用	此技术回收废酸并返回酸洗工序循环使用，降低了生产成本，减少了环境污染。废酸回收后的副产品氧化铁（Fe_2O_3）是生产磁性材料的原料，可作为产品销售，也可返回烧结厂使用
3	焦化废水A/O生物脱氮技术	焦化企业及其它需要处理高浓度COD、氨氮废水的企业	焦化废水A/O生物脱氮是硝化与反硝化过程的应用。硝化反应是废水中的氨氮在好氧条件下，被氧化为亚硝酸盐和硝酸盐；反硝化是在缺氧条件下，脱氮菌利用硝化反应所产生的NO_2^-和NO_3^-来代替氧进行有机物的氧化分解。此项工艺对焦化废水中的有机物、氨氮等均有较强的去除能力，当总停留时间>30h后，COD、BOD、SCN^-的去除率分别为67%、38%、59%，酚和有机物的去除率分别为62%、36%，各项出水指标均可达到国家污水排放标准	工艺流程和操作管理相对简单，污水处理效率高，有较高的容积负荷和较强的耐负荷冲击能力，减少了化学药剂消耗，减轻了后续好氧池的负荷及动力消耗，节省运行费用
4	高炉煤气等低热值煤气高效利用技术	钢铁联合企业	高炉等副产煤气经净化加压后与净化加压后的空气混合进入燃气轮机混合燃烧，产生的高温高压燃气进入燃气透平机组膨胀做功，燃气轮机通过减速齿轮传递到汽轮发电机组发电；燃气轮机做功后的高温烟气进入余热锅炉，产生蒸汽后进入蒸汽轮机做功，带动发电机组发电，形成煤气-蒸汽联合循环发电系统	该技术的热电转换效率可达40%～45%，接近以天然气和柴油为燃料的类似燃气轮机联合循环发电水平；用相同的煤气量，该技术比常规锅炉蒸汽多发电70%～90%，同时，用水量仅为同容量常规燃煤电厂的1/3，污染物排放量也明显减少
5	转炉负能炼钢工艺技术	大中型转炉炼钢企业	此项技术可使转炉炼钢工序消耗的总能量小于回收的总能量，故称为转炉负能炼钢。转炉炼钢工序过程中消耗的能量主要包括：氧气、氮气、焦炉煤气、电和使用外厂蒸汽，回收的能量主要是转炉煤气和蒸汽，煤气平均回收量达到90m^3/t钢；蒸汽平均回收量80kg/t钢	吨钢产品可节能23.6kg标准煤，减少烟尘排放量10mg/m^3，有效地改善区域环境质量。我国转炉钢的比例超过80%，推广此项技术对钢铁行业清洁生产意义重大

表6-7 《国家清洁生产先进技术目录（2022）》第四批钢铁行业

序号	技术名称	适用范围	主要内容	主要效果
1	具有纳米自洁涂层换热装备的焦炉上升管余热回收技术	适用于焦化行业内所有新建及改造焦炉的炉型，包括捣固焦炉和顶装焦炉	开发了纳米涂层自清洁荒煤气专用等一系列换热器和智能控制系统，在保障焦炉稳定可靠运行的基础上，取得了明显的节水、节能及相关环境效益	（1）节能效果：一套系统平均降低炼焦工序能耗大于10kg（标准煤）/t（焦）。 （2）节水效果：水资源消耗量与产蒸汽量的比值约1.05，若年产饱和蒸汽量在21.16万吨，节约冷却循环水量10～16t/h，冷凝水可以全部回用，除盐水量可以减少90%。 （3）减污效果：按年节约513t标准煤折算，可分别减少SO_2、NO_x、颗粒物的产排量（进行脱硫脱硝除尘前）10t、6.6t、4.7t。 （4）降碳效果：以年产焦炭170万吨焦炉荒煤气余热回收项目为例，一套余热回收系统产生0.6～0.8MPa饱和蒸汽124kg/t焦，相当于平均降低炼焦工序能耗12.13kg（标准煤）/t（焦），减排31.54kg（二氧化碳）/t（焦）；该技术每年可减少氨水、循环水、制冷水的电力消耗约$1.5×10^6$kW·h，年节约457.5t标准煤，折算减少CO_2排放量1189.5t
2	钢铁烧结烟气内循环减污降碳协同技术	适用于钢铁行业带式烧结机的烟气综合治理	根据烧结风箱烟气排放特征（温度、氧含量、污染物浓度等）差异，选择特定风箱段的烟气循环回烧结台车表面，重新用于烧结的过程。技术研究了烧结烟气内循环工艺体系，提出烧结过程多污染物协同减排，实现烧结烟气的总量减排，提高烧结废气余热利用效率，降低烧结生产过程的固体燃料消耗，开发应用了烟气内循环装备	（1）节能效果：通过高温废气余热的循环利用可降低烧结生产固体燃料消耗5%以上，烧结生产固体燃料用量减少1.56kg（标准煤）/t（铁）。 （2）减污效果：降低烧结烟气产生总量20%以上。降低NO_x、一氧化碳（CO）等污染物排放量20%以上。 （3）降碳效果：在烟气循环率25%时，节煤约2.5kg（标准煤）/t（烧结矿），减少二氧化碳排放6.50kg（二氧化碳）/t（烧结矿）。外排总烟气量降低20%，后续环保设备运行电耗降低约为1.28kW·h/t烧结矿，折合吨烧结矿减少CO_2排放量为1.02kg

6.5 新时期清洁生产制度发展挑战和趋势

6.5.1 新时期清洁生产制度发展挑战

2030年前实现碳达峰、2060年前实现碳中和，是贯彻新发展理念、构建新发展格局、推动高质量发展的内在要求，是党中央统筹国内国际两个大局做出的重大战略决策，是着力解决资源环境约束突出问题、实现中华民族永续发展的必然选择，是构建人类命运共同体的庄严承诺。"十四五"时期，我国生态文明建设进入以降碳为重点战略方向、推动减污降碳协同增效、促进经济社会发展全面绿色转型、实现生态环境质量改善由量变到质变的关键时期。以降碳为总抓手，促进减污、扩绿、增长协同目标实现，已经成为妥善处理四个方面复杂互动关系、统筹发展和减排的关键。在推动绿色发展、促进人与自然和谐共生现代化的总体任务要求下，协同推进降碳、减污、扩绿、增长"四位一体"目标具有内在可行性和现实必要性，有助于增强不同环节良性互动，推动以更小成本实现更优效果，促进经济、社会、生态环境整体效益发挥，实现经济高质量发展和生态环境高水平保护"双赢"。

（1）以清洁生产为核心的污染预防理念尚未成为我国环境管理的首选内容

当前，生态文明建设已进入实质性行动阶段，但在生态文明建设中，特别是污染防治中，重末端治理、轻污染预防的环境管理方式仍是当前的工作重心，以清洁生产为核心的污染预防理念尚未成为我国环境管理的首选内容，清洁生产推进仍游离于生态环境保护工作重点的边缘，真正融入环境管理的可操作性制度依然缺失。

（2）清洁生产多部门协调机制仍需加强

从工作推进成效看，清洁生产相关管理部门协调机制仍需强化。
① 宏观层面，缺乏系统性的制度对协作机制、程序和权责分配进行详细的规定；
② 在微观层面，涉及职能交叉或空白部分，缺乏协调配合机制，制约了清洁生产工作的深入推进。

（3）缺乏顶层设计，政策呈现碎片化局面

《中华人民共和国清洁生产促进法》第八条提出要制定国家清洁生产推行规划，但国家层面的清洁生产规划一直没有出台，全国清洁生产工作缺乏顶层设计和指导。此外，国家或部委的重大规划和行动中很多涉及清洁生产内容，总体来看不够系统，呈现碎片化现象。

（4）清洁生产与环境管理制度衔接不足

近年来，我国环境管理制度做出了重大改革，清洁生产工作没有及时与改革后的环境管理制度或计划有效衔接，例如清洁生产工作与排污许可证制度衔接不够、与工业源全面达标排放计划衔接不够、与环保督察巡察制度衔接不够，清洁生产在生态环境保护工作中的作用未能充分发挥。

6.5.2　新时期清洁生产制度发展趋势

清洁生产作为从源头削减污染、提高资源利用效率、减少或避免产品和服务全生命周期污染物和温室气体产生的环境保护战略，遵循全过程控制理念，从产品或服务生态设计、优化生产工艺及装备、调整产品结构、降低资源能源消耗、提升资源综合利用效率、削减污染物产生及其对人和环境的风险、建立管理体系等、建立预防性、整体性、系统性解决方案，是实现减污降碳协同增效的重要手段，推行清洁生产是贯彻落实节约资源和保护环境基本国策的重要举措。

据相关资料，2020年，工业源 SO_2 排放量为253.2万吨，占全国 SO_2 排放量的79.6%；原材料工业碳排放占规模以上工业排放总量的2/3以上，占全社会排放总量1/2以上。工业是节能降碳的主战场，也是推行清洁生产的重中之重。目前，推进清洁生产还存在着以下几方面的问题：

① 以全过程转变生产方式为目的的清洁生产效用尚未达成。20世纪90年代清洁生产理念作为欧美成功经验引入，通过开展企业清洁生产审核，在重点行业节能降耗减污增效方面做出了重要贡献。但相对于清洁生产审核，清洁生产推进中仍缺少多元、精准、有效的方法和机制，清洁生产技术、清洁生产产业等在推进清洁生产的过程中还未能发挥应有的作用。新时期企业清洁生产亟须向实现产品设计、技术升级、治理能力提升等全过程绿色生产方式转变。

② 以政府推动为导向的中国清洁生产政策体系需进一步完善。我国清洁生产工作主要依赖于政策的引导和支持。《清洁生产促进法》发布和修改实施之后，清洁生产规章制度、标准及技术规范需要根据法律做出相应的修订，启动相关的配套政策与措施。清洁生产信息系统和技术咨询服务体系，清洁生产的技术研发、成果转化、推广机制等有待健全，市场机制的协调作用亟待加强。

③ 以助力减污降碳协同增效为导向的清洁生产绩效的评估机制仍有待完善。目前国家、省、市等各级清洁生产主管部门仅掌握每年开展清洁生产审核企业数量、名称等基本信息，对于通过实施清洁生产到底能够获得多少减污降碳的效益缺乏定量评估方法和统计制度，对减碳目标缺乏关注，造成清洁生产实施成效长期以来难以科学测算和呈现，清洁生产未真正成为实现"双碳"目标的抓手。

为此，提出以下几点建议：

① 新形势下的创新是清洁生产审核工作发展到一定时期的必然选择和客观要求。审核对象的创新是实现多层次、全覆盖的必要手段，相比于单个企业的审核，可在更大尺度上实现节能减排的效益。审核模式的创新是在多年工作的基础上，将现有常规审核逐渐过渡到快速清洁生产审核和常规审核相结合的工作方式，有利于提升审核效率。审核内容上的创新，可以从审核过程及内容上体现"降碳"、添加"降碳"的指标和核算权重、添加"降碳"进入评估验收标准入手。审核结果应用创新，可以体现在审核过程成果的应用创新和审核评估验收结果延伸应用创新两个方面，是进一步明确清洁生产工作的职能定位，拓展其应用空间，扩大审核工作影响力和关注度的有效做法。

② 建立清洁生产绩效评估机制，全面量化清洁生产助力减污降碳绩效。结合企业、行业、园区等不同层面开展清洁生产工作的进展，如工业产品生态（绿色）设计、重点产业清洁生产改造工程建设、清洁生产产业培育情况、行业/园区清洁生产审核创新试

点推进等，借助"互联网+大数据技术"，建立"过程+效果"的清洁生产绩效动态评估机制，强化量化评估清洁生产促进减污降碳协同增效实施效果，为清洁生产助力降碳减污提供更精准的科技支撑。

③ 加大清洁生产的宣传和科普力度，激发清洁生产主体积极主动性。为进一步强化清洁生产预防性、系统性、持续性环境战略思想在生态文明新时代双碳进程中的再认识，建议深化清洁生产新内涵新实践的教育普及，加大清洁生产的宣传和科普力度，强化清洁生产对降碳减污其他重点工作的支撑融合和协同。建立完善生产端和消费端清洁生产技术研发和信息共享等方面政策，积极推进清洁生产技术规范体系的完善和优化，将清洁生产融入降碳减污的各方面和全过程，形成全民共同践行和创新清洁生产的新局面，扩大清洁生产影响，发挥清洁生产的引领作用。

参考文献

[1] 杨奕，智静，李艳萍，等.《中华人民共和国清洁生产促进法》实施中存在的问题及完善途径[J]. 环境工程技术学报，2021, 11(2): 378-384.

[2] 宋丹娜，白艳英，于秀玲. 浅谈对新修订《清洁生产促进法》的几点认识[J]. 环境与可持续发展，2012,37(6): 14-17.

[3] 白艳英，马妍，于秀玲. 清洁生产促进法实施情况回顾与思考[J]. 环境与可持续发展，2010(6): 5-8.

[4] 孙启宏，李艳萍，李卓丹，等. 清洁生产标准促进造纸工业污染减排[J]. 循环经济，2007(12):40-43.

[5] 段宁，李艳萍，孙启宏，等. 中国经济系统物质流趋势成因分析[J]. 中国环境科学，2008, 28(1): 68-72.

[6] 钟琴道，李艳萍，乔琦. 物质流分析研究综述[J]. 安徽农业科学，2013, 41(17): 7395-7398.

[7] 沈鹏，李艳萍，毛玉如，等. 中国清洁生产标准方法学研究[J]. 环境与可持续发展，2008(4): 12-14.

[8] 沈鹏，李艳萍，毛玉如，等. 中国清洁生产标准进展研究[J]. 环境与可持续发展，2008(3): 19-21.

[9] 生态环境部. 重点企业清洁生产审核评估与验收指南解读. 2018. http://sthj.shandong.gov.cn/dtxx/zcjd/201805/t20180517_1316722.html.

[10] 生态环境部. 关于深入推进重点行业清洁生产审核工作的通知解读. 2022. https://www.craes.cn/glzc/202010/t20201027_805016.shtml.

[11] 国家发展改革委. "十四五"全国清洁生产推行方案解读. 2021. https://www.ndrc.gov.cn/xxgk/jd/jd/202111/t20211109_1303533.html.

[12] 孙大光，赵辉，吕川. 新形势下清洁生产审核工作创新与实现途径的思考[J]. 节能与环保，2024, 4(357): 16-23.

第 **7** 章

环境信息披露制度

7.1 环境信息披露制度内涵和意义

7.1.1 环境信息披露制度内涵

2001年10月30日联合国环境署宣布《在环境问题上获得信息公众参与决策和诉诸法律的公约》(简称《奥胡斯公约》)正式生效,它在获得信息、公众参与和诉诸法律方面赋予公众权利,并为各缔约方和政府机构规定了义务。其中包括环境信息的公开内容和不应公开的内容,具体要求已经涉及具体行业、企业。2007年按照国家环境保护总局令第35号《环境信息公开办法(试行)》中第二条"本办法所称环境信息,包括政府环境信息和企业环境信息。政府环境信息,是指环保部门在履行环境保护职责中制作或者获取的,以一定形式记录、保存的信息。企业环境信息,是指企业以一定形式记录、保存的,与企业经营活动产生的环境影响和企业环境行为有关的信息。"

7.1.2 环境信息披露制度意义

开展环境信息披露是企业的社会责任,也是消除信息不对称导致市场失灵的重要手段,能够发挥社会监督作用,推动构建现代环境治理体系。环境信息披露是国际上落实企业环境责任的通行做法。欧盟、美国等国家和地区建立了企业环境信息披露制度,从实施效果来看,该制度强化了企业环境意识,推进了绿色转型发展,增强了温室气体和污染物减排的自主性和积极性。

① 开展环境信息披露显著强化企业环保责任。要求企业主动披露履行生态环保法律法规执行情况和环境治理情况,引导和督促企业自觉守法、履行责任,全面提升环保意识、改进环境行为。

② 开展环境信息披露推动形成环境保护的长效市场机制。通过开展环境信息披露,为市场相关方提供全面准确的环境信息,有利于发挥市场对环境资源配置作用,有利于绿色技术的研发应用和环境污染治理第三方市场的发展。

③ 开展环境信息披露有助于推动社会公众参与。开展环境信息披露将进一步凝聚社会共识,引导社会公众对企业绿色低碳产品的判断与选择,提升公众对企业污染排放监督的积极性和有效性,形成全社会绿色转型合力。

7.2 环境信息披露制度发展历程

我国环境信息披露制度发展可以大体分为3个阶段：

① 2009年以前主要是环境信息公开，以政策建议为主；

② 从2009年到2016年，在信息披露要求方面开始有比较明确、规范、非常严格的要求；

③ 2017年至今，深化加快，建立起了环境信息披露制度，主要从污染管控、环境责任落实，强化环境部门监管去推进制度的建设。

（1）环境信息披露理念的形成阶段（2009年以前）

2002年，中国证监会发布了《上市公司治理准则》，中国银保监会发布了《绿色信贷指引》。中国现有的环境信息立法历程以2003年国家环保总局下发的《关于企业环境信息公开的公告》为起点，首次对环境信息公开作出较为详细的规定，指出：省级环保部门要在当地主要媒体上定期公布超标准排放污染物或者超过污染物排放总量规定限额的污染严重企业名单，列入名单的企业必须公开排放总量、污染治理和环保守法等五类信息，并且鼓励未纳入名单的企业主动公开。相关规定实际是基于2003年1月实施的《清洁生产促进法》中第十七条的规定，省级环保部门要在本地区主要媒体上公布未达到能源消耗控制指标、重点污染物排放控制指标的企业的名单，列入名单的企业，应当按照国务院清洁生产综合协调部门、环境保护部门的规定公布能源消耗或者重点污染物产生、排放情况，接受公众监督。可以看出，2003年之前环境信息公开依附于别的环境制度来规划，之后环境信息公开作为独立的法律制度进行立法。

2005年，国家环境保护总局发布《关于加快推进企业环境行为评价工作的意见》《企业环境行为评价技术指南》。2006年，深圳证券交易所发布《深圳证券交易所上市公司社会责任指引》。2007年，国家环境保护总局发布《环境信息公开办法（试行）》。2008年，上海证券交易所发布《关于加强上市公司社会责任承担工作暨发布〈上海证券交易所上市公司环境信息披露指引〉的通知》。

（2）环境信息披露推行阶段（2009～2016年）

2010年，中国发行了第一支真正意义上的社会责任公募基金。2012年，中国香港联合交易所出台《环境、社会及管治报告指引》。2013年，环境保护部出台《国家重点监控企业自行监测及信息公开办法（试行）》和《国家重点监控企业污染源监督性监测及信息公开办法（试行）》。2014年1月1日正式实施的《国家重点监控企业自行监测及信息公开办法（试行）》和《国家重点监控企业污染源监督性监测及信息公开办法（试行）》，明确规定了国家重点监控企业（简称"国控企业"）应该执行自行监测和监督性监测并进行信息公开，这是基于污染源监测数据公开角度进行明确规定，同时明确了企业和环保部门相关职责。基于此，各省市开始逐步建立了国控企业自行监测及监督性监测信息公开平台，平台的建立让企业和基层环保部门开始有基础并成体系地践行企业排污信息公开。这两个文件也成为重要抓手，并以此为依据对基层环保部门进行"点对点"的建议和倡导，促成更多国控企业可以在信息平台上公开环境信息。2014年，《中华人民共和国环境保护法》发布，以法律的形式，要求重点排污单位应当如实公开其主要污染物的情况。

2015年，《生态文明体制改革总体方案》要求资本市场建立上市公司环保信息强制性披露机制。2016年，中国人民银行等七部委发布《关于构建绿色金融体系的指导意见》。2015年新修订的《环境保护法》得以正式实施，首次以基本法的形式明确了环境信息公开的基本原则，这也成为后续一系列环境法规政策制定考量的基本原则。《环境保护法》从制度的角度将信息公开和公众参与连接起来，专门设置"信息公开和公众参与"章节，体现信息公开是公众参与的基础。随着国家环境政策的变化，2015年《环境保护法》首次提出"重点排污单位"（简称"重排单位"）的概念，随后配套办法《企业事业单位环境信息公开办法》对重排单位信息公开内容提出了详细要求，环保组织针对此项政策开始统计各地重排单位名录发布情况，积极倡导各地按照要求公布名录。《重点排污单位名录管理规定（试行）》的出台进一步明确了相关工作的依据，大约两年的时间各地市生态环境部门基本实现了较为及时发布本市的重排单位名录。

（3）环境信息披露进入环境管理制度阶段（2017年至今）

虽然重排单位替换了国控企业的概念，但相关要求却没有进一步明确，相关法律法规与政策性文件也没有进行很好的衔接。重排单位的监管是否完全替代国控企业在实践中并没有统一做法，部分省市将"国控企业信息公开平台"直接改名为"重排企业信息公开平台"；部分省市将2017年国控企业（后续未更新）认为是应执行国控要求的企业。2017年出现国控企业名单和重排单位名录同时存在的情况，被纳入重排单位名录的企业信息公开渠道并未明确，信息公开渠道的多元化伴随着"公开差"。2017年，证监会《公开发行证券的公司信息披露内容与格式准则第2号——年度报告的内容与格式（2017年修订）》对"重点排污单位相关上市公司"做出明确规定。2018年，A股正式纳入MSCI新兴市场指数和MSCI全球指数，证监会修订《上市公司治理准则》，特别增加了环境保护与社会责任的内容，中国证券投资基金业协会发布《中国上市公司ESG评价体系研究报告》和《绿色投资指引（试行）》。2019年，基金业协会发布《关于提交自评估报告的通知》，上海证券交易所出台《上海证券交易所科创板股票上市规则》，明确ESG信息披露要求，中国香港联合交易所第三次修订《环境、社会及管治报告指引》。"双碳"目标提出后，碳排放数据等气候变化信息披露得到了更为广泛的关注。目前，生态环境保护进入了减污降碳协同增效的新时期。碳排放等气候变化信息的披露，不仅是公众知情的要求，而且是碳定价的基础支撑，对碳市场碳金融的作用至关重要。环境信息公开不断突破和深化，使得现代环境治理逐步深化。环境信息公开从无到有，已超越了公众监督和增强互信的基本功能。在大数据时代，基于数据的智慧环保，环境信用评价和绿色金融等多场景运用，环境信息公开更加有力，正在推动形成监管、公众、企业、金融等多方参与的环境治理格局。2020年，中国香港联合交易所修订了《如何编备环境、社会及管治报告》，全国首部绿色金融领域的法律法规《深圳经济特区绿色金融条例》出台，五部委联合印发了《关于促进应对气候变化投融资的指导意见》。2021年，证监会在《上市公司投资者关系管理指引（征求意见稿）》中增加了ESG信息。生态环境部发布了《环境信息依法披露制度改革方案》《企业环境信息依法披露管理办法》。中国证监会要求在半年报/年报中加一节"环境与社会"内容。2022年，生态环境部印发了《企业环境信息依法披露格式准则》，中办、国办印发了《关于推进社会信用体系建设高质量发展促进形成新发展格局的意见》，国有资产监督管理委员会产权局发布了《提高央企控股上市公司质量工作方案》，提出"力争到2023年相关专项报告披露'全覆盖'"。

7.3 环境信息披露制度体系

生态环境部出台的关于环境信息披露的相关文件主要包括：2003年9月，国家环境保护总局发布《关于企业环境信息公开的公告》，这是我国第一个有关企业环境信息披露的规范。2013年，环境保护部出台《国家重点监控企业自行监测及信息公开办法（试行）》和《国家重点监控企业污染源监督性监测及信息公开办法（试行）》，要求国家重点监控企业公开企业污染物排放自行监测信息。2021～2022年，生态环境部出台《环境信息依法披露制度改革方案》（后简称《改革方案》）、《企业环境信息依法披露管理办法》（后简称"管理办法"）和《企业环境信息依法披露格式准则》。

7.3.1 《关于企业环境信息公开的公告》（环发［2003］156号）

2003年，根据《中华人民共和国清洁生产促进法》，国家环境保护总局决定在全国开展企业环境信息公开工作，以促进公众对企业环境行为的监督。在当地主要媒体上定期公布超标准排放污染物或者超过污染物排放总量规定限额的污染严重企业名单。没有列入名单的企业可以自愿参照本规定进行环境信息公开。

必须公开的环境信息方面，环境信息内容必须如实、准确，有关数据应有3年连续性。

① 企业环境保护方针。

② 污染物排放总量，包括：废水排放总量和废水中主要污染物排放量；废气排放总量和废气中主要污染物排放量；固体废物产生量、处置量。

③ 企业环境污染治理，包括：企业主要污染治理工程投资；污染物排放是否达到国

家或地方规定的排放标准；污染物排放是否符合国家规定的排放总量指标；固体废物处置利用量；危险废物安全处置量。

④ 环保守法，包括：环境违法行为记录；行政处罚决定的文件；是否发生过污染事故以及事故造成的损失；有无环境信访案件。

⑤ 环境管理，包括：依法应当缴纳排污费金额；实际缴纳排污费金额；是否依法进行排污申报；是否依法申领排污许可证；排污口整治是否符合规范化要求；主要排污口是否按规定安装了主要污染物自动监控装置，其运行是否正常；污染防治设施正常运转率；"三同时"执行率。

自愿公开的环境信息方面，包括：

① 企业资源消耗，包括能源总消耗量和单位产品能源消耗量，新水取用总量和单位产品新水消耗量，工业用水重复利用率，原材料消耗量，包装材料消耗量。

② 企业污染物排放强度（指生产单位产品或单位产值的主要污染物排放量），包括烟尘、粉尘、二氧化硫、二氧化碳等大气污染物和化学需氧量、氨氮、重金属等水污染物。

③ 企业环境的关注程度。

④ 下一年度的环境保护目标。

⑤ 当年致力于社区环境改善的主要活动。

⑥ 获得的环境保护荣誉。

⑦ 减少污染物排放并提高资源利用效率的自觉行动和实际效果。

⑧ 对全球气候变暖、臭氧层消耗、生物多样性减少、酸雨和富营养化等方面的潜在环境影响。

对企业环境信息公开的其他要求：

① 企业出现下列情况之一，企业登记所在地省级环境保护行政主管部门应当随时在本局网站或上报我局在总局政府网站上公布有关环境信息：常规环境监测中连续2次（含）以上排放的主要污染物没有达到国家或地方规定的污染物排放标准；常规环境监测中连续2次（含）以上污染物排放总量超过了排污许可证的允许排放量；现场环境监察中连续2次（含）以上出现环境违法行为；发生重大污染事故；发生集体性环境信访案件。

② 对不公布或者未按规定公布污染物排放情况的，应依据《清洁生产促进法》，按照相应的管理权限，由县级以上环保部门公布，可以并处相应的罚款。

7.3.2　自行监测和监督性信息公开

为规范企业自行监测及信息公开，督促企业自觉履行法定义务和社会责任，推动公众参与环境保护，依据《中华人民共和国环境保护法》《中华人民共和国水污染防治法》《"十二五"主要污染物总量减排考核办法》《"十二五"主要污染物总量减排监测办法》

《环境监测管理办法》等法律规章，生态环境部起草了《国家重点监控企业自行监测及信息公开办法（试行）》（后简称《办法》）和《国家重点监控企业污染源监督性监测及信息公开办法（试行）》。

7.3.2.1 《办法》制订的必要性

（1）我国相关法律规定中明确要求企业对自身排污状况进行监测

我国相关法律规定中明确要求企业对自身排污状况开展监测，企业开展排污状况自行监测是法定的责任和义务。1992年颁布的国家环境保护总局第10号令《排放污染物申报登记管理规定》中第十一条规定"排污单位对所排放的污染物，按国家统一规定进行监测、统计。"2007年颁布的国家环境保护总局第39号令《环境监测管理办法》中第二十一条规定"排污者必须按照县级以上环境保护部门的要求和国家环境监测技术规范，开展排污状况自我监测。"2008年2月28日修订通过的《中华人民共和国水污染防治法》中第二十三条规定"重点排污单位应当安装水污染物排放自动监测设备，与环境保护主管部门的监控设备联网，并保证监测设备正常运行。排放工业废水的企业，应当对其所排放的工业废水进行监测，并保存原始监测记录。具体办法由国务院环境保护主管部门规定。"

（2）污染源监测仅作为政府单向行为的观念需要转变

环保部门开展的污染源监督性监测属于政府对企业排污状况的监管行为，企业开展自行污染源监测，属于企业自身为履行法定环境保护责任和义务而自行组织开展的环境监测行为。两种监测行为目的都是通过开展监测，获取监测结果，及时掌握企业的排污状况，促使污染物能够达标排放。企业自身开展监测，更便于企业及时掌握自身排污状况，发现超标情况及时查找原因，采取相应措施，达标排放。目前，随着环境管理和执法力度的加强，虽然绝大多数企业建立了污染治理设施，但大多数企业开展自行监测的法律意识薄弱，污染源自行监测水平普遍较低，监测能力发展缓慢，监测项目不全，未能涵盖行业特征污染物，不能全面掌握自身排放污染物的状况。尤其对于污染源的监测，社会公众往往理解为政府针对企业的单向工作，却忽视了企业自身的环境保护责任和义务，即便是在环保系统内，仍有这种观念存在，这种观念需要得到根本的转变，更需要加强对企业开展自行监测的管理，提高企业自行监测能力及水平。

（3）我国现行法律中规定企业公开环境信息的不足之处

我国对企业环境信息公开作出的规定除了散见在《环境保护法》《清洁生产促进法》《关于对申请上市的企业和申请再融资的上市企业进行环境保护核查的规定》《环境影响评价公众参与暂行办法》以及《企业环境信息公开公告》等法律法规中外，目前唯一一部对企业环境信息公开进行的立法是2007年国家环境保护总局（现生态环境部）颁布的《环境信息公开办法（试行）》，其中规定必须公开环境信息的主体仅限于超标超总量的企业，而实际上，对环境造成影响的企业远不止这些，如化工、冶炼、食品、制药、造纸、汽车制造、家电制造等行业中，排放虽然达到国家或地方标准，但并不意味着对环境零危害。众所周知，企业排放的有毒或有害物质即使未超标，但有害因子进入环境后会在环境中发生扩散、迁移、转化，并与生态系统的诸多要素发生作用，使生态系统的结构与功能发生变化，对人类以及其他生物的生存和发展产生直接或间接的不利影响。这种不利影响衍生的环境效应具有滞后性，往往在污染发生的当时不易被察觉或预料到，然而一旦发生就表示环境污染已经发展到相当严重的地步。因此，有必要加大公开范围，对列入国家重点监控名单中的企业，不仅要认真履行自行监测的法定责任和义务，而且要如实公开自行监测的信息，满足公众环境知情权，接受公众的监督。

（4）企业污染排放信息强制公开的执行力较弱

目前各企业公布的环境报告书中，几乎没有与污染排放相关的信息，关于企业污染信息强制公开的执行也是相当乏力的。2009年绿色和平组织对企业污染物信息公开进行了专门调查，并于2009年10月13日发布了《"沉默"的大多数——企业污染物信息公开状况调查》。调查选取的样本企业是我国的世界500强企业与中国100强企业，结果显示：位列世界500强和中国100强的18家行业领先企业的25家工厂，因存在向水体中排放污染物超标的情况而被环保部门在网上公开，然而没有一家企业按照《环境信息公开办法（试行）》在规定时限内公布污染物排放信息；截至调查结束，仅3家公司（涉及4家工厂）公开了其污染物排放信息，公开信息的4家工厂中，最多的一家公开了6种污染物信息，最少的2家仅公布了2种。而8家跨国公司在海外工厂公开的污染物排放信息更加详细全面，最多的一家工厂公开了49种污染物的排放信息。用一句话概括，《环境信息公开办法（试行）》规定的企业污染物信息公开基本上处于失效状态，沉默的不是大多数而是绝大多数。因此，为推动企业履行环境保护、污染防治的法律义务和责任，规范企业开展自行监测并如实公开自行监测信息，满足社会公众对企业排污状况的全面了解，推动社会公众参与环境保护，加强对企业自行监测及信息公开的管理，有必要制订《国家重点监控企业自行监测及信息公开办法（试行）》（后简称《办法》）。

7.3.2.2　企业自行监测及信息公开情况

2012年，为了解国家重点监控企业自行监测工作现状，掌握企业自行监测工作的成功经验和突出问题，制定有针对性的污染源监测管理措施，根据《关于开展国家重点监控企业污染源自行监测情况检查的通知》（环办函〔2012〕921号），环境保护部组织全国31个省、自治区、直辖市以及新疆生产建设兵团，开展了"2012年国控重点监控企业污染源自行监测能力检查"工作，检查范围为环保部发布的《2012年国家重点监控企业名单》（环办〔2011〕144号文）中列出的国控企业，检查内容为截至2012年8月30日前各企业开展污染源自行监测的情况。

1）自行监测总体开展情况

参与检查的13352家国家重点监控企业中，开展污染源自行监测的有10285家，占检查企业总数的77%，另有3067家国控企业由于无监测能力、缺少经费、缺少监测人员、缺少设备、无废水外排等尚未开展自行监测工作。10285家开展自行监测的国控企业中，20%的企业采用手工监测，25%的企业采用自动监测，55%的企业采用手工和自动相结合的监测方式。

① 手工监测：自承担监测的占53%、委托监测的占30%、两种方式同时开展的占17%。手工监测的发布频次以按季度发布居多（污水处理厂以按周发布的频次居多），以厂区外公告栏的方式发布居多。

② 自动监测：自承担运维的占26%、委托第三方运维的占70%、两种方式同时开展的占4%。自动监测的发布频次以按天发布的居多，以环保部门网站的方式发布的居多。

2）主要污染物的自行监测情况

84%的废水国控企业、55%的废气国控企业、96%的污水处理厂开展了主要污染物自行监测。

3）其他污染物的自行监测情况（手工监测）

854家废水国控企业（占废水国控企业总数的24%）监测其他污染物，平均每家企业监测4项，220家监测项目大于5项，44家监测项目大于10项。233家废气国控企业（占废气国控企业总数的8.5%）监测其他污染物，平均每家企业监测1～2项。698家污水处理厂（占污水处理厂总数的25%）监测其他污染物，平均每家企业监测8项，392家监测项目大于5项，221家监测项目大于10项，70家监测项目大于16项。

4）重金属项目自行监测情况

216家重金属国控企业监测了废水中五项重金属，其中，59家测汞、101家测铅、75家测砷、158家测铬、75家测镉，22家重金属国控企业监测了废气中三项重金属，其中，16家测铅、6家测铬、1家测镉。

7.3.2.3 《办法》的主要内容

《办法》包含总则、监测与报告、信息公开、监督与管理、附则五章规定。

① 总则方面，分为《办法》的纲领，体现了整部文件的基本精神和原则，包括制订《办法》的目的和依据、《办法》的适用范围、自行监测的定义、开展自行监测所需的条件保障等内容。

② 监测与报告方面，对企业开展自行监测的相关内容做了明确的规定，包括监测方案的制订、监测内容、监测点位、监测方法与仪器、监测频次、自承担监测的条

件、委托监测、监测记录、监测人员培训、监测质量管理、排污量申报、超标报告、年度报告。

③ 信息公开方面，规定了企业自行监测信息公开方面的内容，包括企业自行监测信息公开的内容、公开的方式、公开的时限三个方面。

④ 监督与管理方面，分别规定了环保部门的监督管理、公众监督以及对企业的管理措施三个方面的内容。

《办法》规定了企业如出现拒不开展自行监测、不发布自行监测信息或者开展相关工作存在问题且整改不到位的情况，环境保护主管部门可以视情况采取以下环境管理措施：

① 按未完成主要污染物总量减排年度任务处理，并向社会公布；

② 加大监督性监测频次；

③ 暂停其建设项目环境影响评价文件审批；

④ 暂停各类环保专项资金补助；

⑤ 建议金融、保险不予信贷支持或者提高环境污染责任保险费率；

⑥ 建议取消其政府采购资格。

7.3.3 《环境信息依法披露制度改革方案》

环境信息依法披露是重要的企业环境管理制度，是生态文明制度体系的基础性内容。深化环境信息依法披露制度改革是推进生态环境治理体系和治理能力现代化的重要举措。党中央、国务院高度重视环境信息依法披露制度改革工作，多次做出重要部署。党的十九大报告中明确提出健全信息强制性披露制度，《中共中央　国务院关于全面加强生态环境保护　坚决打好污染防治攻坚战的意见》《关于构建现代环境治理体系的指导意见》等文件均对建立环境信息披露制度做出部署。

为贯彻落实党中央、国务院决策部署，生态环境部会同有关部门在总结实践经验、实地调研、专题研讨、广泛听取各方意见的基础上，起草了《改革方案》，并征求相关部门、地方及行业协会意见。2020年12月30日，中央全面深化改革委员会第十七次会议审议通过《改革方案》。

《改革方案》注重环境信息依法披露制度总体设计，落实企业环境治理主体法定义务，提高监督管理效能，提升公众参与水平，推动形成企业自律、管理有效、监督严格、支撑有力的环境信息依法披露制度，为精准治污、科学治污、依法治污和生态文明制度体系建设提供有力支撑。

《改革方案》明确以依法披露为基础、协同管理为重点、加强监督为手段、技术支撑为保障的制度改革思路和框架。一是坚持依法披露。以现有法律法规为根本遵循，全面强化企业披露责任、落实企业披露义务，切实保障公众知情权。同时，通过完善法律法规体系，为环境信息披露提供有力的法律支撑。二是坚持问题导向。以制定披露规范、统一披露渠道、明确企业责任为主要抓手，有效解决现有环境信息披露存在的突出问题。三是坚持突出重点。聚焦重点主体、重点信息，通过强化部门协作、引导公众监督切实提高依法监督和社会监督效能，保障环境信息及时、真实、准确、完整。

《改革方案》主要从明确披露主体、确定披露内容、及时披露信息、完善披露形式、强化企业管理五个方面，明确了建立健全环境信息依法强制性披露规范要求的工作任务。一是明确环境信息强制性披露主体。将重点排污单位、实施强制性清洁生产审核的企业、因生态环境违法行为被追究刑事责任或者受到重大行政处罚的上市公司、发债企业等确定披露主体。二是确定环境信息强制性披露内容。依据有关法律法规等规定，明确环境信息强制性披露内容和范围，建立动态调整机制。落实国家安全政策，涉及国家秘密的以及重要领域核心关键技术的，企业依法依规不予披露。三是及时披露重要环境信息。当企业发生对社会公众及投资者有重大影响或引发市场风险的环境行为时，应当及时向社会披露相关环境信息。四是完善环境信息强制性披露形式。采用易于理解、便于查询的方式及时自行披露环境信息，同时传送至企业环境信息强制性披露系统。五是强化企业内部环境信息管理。企业披露的环境信息应当真实、准确、完整，使用符合监测标准规范要求的环境数据，优先使用符合国家监测规范的污染物自动监测数据、排污许可证执行报告数据。

《改革方案》从明确企业名单、强化行业管理、建立共享机制三个方面，明确了建立环境信息依法强制性披露协同管理机制的工作任务。一是依法明确环境信息强制性披露企业名单。市（地）级生态环境部门会同相关部门确定本行政区域内环境信息强制性披露企业名单，并及时向社会公开。二是强化环境信息强制性披露行业管理。生态环境部门加强环境信息披露管理。工业和信息化、人民银行、国有资产监督管理、证券监督管理部门将环境信息依法披露纳入相关工作中，落实环境信息依法披露制度。三是建立环境信息共享机制。市（地）级以上生态环境部门设立企业环境信息强制性披露系统，及时将企业环境信息强制性披露情况等信息共享至同级信用信息共享平台、金融信用信息基础数据库。

《改革方案》从强化依法监督、纳入信用监督、加强社会监督三个方面，明确了健全环境信息依法强制性披露监督机制的工作任务。一是强化依法监督。加强信息披露与执法机制一体化建设，依法查处并公开企业未按规定披露环境信息的行为，健全严惩重罚机制。检察机关开展专门监督。二是纳入信用监督。将环境信息强制性披露纳入企业信用管理，有关部门依据企业信用状况，依法依规实施分级分类监管。三是加强社会监督。发挥社会监督的作用，畅通投诉举报渠道，引导社会公众、新闻媒体等对企业环境信息强制性披露进行监督。

《改革方案》从完善法律法规、健全技术规范、落实企业守法义务、鼓励社会提供专业服务四个方面，明确了加强环境信息披露法治化建设的工作任务。一是完善法律法规。生态环境部牵头制定环境信息依法披露管理办法，省级人民政府可根据工作需要制定地方性环境信息依法披露规章制度，建立健全重大环境信息披露请示报告制度。二是健全技术规范。生态环境部门牵头制定企业环境信息依法披露格式准则，发展改革、工业和信息化、人民银行、证券监督管理部门分别在相关行业规范条件、招股说明书、发债企业信息披露中明确环境信息强制性披露要求。三是落实企业守法义务。强化企业依法披露环境信息的强制性约束，加大处罚力度。企业未按照规定履行信息披露义务，致使利益相关者遭受损失的，应依法承担赔偿责任。四是鼓励社会提供专业服务。完善第三方机构参与环境信息强制性披露的工作规范，引导第三方机构提供专业化信息披露市场服务和合规咨询服务。

为确保改革任务落实落地，《改革方案》提出了三个方面的保障措施：一是落实地方责任，加强组织领导和统筹协调，完善配套措施，强化经费保障，定期督促调度；二是形成部门合力，加强政策协调和工作衔接，加强督导调研，及时总结经验，遴选典型并宣传推广；三是细化工作安排，明确各年度重点改革任务。

《改革方案》聚焦对生态环境、公众健康和公民利益有重大影响，市场和社会关注度高的企业环境行为，明确了企业、管理部门、社会公众和组织在环境信息依法披露制度改革的责任，综合运用法治化、强制性和自律性措施，强化政府监管和社会监督，保障社会公众知情权，保护企业合法权益，确保企业依法合规披露环境信息。

《改革方案》强调提升企业披露环境信息的质量，对环境信息的产生、发布等过程提出明确要求，强化企业信息披露责任约束。建立行政、信用、社会等多元监督机制，充分发挥社会公众、社会组织、新闻媒体的监督作用，切实推动形成多部门、多领域、多主体的监督"组合拳"。

7.3.4　《企业环境信息依法披露管理办法》

经中央全面深化改革委员会第十七次会议审议通过，生态环境部于2021年5月印发了《改革方案》。为贯彻落实《改革方案》要求，进一步建立健全企业环境信息依法披露制度，明确规定、落实责任、规范行为，生态环境部印发《企业环境信息依法披露管理办法》。

管理办法聚焦对生态环境、公众健康和公民利益有重大影响，市场和社会关注度高的企业环境行为，加快建立企业自律、管理有效、监督严格、支撑有力的环境信息依法披露制度。一是着重健全环境信息依法披露制度的具体安排，将多部生态环境法律法规关于环境信息披露的规定整合，解决环境信息披露形式、程序、时限等要求不明确问题；二是着重解决环境信息披露内容不规范问题，强化对深入打好污染防治攻坚战、碳达峰碳中和等生态环境领域重点工作的支撑，实现对重要主体、重要行为、重要信息等关注度高、使用需求大的信息全覆盖；三是着重解决环境信息披露渠道过于分散、部门协作不足等问题，规范环境信息披露途径，明确管理部门责任，保障合理分工、有效执行。

管理办法分为六章，共三十三条，对环境信息依法披露主体、披露内容和时限、监督管理等基本内容进行了规定。

第一部分为总则。对管理办法的适用范围进行了解释，规定了环境信息依法披露的部门职责、主体责任、基本要求、信息安全等内容。

第二部分为披露主体。重点关注环境影响大、公众关注度高的企业，要求重点排污单位、实施强制性清洁生产审核的企业、符合规定情形的上市公司、发债企业等主体应当依法披露环境信息，同时规定了制定环境信息依法披露企业名单的程序、企业纳入名单的期限。

第三部分为披露内容和时限。要求企业按照《企业环境信息依法披露格式准则》（以下简称《准则》）编制年度环境信息依法披露报告和临时环境信息依法披露报告，并分别在规定的时限内上传至企业环境信息依法披露系统。对于年度环境信息依法披露报告，要求重点排污单位披露企业环境管理信息、污染物产生、治理与排放信息、碳排放信息等八类信息；要求实施强制性清洁生产审核的企业在披露八类信息的基础上，披露实施强制性清洁生产审核的原因、实施情况、评估与验收结果等信息；要求符合规定情形的上市公司、发债企业在披露八类信息的基础上，披露融资所投项目的应对气候变化、生态环境保护等信息。对于生态环境行政许可变更、行政处罚、生态环境损害赔偿等市场关注度高、时效性强的信息，要求企业以临时环境信息依法披露报告形式及时披露。同时，规定了年度环境信息依法披露报告和临时环境信息依法披露报告的披露时限。

第四部分为监督管理。对企业环境信息依法披露系统建设、信息共享和报送、监督检查和社会监督等进行了规定，同时明确将企业环境信息依法披露的情况作为评价企业信用的重要内容。

第五部分为罚则。对违反本办法的情形进行了规定，并明确相应罚则。

管理办法围绕深入打好污染防治攻坚战、实现减污降碳协同效应等要求，规定企业披露水、大气等主要污染物的产生、治理和排放、碳排放信息，聚焦对公众健康和公民利益有重大影响的企业行为，要求披露有毒有害物质的排放信息以及危险废物的产生、贮存、流向、利用、处置等信息，推动企业加大污染治理和碳减排力度。

管理办法要求企业披露生态环境治理、环境风险防范、环保信用评价等方面信息，切实打通市场主体间、市场主体与监管部门间的信息壁垒，引导企业采取环境友好的生产、经营、投资方式，提升环境绩效，让环保工作突出的企业更好地展现自身，帮助市场更好地选择环境治理表现优秀的合作对象，提升市场公平性，推动企业绿色转型发展。

在公众获取方面，一是强化重要环境信息披露，让公众"看得全"。着重围绕公众、社会和市场关心的信息，选取关键性、总结性环境信息予以披露，直观地向社会公众全面、细致反映企业遵守生态环境法律法规情况和环境治理情况。二是增强信息披露的规范性，让公众"看得懂"。《准则》细化界定每类主体的环境信息披露内容，提高披露信息的规范性和可比性，减少描述性、一般性及专业性过强的信息，保障环境信息易读易懂易用。三是确保信息披露的易得性，让公众"看得到"。建立企业环境信息依法披露系统，企业和社会公众免费使用企业环境信息依法披露系统，企业在该系统上集中公布环境信息，社会公众可便利获取信息。通过国家、省、市三级企业环境信息依法披露系统的互联互通，建立与其他部门间的信息共享机制，便于各有关部门获取使用。

7.3.5 《企业环境信息依法披露格式准则》

企业环境信息披露的内容与质量是反映制度改革成效的关键因素之一。《企业环境信息依法披露格式准则》落实深入打好污染防治攻坚战、实现减污降碳协同增效等要求，聚焦对生态环境、公众健康和公民利益有重大影响、市场和社会关注度高的企业环境行为，从适用性、准确性、通用性等方面规范了企业年度环境信息依法披露报告和临时环境信息依法披露报告，细化企业环境信息依法披露内容，有效解决了企业环境信息披露什么、怎么披露、执行什么要求，让企业环境信息披露行为有依据可循、有规范可依、有形式可查。准则对总则、年度报告和临时报告编制要求进行了规定。

（1）总则

总则包括主要依据、编制要求、不同主体披露重点。编制要求从内容的真实性、术语的规范性、测算的科学性、数字或单位的通用性、语言的通俗性、行业分类的规范性等方面，对企业编制年度报告和临时报告提出了具体要求，明确了不同主体应当披露的环境信息。

（2）年度报告

年度报告部分规定了关键环境信息提要，企业基本信息，企业环境管理信息、污染物产生、治理与排放信息，碳排放信息等应当披露的信息内容。

（3）临时报告

临时报告部分规定了企业产生生态环境行政许可变更、生态环境行政处罚、生态环境损害赔偿协议等信息时，应当披露的内容、依据、事项。同时规定，对已披露的环境信息进行变更时，应当披露变更内容、主要依据。

特色和创新之处包括以下3个方面。

① 遵循依法依规推进。准则要求企业落实生态环境法律法规规定的环境信息披露法定义务，明确披露内容和格式，全面反映企业遵守生态环境法律法规和环境治理情况，强化企业生态环境保护主体责任，为行政监管和社会监督提供依据，以披露找短板、以披露促治理，推动企业绿色转型发展。

② 突出环境信息的易读易懂性。既要让公众"看得全"，也要让公众"看得懂"，着重围绕公众、社会和市场关心的环境信息，准则要求年度报告和临时报告使用的语言和

表述应通俗易懂，增强报告的易读性，便于公众理解。

③ 强调信息披露的规范性。准则要求环境信息的表述应当真实、准确、客观，使用的术语、排放量和毒性等关键数据的监测核算方法都应当符合法律法规、规范标准、行业规范、行业惯例的要求，使用符合国内标准和计量习惯的计量单位。

7.3.6　ESG相关文件

ESG（环境、社会责任和公司治理）投资理念起源于宗教兴起的伦理投资，在20世纪60年代孕育了社会责任投资概念。ESG的发展整体上进入快行阶段，总体以环境信息披露为抓手，来推动ESG评级、标准、投资体系。目前，生态环境部牵头在做环境信息披露工作，它在ESG体系里面是非常基础的，但又是可以给多个部门、多个场景提供充分支撑的一项制度或工具、手段。同时其他部门，如金融部门、监管部门以及国资部门等也可应用信息披露来解决各个数据无法打通使用的问题。

（1）《深圳证券交易所上市公司社会责任指引》

为落实科学发展观，构建和谐社会，推进经济社会可持续发展，倡导上市公司积极承担社会责任，根据有关法律、法规、规章并借鉴国际市场经验，2006年9月25日制定了《深圳证券交易所上市公司社会责任指引》。该《指引》共七章38条，要求上市公司应当在追求经济效益、保护股东利益的同时，注意履行相关责任，促进公司本身与全社会的协调、和谐发展。在环境保护与可持续发展方面，《指引》要求上市公司应当根据其对环境的影响程度制定整体环境保护政策，指派具体人员负责公司环境保护体系的建立、实施、保持和改进，并为环保工作提供必要的人力、物力以及技术和财力支持。

深交所鼓励上市公司根据指引要求建立社会责任制度，定期检查和评价公司社会责任制度的执行情况和存在的问题，形成社会责任报告，并与年度报告同时披露。其中涉及环境信息披露主要内容：

第五章　环境保护与可持续发展

第二十七条：公司应根据其对环境的影响程度制定整体环境保护政策，指派具体人员负责公司环境保护体系的建立、实施、保持和改进，并为环保工作提供必要的人力、物力以及技术和财力支持。

第二十八条：公司的环境保护政策通常应包括以下内容：

（一）符合所有相关环境保护的法律、法规、规章的要求；

（二）减少包括原料、燃料在内的各种资源的消耗；

（三）减少废料的产生，并尽可能对废料进行回收和循环利用；

（四）尽量避免产生污染环境的废料；

（五）采用环保的材料和可以节约能源、减少废料的设计、技术和原料；

（六）尽量减少由于公司的发展对环境造成的负面影响；

（七）为职工提供有关保护环境的培训；

（八）创造一个可持续发展的环境。

第二十九条：公司应尽量采用资源利用率高、污染物排放量少的设备和工艺，应用经济合理的废弃物综合利用技术和污染物处理技术。

第三十条：排放污染物的公司，应依照国家环保部门的规定申报登记。排放污染物超过国家或者地方规定的公司应依照国家规定缴纳超标准排污费，并负责治理。

第七章　制度建设与信息披露

第三十五条：本所鼓励公司根据本指引的要求建立社会责任制度，定期检查和评价公司社会责任制度的执行情况和存在问题，形成社会责任报告。

第三十六条：公司可将社会责任报告与年度报告同时对外披露。社会责任报告的内容至少应包括：

（一）关于职工保护、环境污染、商品质量、社区关系等方面的社会责任制度的建设和执行情况；

（二）社会责任履行状况是否与本指引存在差距及原因说明；

（三）改进措施和具体时间安排。

（2）中国香港联合交易所《环境、社会及管治报告指引》ESG报告(后简称"新版《ESG报告指引》")

全球应对气候变化是世界发展的共识，然而在全球经济疲软的大环境下气候问题和经济发展的矛盾逐渐凸显，一些国家开始在应对气候问题上体现出消极态度。在2019年联合国气候大会上，经过参会各方的艰苦谈判，仍然没有达成令人惊喜的结果，有关《巴黎协定》第六条涉及的碳市场机制和合作内容未达成共识，相关问题将于2021年在英国格拉斯哥举办的COP26上再次磋商。尽管如此，2020年在金融市场上，仍可以看到各方在推动可持续投资方面的努力，也有越来越多的监管者和投资者认识到可持续投资的必要性并认可其带来的经济效益。

ESG投资作为可持续投资中重要的投资理念正在逐步主流化，国际组织及各国都在ESG方面有了新的进展。政策层面，联合国责任投资原则组织（UNPRI）发现在全球最大的50个经济体中，有48个经济体制定了某种形式的政策，旨在帮助投资者考虑可持续性风险、机会或效益；同时在这些经济体中，有大约500个政策工具支持、鼓励或要求投资者考虑包括ESG因素在内的长期价值驱动因素。市场层面，全球永续投资联盟（GSIA）的数据显示当前全球ESG投资基金的资产规模已超过30万亿美元。

随着社会及市场对可持续发展议题关注度的持续升温，环境污染、气候变化等问题开始频繁地进入公众视野，甚至影响了资本市场行情及投资趋势，许多国家的证券交易所和监管机构已相继制定政策规定，要求上市公司自愿自主或者强制性披露ESG相关信息，而全球范围内众多投资机构已将ESG因素纳入自身研究及投资决策中。

新版《ESG报告指引》首次将"强制披露"要求纳入港股ESG信息披露要求中，标志着香港交易所正逐步从"不披露就解释"阶段迈向"强制披露"阶段。从监管层面来看，"强制披露"要求港股上市公司进一步加强在ESG方面的规范性，对企业自上而下地提高ESG意识、加强ESG的管理、落实ESG信息披露等方面都提出更高的要求。同时，新版《ESG报告指引》新纳入气候变化指标，与国际ESG披露建议更加接轨。从市场层面来看，ESG在全球市场逐步主流化，境内也有越来越多机构也将ESG纳入投资考量，全球尤其是亚洲市场的ESG投资体量有大幅增长的趋势，因此强制ESG信息披露也是满足市场需求的体现。从公司内部治理层面来看，强制董事会层面对ESG相关事宜做出承诺有助于公司内部的ESG整合，进而完善ESG风险的管理，有利于公司的长期可持续发展。

新版《ESG报告指引》采纳了咨询建议中提出的新的披露要求，在环境方面新增了一个披露层面A4：气候变化层面。这也与气候相关财务信息披露（task force on climate-related financial disclosures，TCFD）工作组于2017年6月发布的《气候相关财务信息披露工作组建议报告》（以下简称"TCFD建议报告"）接轨，要求企业对气候变化风险进行管理和披露。TCFD建议报告把气候风险大致分为实体风险和过渡风险两类，实体风险指气候变化对企业的实体影响，如自然灾害；过渡风险则包括应对气候变化的政策、法规及市场行为的变动等。由于气候风险对大多数发行人而言还是个较难理解和衡量的议题，因而本次修订内容从企业识别和披露可能会对自身产生影响的气候风险和机遇入手，循序渐进地引导企业将气候风险纳入企业战略和风险管理中。

新版《ESG报告指引》将所有披露层面和关键指标调整为"不披露就解释"，在排放物、雇佣、健康与安全、供应量管理和反贪污层面对几项关键指标进行调整，这一举措是港交所完成"强制披露"目标的重要过渡过程，对上市公司未来披露ESG信息提出更高要求。在环境方面，更强调环境指标的量化目标，并加强了对具体措施的披露要求；在社会方面，从员工、生产安全、供应链以及反贪污角度对关键指标进行调整，做出更严格的披露要求。

（3）《上市公司投资者关系管理指引（征求意见稿）》（后简称《指引》）

从气候投融资角度出发，《指引》最大亮点为明确提出上市公司ESG信息披露的相关要求，进一步助力上市公司投资者关系管理的高质量发展。《指引》在其第六条中对投资文化进行了说明，指出"投资者应当坚持长期投资、价值投资和理性投资的理念，培育成熟理性的投资文化。"与当下逐步兴起的可持续的长期投资观念相一致。

此外，《指引》也对上市公司与投资者沟通的内容进行了补充，新增的"公司的环境保护、社会责任和公司治理信息"是一项重大创新。气候变化带来的风险日渐引起资本市场对上市公司在ESG方面的表现，越来越多的境内外投资者对上市公司ESG信息披露透明度的要求不断提升，该项内容的补充与可持续投资发展趋势相契合。

以ESG信息披露推动投资者关系管理具有重要意义，ESG信息披露将有助于提升我国上市企业的市场竞争力。上市公司在 ESG 方面的信息披露，一方面将提升上市公司信息披露透明度，另一方面能进一步引导上市公司在关注其经济效益的同时，综合考虑环境效益和社会效益的影响，将可持续发展纳入公司战略体系，进一步加强 ESG 能力建设，从而促进上市公司的高质量发展。

但是，现阶段我国上市公司整体 ESG 信息披露透明度仍较低，整体披露情况仍需提升。近十年通过社会责任报告进行 ESG 信息披露的上市公司数量虽然整体呈现上升趋势，但主动选择进行 ESG 信息披露的企业在全体上市公司中所占的比例仍然较小，社会责任报告的披露比例均值波动维持在20%左右，即目前市场上仅有约1/4的上市公司能够自愿披露 ESG 相关信息。因此，我国上市公司 ESG 信息披露仍任重道远。

7.4　环境信息披露制度案例介绍

7.4.1　某电池公司环境信息披露

2021 年社会责任报告中环境（E）维度信息披露的特点是：以文字性描述等定性形式披露信息的公司较多，但缺乏定量信息作为支撑。数据显示，48.46%的公司对"三废"（废水、废气、固体废物）排放是否合规进行定性披露，40.56%的公司对"三废"再利用情况进行定性披露。相比而言，仅有20.42%的公司披露环保投入金额，22.47%的公司披露降低能源消耗量，15.23%的公司披露节约用水量，16.76%的公司披露节约用电量。此外，上市公司碳披露情况仍有较大提升空间。一方面仅有1/2上市公司披露减碳量，另一方面虽然几乎都披露了减碳措施，但大多比较简略。此外，遗憾的是所有公司都未披露年度二氧化碳排放当量，难以评判气候相关风险和收益。

7.4.1.1　环境保护尽职调查内容

参照《首发审核非财务知识问答》《关于开展铅蓄电池和再生铅企业环保核查工作的通知》（环办函〔2012〕325 号）等文件，某公司环境保护尽职调查包括如下内容：

① 建设项目（包括新、改、扩建项目）环评审批和环保设施竣工验收制度；

② 污染物排放达到总量控制要求；

③ 主要污染物和特征污染物达标排放；

④ 排污许可证和排污缴费执行情况；

⑤ 环保设施及自动在线监控设备稳定运行；

⑥ 无重大环境安全隐患且调查时段内未发生重特大突发环境事件；

⑦ 实施清洁生产审核并通过评估验收；

⑧ 环境管理制度及环境风险预案落实情况；

⑨ 危险废物、一般工业固体废物处理处置情况;

⑩ 环境信息披露情况。

本次环境保护尽职调查分为准备、现场调查、调查报告编制三个阶段。

(1) 准备阶段

研究国家和地方有关法律法规和文件,结合企业实际情况,编制工作方案。

(2) 现场调查阶段

通过现场调查(基础建设情况、生产工艺装备、环保设施及运行情况等),收集有关资料,系统分析企业存在的主要问题,积极进行整改。

(3) 调查报告编制阶段

汇总、分析现场调查阶段工作所取得的各种资料、数据,编制环境保护尽职调查报告,得出本次调查结论。环境保护尽职调查采用现场调查、资料分析、专家咨询等方法。现场调查包括周围环境特征和工程建设与运转情况:周围环境特征除实地考察外,同时收集有关监测资料;建设与运转情况考察包括调查生产线和设备现场,查看并收集支持性文件、污染源监测资料、环保设施运行台账等。资料分析方法包括类比分析、数值统计等。

7.4.1.2 调查对象基本情况

公司从事新能源环保动力电池、太阳能、风能储能电池、通信备用电源等新能源产品的研发、生产和销售。

7.4.1.3 生产工艺及排污环节

公司从事电动助力车用密封铅酸蓄电池组装生产,主要工艺包括包片、铸焊、加酸以及充电。公司采用目前行业领先的技术工艺和性能效率高的生产设备。

生产工艺描述如下。

① 包片:以隔板包覆极板,正负板间隔平行排列,极耳相对,隔板将正负板隔开,包好后用塑料薄膜纵向包裹极群,将极群插入包片盒。

② 铸焊:将极群(去包片盒)装入夹具中,将夹具倒置放在切刷极耳机上切、刷极耳,极耳沾好助焊剂,放入铸焊机,铅液和极耳形成汇流排结构,自动入槽后拿出电池。

③ 封盖:把配好的环氧胶按要求倒入倒置的电池盖,取电池翻转180°,放入电池盖中,电池倒置进入烘干窑。

④ 装O形圈:在烘干窑出口处翻转电池,撕去电池盖上的包膜,将对应型号的O形密封圈套入极柱,使用专用套筒压紧。

⑤ 焊端子:将接线端子放置于电池盖的端子定位槽内,极柱从端子焊接孔穿出,用

电烙铁熔化焊锡在极柱和焊锡连接处。

⑥ 加底胶：将适量的底胶加入端子槽内，进入烘干窑。

⑦ 加色胶：在烘干窑出口处将适量色胶加入端子槽内，正极加红胶，负极加蓝胶，进入烘干窑，出来电池装配部分完成，码放。

⑧ 配制电解液：按要求配置电解液。

⑨ 灌注电解液：按要求使用加酸机将电解液灌注入电池内部。

⑩ 充电：将加好酸的电池依次上架，按标准工艺开启充放电工艺。

⑪ 冲洗、配组：将下架电池清洗，按容量、电压进行配组。

⑫ 超声波焊接：将电池盖片放在中盖处，使用超声波焊接机把盖片焊在电池中盖上。

⑬ 激光打码：使用激光打码机将电池基本信息代码打在电池盖上。

⑭ 包装：按要求装入纸箱，打包、入库。

生产工艺流程如图7-1所示。

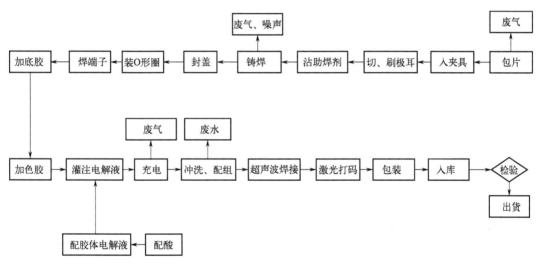

图7-1　生产工艺流程图

7.4.1.4　主要生产设备情况

通过对比《高耗能落后机电设备（产品）淘汰目录（第一批、第二批、第三批、第四批）》和《部分工业行业淘汰落后生产工艺装备和产品指导目录（2010年本）》，公司设备均不在此行列。

7.4.1.5　主要环保设施情况

（1）废气治理环保设施

各废气产生环节均设置废气集气装置及治理设施，具体情况如表7-1所列。

表7-1 废气治理措施汇总表

序号	工段	污染因子	设备名称	数量	污染物产排控制措施
1	铸焊	铅及其化合物	沉流式滤筒除尘器	3	滤筒+高效过滤
2	包片	铅及其化合物	沉流式滤筒除尘器	2	滤筒+高效过滤
3	内化成/加酸	硫酸雾	酸雾净化器	12	酸雾净化器
4	配酸	硫酸雾	酸雾净化器	1	酸雾净化器

铅烟铅尘治理方面，滤筒除尘器工艺流程如图7-2所示。

图7-2 滤筒除尘器工艺流程图

1）铅尘铅烟收集

选称片、包片、焊接、刷耳、焊端子等工序每台设备均带有下吸、侧吸微负压集尘系统，设备内部和整个作业区形成微负压系统，对铅尘、铅烟进行密闭收集，分别由收集管道进入除尘器。

2）滤筒过滤

滤筒采用沉流式滤筒除尘器。沉流式滤筒除尘器指滤筒倾斜放置，气流在除尘器中有一部分绕到滤筒下面进行过滤的除尘器。沉流式滤筒除尘器工作原理为：在正常运作时，含尘空气从除尘器侧部进风口进入除尘器并通过滤筒，粉尘被隔离并积累在滤材外表面，而洁净的空气则通过滤筒中心进入二次空气室，最后经除尘器下（侧）面的出风口排出；在清洁滤筒时，脉冲控制器驱动电磁阀操纵在压缩空气喷管上的薄膜阀，高压的压缩空气通过喷管喷出，除去滤筒的灰尘。掉落的灰尘则随向下的气流，落入集尘器中。滤筒的滤材玻璃纤维是一种超微粒网状结构，其对0.5μm尘粒的过滤效率可达99.9%。由于涂在滤材表面的独特的涂层的微小筛孔可阻挡0.5μm级的尘粒留在滤材表面，而不能渗入滤材内部，这样粉尘只能在滤材的表面积累形成积尘，达到一定厚度时，会在自重和气流的作用下自动从滤材表面脱落，电除尘器可获得良好的过滤效果和低廉的运行费用，并使滤筒更加经久耐用。

3）HEPA高效板式过滤网

HEPA高效板式过滤网是一种滤料均匀折叠的长方形过滤器，滤料为叠片状硼硅微纤维。其出风口和出风面有金属网防护。护面网确保过滤器处于苛刻的脉冲条件时，滤料形状能得到纠正和保持，并且过滤器上下金属构件都用聚氨酯浇注。该过滤器是一种大负荷的高效率过滤器，适用于恒定气流量及可变气流量系统。由多片无隔板滤芯组成V形结构，安装在喷塑的镀锌钢板箱体中制成，与普通过滤器相比，这种构造极大地增加了滤料数量。该过滤器可用于捕捉0.3μm以上的微粒，对直径为0.3μm的微粒有99.99%的过滤效率。

　　4）酸雾处理

　　硫酸雾治理方面，公司配备的酸雾处理设施，酸雾经喷淋处理后通过15m高排气筒排放。每个充电架均有集气罩，收集后的酸雾送至碱液喷淋吸收塔进行处理，吸收塔吸收液为2%～4%的NaOH溶液。酸雾经碱液喷淋塔吸收后，通过15m高排气筒排放。喷淋塔为填料塔，内部填充塑料填料，具体由进风段、压力室、鼓泡储液箱、两级喷淋段、填料层、出风锥帽等组成，各部件均做防腐处理，设计液气比需大于$2.0L/m^3$，吸收液水池水力停留时间不小于0.5h。喷淋塔吸收液可循环使用，定期补充碱液，并根据吸收液水质变化定期置换，置换液全部纳入废水处理系统。

　　风道、吸收塔和风机为防腐型PVC材质，硫酸雾处理工艺见图7-3。

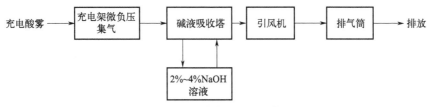

图7-3　硫酸雾处理工艺

（2）废水治理环保设施

　　厂区做到雨污分流，蓄电池冲洗废水、洗衣房废水、设备及地面冲洗废水、配酸制水、废酸回收废水等生产废水经统一收集后送废水处理站处理，通过"中和反应＋混凝沉淀"＋"超滤＋反渗透膜"两道处理，全厂生产废水进行分质回用，分别回用于地面冲洗、化成、设备冷却补水、酸雾净化及制水站，其它部分纳入工业园管网。

7.4.1.6　环境保护尽职调查情况

（1）环境影响评价及环保设施竣工验收制度执行情况

　　调查内容：是否按规定取得有审批权的环保行政主管部门的环境影响评价批复。是否按规定取得有审批权的环保行政主管部门的竣工环保验收批复。环境影响评价和环保验收批复中的要求是否逐一获得落实。

　　环评批复与竣工环保验收批复情况结果如表7-2所列。

表7-2　环评制度执行情况

项目名称	建设内容	建设时间	备案文号及时间	批复文号及批复时间	试生产批复文号及时间	验收批复文号及时间	备注
公司技改和扩产项目	增加7条蓄电池组装生产线项目	×××	×××	×××	×××	×××	当地环境保护局（现为生态环境局）组织并通过了竣工环保验收，签署了同意验收的意见，组织进行竣工环保验收，通过验收并取得批复

续表

项目名称	建设内容	建设时间	备案文号及时间	批复文号及批复时间	试生产批复文号及时间	验收批复文号及时间	备注
公司蓄电池技改和扩建项目	年组装 2×10^6 kV·A·h 铅蓄电池生产线及环保工艺设备及环保升级改造	×××	×××	×××	×××	×××	当地环境保护局组织并通过了竣工环保验收，签署了同意验收的意见，组织进行竣工环保验收，通过验收并取得批复

公司各建设项目的环评批复意见及竣工环保验收意见提出的环保要求落实情况如表 7-3 所列。

表7-3　环评批复及竣工环保验收批复要求落实情况

序号	文件名称	环评批复、竣工环保验收意见提出的环保要求	落实情况
1	×××	加强废水污染防治。厂区内实施完善的雨污分流和清污分流。提高废水利用率和回用率，初期雨水、生产废水经自建处理设施处理后部分达到回用水标准后回用于生产，另一部分废水经处理达到《电池工业污染物排放标准》（GB 30484—2013）和《污水综合排放标准》（GB 8978—1996）中相应纳管标准后纳入污水管网，送水务有限公司集中处理达到《城镇污水处理厂污染物排放标准》（GB 18918—2002）中一级 A 类标准排放。同时，做好车间地面的防腐、防渗处理。食堂废水、洗浴水等生活污水经化粪池、沉淀池处理后纳入园区污水管网，送水务有限公司统一集中处理	已落实。 厂区实施了雨污分流、清污分流，建设了初期雨水收集池、事故应急池； 铅尘、烟除尘废水、电池冲洗、设备及地面冲洗废水和工作服清洗废水等含铅废水均通过生产污水管网纳入污水处理站处理达标后，部分废水经中水深度处理反渗透系统处理后回用于生产，部分废水送水务有限公司集中处理。 涉酸区域地面全部进行了多层防腐、防渗处理。 建造了化粪池，通过 AO 生化工艺对生活污水进行处理，并纳入工业园区污水管网，送水务有限公司统一集中处理
2	×××	固体废物分类收集，按质处理。严格执行《一般工业固体废物贮存和填埋污染控制标准》（GB 18599—2020）和《危险废物贮存污染控制标准》（GB 18597—2023）中有关规定。生产过程产生的铅渣、铅泥、废劳保用品等危险废物委托由相应处理资质单位回收处理，并严格按危险废物转移联单制度进行管理。一般固体废物集中收集后相关物质回收	已落实。 企业已按照《危险废物贮存污染控制标准》（GB 18597—2023）要求，建设了危废库，废铅酸蓄电池、废极板、铅渣、废水处理站含铅污泥、除尘器收集的含铅粉尘、废劳保用品均按危险废物进行分类收集、存放，并委托有资质的危险废物处理单位安全处置。 企业采购了抽酸电解液处理回用设备，对收集后的抽酸电解液进行提纯处理，达标酸液回用于产品，极少量不合格液纳入生产污水管网，进入污水处理站处理。 生活垃圾委托进行清运处理
3	×××	进一步做好相关生产工艺和环保设备的提升工作，落实污物排放总量控制措施，项目污染物总量控制指标为：铅烟（尘）<180.0kg/a，废水中铅排放量<10kg/a	已落实，2016～2018年企业污染物排放总量均满足总量控制指标

（2）排污许可证执行及排污费（环境税）缴纳情况

调查内容：是否依法领取排污许可证。是否按规定足额缴纳排污费（环境税）。

排污许可证获取情况：公司严格执行《排污许可证管理条例》，及时申请排污许可证，公司严格控制污染物排放总量，具体排污许可证许可情况见表7-4。

表7-4　排污许可证及执行情况

发文或发证单位名称	排放总量核准书面文件	申报污染因子		排污许可证总量控制指标/（t/a）
×××省生态环境厅	×××省排污许可证（副本） 编号：×××	水污染物	COD$_{Cr}$	1.98
			氨氮	0.1
			总铅	0.01
		大气污染物	铅及其化合物	0.15

排污缴费执行情况：公司足额缴纳排污费。2016～2017年度排污费缴纳情况见表7-5。公司于2018年第一季度开始缴纳环境保护税，环境保护税缴纳情况见表7-6。

表7-5　排污费缴纳情况

企业名称	缴费年度	缴费通知		实缴金额/元	排污费征收机构
		编号	应缴额度/元		
×××有限公司	2016	×××	3500	7000	×××环境保护局
		×××	3500		
		×××	3500	7000	
		×××	3500		
	2017	×××	3500	7000	×××环境保护局
		×××	3500		
		×××	3500	3500	
		×××	3500	3500	

表7-6　环境税缴纳情况

企业名称	缴费时段	缴纳项目	缴纳金额/元
×××有限公司	2018年第一季度	环境保护税-铅及其化合物（气）	200
		环境保护税-硫酸雾（气）	200
	2018年第二季度	环境保护税-铅及其化合物（气）	200
		环境保护税-硫酸雾（气）	200
	2018年第三季度	环境保护税-铅及其化合物（气）	200
		环境保护税-硫酸雾（气）	200
	2018年第四季度	环境保护税-铅及其化合物（气）	200
		环境保护税-硫酸雾（气）	200
	2019年第一季度	环境保护税-铅及其化合物（气）	200
		环境保护税-硫酸雾（气）	200

（3）污染物排放总量控制情况

调查内容：污染物排放量是否符合所在地环境保护主管部门分配的总量控制要求，是否完成污染物总量减排任务。

调查期间，上级主管部门下达的企业排污总量控制指标情况见表7-7，污染物实际排放情况与总量控制指标对比情况如表7-8所列。公司污染物排放总量采用实测法进行核算。具体核算情况如表7-9和表7-10所列。

表7-7 企业排污总量控制指标情况

发文或发证单位名称	排放总量核准书面文件	主要污染因子		环评批复总量控制指标/（t/a）
县环保局	×××	水污染物	总铅	0.01
		大气污染物	铅及其化合物	0.18
省生态环境厅	×××省排污许可证（副本）	水污染物	COD_{Cr}	1.98
			氨氮	0.1
			总铅	0.01
		大气污染物	铅及其化合物	0.15

表7-8 核查时段污染物排放总量与总量控制指标对比情况

污染因子	2016年 实际排放量/（t/a）	2017年 实际排放量/（t/a）	2018年 实际排放量/（t/a）	排污许可证总量控制指标/（t/a）	是否满足总量控制指标要求
COD_{Cr}	0.83	0.8548	0.4177	1.98	满足
氨氮	0.02	0.041	0.0435	0.1	满足
总铅	0.002	0.0014	0.0011	0.01	满足
铅及其化合物	0.0903	0.05533	0.0216	0.15	满足

表7-9 生产废水中铅排放总量

年度	排放口工段位置	污染物	废水处理工艺	废水排放量/（m³/a）	废水处理后铅含量/（mg/L）	废水处理后铅排放量/（kg/a）
2016	总排口	总铅	斜板沉淀+超滤反渗透中水回用	37783	0.05	1.889
2017	总排口	总铅	斜板沉淀+超滤反渗透中水回用	38232	0.037	1.437
2018	总排口	总铅	斜板沉淀+超滤反渗透中水回用	18489.6	0.062	1.147

表7-10　废气中铅排放总量

年度	废气排放口工段位置	主要污染物	废气处理工艺设备	实际排放量/（10⁴m³/a）	处理后铅平均排放浓度/（mg/m³）	有组织铅排放量/（kg/a）
2016	装配车间	铅及其化合物	沉流式滤筒除尘器×4	82090.9	0.11	90.3
2017	装配车间	铅及其化合物	沉流式滤筒除尘器×5	76160	0.072	55.275
2018	装配车间	铅及其化合物	沉流式滤筒除尘器×4	29691	0.072	21.644

（4）污染物达标排放情况

调查内容：调查时段内各种废水经处理后是否实现稳定达标排放。调查时段内各种废气经处理后是否实现稳定达标排放。调查时段内厂界噪声是否达到相关的标准要求。

1）监测时间、监测因子、监测频次情况

作为列入国家重点监控企业名单的重点排污单位，×××县环保局每季度对公司进行一次监督性监测。此外核查时段内，公司每年按照《企业事业单位环境信息公开办法》要求制定并公开了环境自行监测方案，该方案包括了自行监测（自建实验室手工监测及在线监测）、委托第三方手工监测的污染因子、监测点位、分析方法及监测频次。本次调查收集了2016～2018年期间的部分监督性监测报告和委托性监测报告，分析主要污染物排放情况。

2）废气达标排放情况

监测结果表明组装、化成等工序铅、硫酸雾等废气均可实现达标排放。

3）无组织排放监测情况

监测结果表明公司厂界无组织排放符合《电池工业污染物排放标准》（GB 30484—2013）中无组织排放监控浓度限值要求。

4）废水达标排放情况

根据监督性监测、在线监测以及公司自行开展的监测数据，公司废水经处理后均能够实现达标排放，最终进入工业污水处理厂统一处理。

5）噪声达标排放情况

公司厂界噪声满足《工业企业厂界环境噪声排放标准》（GB 12348—2008）2类标准要求。

6）达标排放结论

由上述表格可知，公司水污染物、大气污染物（有组织、无组织）、厂界噪声排放均满足国家相应标准，各项污染物均可以实现稳定达标排放。

（5）危险废物、一般工业固体废物处理处置情况

调查内容：含铅等危险废物收集、贮存和运输情况。危险废物是否依法进行无害化

处置。委托他人代为处置的，是否具有危险废物转移联单和处置单位资质证书及相关合同。一般工业固体废物自行处置或综合利用的，是否有明确的排放去向。

1）危险废物收集、贮存、运输和处置情况

公司危险废物包括含铅污泥、含铅尘渣、废电池、废铅粉过滤材料、含铅废弃劳动保护用品等。公司针对含铅危险废物的收集、贮存、运输措施如下：公司建有危险废物贮存仓库，对含铅废料进行分类处理、暂存。公司按照《危险废物转移联单管理办法》《关于加强危险废物交换和转移管理工作的通知》相关规定，制定固体危险废物管理计划，建立固体危险废物管理台账，详细记录固体危险废物的名称、来源、数量、特性和包装容器的类别、入库日期、存放库位、出库日期、处置及接收单位名称等情况；固体危险废物在贮存库内要分类贮存，危险废物的入库量、出库量、库存量账目清晰，数量对应。委托有相应危险废物处理资质的单位处理。危险废物产生及处置情况如表7-11所列。

表7-11　危险废物产生及处置情况

年份	名称	类别	产生量 /（t/a）	处理处置方式		
				年末贮存量 /（t/a）	处置量 /（t/a）	处理方式或接受单位
2018年	废劳保	HW49 900-041-49	2.17	3.25	2.8	水泥窑协同处置 /×××有限公司
	废电池	HW49 900-44-49	326.351	9.087	317.564	综合利用/×××有限公司
	废铅渣、粉、灰、极板	HW31 384-004-31	658.8483	18.535	665.4363	综合利用/×××有限公司
	含铅污泥	HW31 384-004-31	11.15	0.82	37.64	水泥窑协同处置 /×××有限公司
	废弃包装物	HW49 900-041-49	0	7.1	0	——
	废矿物油	HW08 900-200-08	0.28	0	0.81	水泥窑协同处置 /×××有限公司

2）一般固体废物处理处置情况

公司一般工业固体废物主要是生活垃圾。生活垃圾每天及时收集，由环卫部门统一清运进行焚烧处理。

（6）环保设施及自动在线监控设备建设及运行情况

调查内容：污水处理工艺是否可行，处理设施是否齐备，运行维护记录是否齐全。是否按规定安装污染物在线监测设备，监测设备是否稳定运行、监测数据是否有效传输。

1）环保设施齐备性

公司废气、废水和噪声源均配置了相应的环保设施；公司的危险废物和一般工业固体废物配备了完善的暂存、处理处置设施，公司环保设施完备。

2）环保设施处理工艺和可靠性

公司为各类污染源配套了适当的环保设施，选择了合理的污染物处理工艺，环保设施处理能力和处理效果均能满足公司实际需要。公司环保设施完备，能与生产设施同步正常稳定运行；公司污染物排放监测数据表明污染物可以实现稳定达标排放。总体而言，公司各类环保设施处理工艺和能力能够符合环保需求。

3）环保设施运行维护情况

公司环保设施均与主体过程同时设计、同时施工、同时投入使用，执行了"三同时"制度，各类环保治理设施能与主机设备同时正常运转。主要环保设施及运行情况如表7-12所列。

表7-12　环保设施运行情况

序号	工段	设备名称	处理工艺	排放口位置	污染物	数量	设计处理能力/（m³/h）	实际处理能力/（m³/h）	工作时间及天数
1	铸焊	沉流式滤筒除尘器	滤筒+高效过滤	装配铸焊B区	铅尘	1	45000～50000	45000	8h/280d
2	铸焊	沉流式滤筒除尘器	滤筒+高效过滤	装配铸焊C区	铅尘	1	45000～50000	45000	8h/280d
3	铸焊	沉流式滤筒除尘器	滤筒+高效过滤	装配铸焊B/C区	铅尘	1	45000～50000	45000	8h/280d
4	包片	沉流式旋风滤筒除尘器	滤筒+高效过滤	装配包片B区	铅烟	1	45000～50000	45000	8h/280d
5	包片	沉流式旋风滤筒除尘器	滤筒+高效过滤	装配包片C区	铅烟	1	45000～50000	45000	8h/280d

公司积极开展环保设施运行和维护工作，做好处理设施的三级保养和运行维护，确保环保设施的稳定运行和污染物达标排放。

2016～2018年期间，公司环保设施运行费用如表7-13所列。

表7-13　公司环保设施运行费用　　　　　　　　　单位：万元

项目	2016年	2017年	2018年
总计	473.07	449.27	481.06
废气处理费用	321.9	279.9	279
废水处理费用	32.12	32.8	34.76
危险废物处理费用	8.77	21.55	23.52
环境监测费用	16.23	16.26	17.5
环保管理费用	94.05	98.76	126.28

4）在线监控系统及数据有效性

公司在污水总排口设置在线监测室一座，配备铅在线监测仪、pH在线检测仪、

COD检测仪。目前监测设备稳定运行，实时监测情况与环保局数据联网。废水在线监测设备如表7-14所列。

表7-14　废水在线监测设备

名称	规格型号	监测项目
聚光水质在线监测系统	COD-2000	COD
超声波流量计	WL-1A1	流量
聚光水质在线监测系统	HMA-2000（Pb）	总铅
pH在线分析仪	pH-200	pH值
数据采集仪	BG-DCEW	—
数据处理软件	WMS-2000	—

5）重金属污染物监测制度

公司建立了完善的重金属特征污染物监测制度。公司为及时、准确、全面反映污染物排放现状，为环保管理、规划、防治提供科学依据，制定环保监测制度，建立环境监测实验室，配备专业技术人员，确保监测结果精准性和可靠性。

公司环境监测实验室设备清单如表7-15所列。

表7-15　环境监测实验室设备清单

序号	监测设备名称	数量	规格型号	监测项目
1	pH计	1	3310	pH值
2	自动烟尘/气测试仪	1	崂应3012H型	铅及其化合物
3	原子火焰吸收分光光度计	1	TAS-990	总铅

（7）环境管理制度及环境风险预案落实情况

调查内容：是否有健全的企业环境管理机构，环保档案管理情况是否良好。是否制定有效的企业环境管理制度并有序运转。是否按规定制定企业环境风险应急预案，应急设施、物资是否齐备，是否定期培训和演练。是否开展环境风险隐患排查、评估，并落实整改措施。

1）环境管理机构及环保档案管理情况

公司根据国家《环境保护法》等有关法律法规，建立了完善的企业环境管理机构和环境管理制度，公司设立了环保安防部（下设环保科），并成立了由常务副总经理为首的环境管理组织，对公司环保工作进行全面系统的管理，并制定了相关管理制度和操作规程，环保部负责日常对废水治理设施及废气治理设施的运行情况进行监督检查，对违反环保管理制度相关部门负责人进行处罚，情节严重的环保部有权直接进行罢免。公司环保档案管理良好，由环保安防部负责环境统计工作，建立相应的环保档案。主要环保档案包括：a. 固体废物档案；b. 环保设施运行档案；c. 污染物日常监测档案；d. 污水站运行档案；e. 环境管理档案。

2）环境管理制度

公司通过了 ISO 14001 环境管理体系第三方认证。公司建立完善的环境管理制度，部分环境管理文件如表7-16所列。

表7-16　环境管理制度一览表

类别	制度名称
天能集团环保安防管理制度 环境保护制度篇	环境保护管理制度
	车间环保管理规定
	车间环保设备铅尘收集管理规定
	固体废物库管理制度
	环保设备设施管理制度
	清洁生产管理制度
	污染物日常监测制度
	环保安全交接班制度
	能源资源节约管理制度
	铅酸污染治理规定
	车间废弃物管理规定
	污水处理站管理制度

3）环境风险应急预案及演练

为进一步完善环境污染事故应急管理体系，公司特设立了环境事故应急领导小组，制定了《危险废物事故应急预案》《锅炉事故应急预案》和《硫酸泄漏应急预案》，并定期开展相应培训和应急演习。公司根据《国家突发环境事件应急预案》《危险化学品安全管理条例》等要求，结合公司实际情况编制《×××有限公司突发环境事件应急预案》，并备案。

4）环境风险隐患排查、评估及整改情况

为有效防范和应对突发环境污染事件，公司定期开展环境风险隐患排查、评估和整改工作。

（8）遵守环保法律法规情况

调查内容：符合卫生防护距离要求，对环境敏感目标不构成环境安全威胁。调查时段内是否发生环保事故或重大群体性环保事件。调查时段内是否被责令限期治理、限产限排或停产整治。调查时段内是否受到环境保护管理部门处罚等。环境问题投诉及相关媒体报道情况。

1）卫生防护距离情况

环境影响报告提出，在采取了相应的污染防治措施并保证其正常运行的情况下，经预测分析，公司大气环境影响范围主要集中在涉铅车间300m范围内，不会对涉铅车间500m范围外的居民造成明显不良影响。根据环境现状监测和调查结果，评价范围各环境要素均可达到相应环境质量标准的要求。同时，根据测绘文件，公司涉铅车间500m范围内目前没有居民居住，没有医院、幼儿园、学校等敏感目标。

2）环保事故情况

经调查，公司自生产以来，遵守国家和地方有关环境保护法律法规标准，加强工业污染防治，强化企业管理，环保设施运行正常，污染物达标排放。在调查时段内没有受到过环保行政处罚，没有发生重特大环境污染事故，没有发生环保诉求、信访和上访事件。

3）限期治理、停产整治情况

公司在调查时段内未被责令限期治理、限产限排或停产整治。

4）环保处罚情况

公司在调查时段内未受到环境保护部或省级环保部门处罚，未受到环保部门10万元以上罚款等。

5）环境问题投诉情况

调查时段内未发生环境问题投诉。

6）相关媒体报道情况

调查时段内无环境相关媒体负面报道。

（9）清洁生产审核实施情况

调查内容：是否按规定开展清洁生产审核、清洁生产水平评价。

1）清洁生产审核情况

公司于2016年5月，开展清洁生产审核，编制《×××有限公司（第三轮）清洁生产审核报告》。2016年12月，对清洁生产审核报告进行了验收。

2）清洁生产水平评价

根据公司实际情况，与《电池行业清洁生产评价指标体系》（国家发改委、环境保护部、工业和信息化部公告2015年第36号）对比分析，公司达到国内清洁生产先进水平。

（10）环境信息披露制度实施情况

调查内容：是否建立环境信息披露制度；是否定期开展环境信息公开。公司根据《环境信息公开办法（试行）》（国家环境保护总局令第35号）建立环境信息披露制度，按照《企业环境报告书编制导则》（HJ 617—2011）、《社会责任指南》（GB/T 36000—2015）等编制年度社会责任报告，公布企业环境保护、污染治理措施、清洁生产、节能减排情况等。并按照当地要求开展公司环境信息公开。

7.4.1.7　结论

（1）环境影响评价及环保设施竣工验收情况

"公司技改和扩产项目"和"公司蓄电池技改和扩建项目"的建设项目环评审批和竣工验收手续完备，依法执行了建设项目（包括新、改、扩建项目）环评审批和环保设施竣工验收制度。在核查时段内，"公司蓄电池技改和扩建项目"于2017年6月进行环评报告内容变更，向县环境保护局提交了《公司蓄电池技改和扩建项目补充说明》，并于2017年7月7日完成项目竣工验收。

（2）排污许可证制度执行，排污费和环境税缴纳情况

省环保厅2015年向公司核发了排污许可证，有效期至2019年7月9日。公司2016年、2017年按时足额缴纳排污费，2018年按时足额缴纳环境税。

（3）污染物排放总量控制情况

根据公司提供的相关材料计算核查时段污染物的排放量，对照环境保护主管部门批复的污染物排放总量要求，核查时段内公司化学需氧量、氨氮等污染物排放总量达到批复总量控制的要求。

（4）主要污染物达标排放情况

公司属国家重点监控企业，核查时段内公司依据环保要求制定并公开了自行监测方案。公司提供出具的环境监测报告表明：核查时段内，公司主要污染物及特征污染物可以实现达标排放。

（5）危险废物、一般工业固体废物处理处置情况

公司产生的危险废物依法进行无害化处置，危险废物按《危险废物转移联单管理办法》有关规定执行；一般固体废物即生活垃圾由环卫部门收集清运，符合国家固体废物管理的相关规定要求。

（6）环保设施及自动在线监控设备建设及运行情况

公司环保设施运行稳定，安装了废水总铅、pH值、COD在线监测仪器和废水流量计在线监测仪，在线监测设备与当地环保局联网，并建立了相关管理台账，定期向环保局汇报监测情况。

（7）环境管理制度完善，环境风险预案落实情况

公司通过ISO 14001环境管理体系认证。公司建立专职环境保护管理部门，配备专职环境管理人员，制定了健全的环境管理制度，环境管理原始记录、统计数据、环保档案资料齐全有效。公司编制了《×××有限公司突发环境事件应急预案》，于2018年4月由县环保局受理备案。公司应急设施、物资齐备，并定期组织培训和演练。公司不定期开展环境风险隐患排查、评估，并落实整改措施。

（8）遵守环保法律法规情况

公司涉铅车间主要影响范围内没有环境敏感目标，不存在重大风险源。调查时段内，公司没有受到过环保行政处罚，未发生重大环境污染，无重大违法行为，没有发生环保诉求、信访和上访事件。

（9）实施清洁生产审核情况

公司于2016年被列入省强制清洁生产审核名单，公司按要求开展了清洁生产审核，并于2016年12月通过了市环保局和经信委对清洁生产审核报告的验收。公司清洁生产水平达到国内清洁生产先进水平。

（10）环境信息披露情况

公司按照《环境信息公开办法（试行）》中相关要求建立了环境信息披露制度，按照《企业环境报告书编制导则》（HJ 617—2011）编制年度环境报告书，依照《企业事业单位环境信息公开办法》及省管理要求，在市重点监控企业事业单位环境信息自行公开平台开展公司环境信息公开。核查时公司编制了《2016企业社会责任报告》《2017企业社会责任报告》《2018企业社会责任报告》并在网站公开公司环境信息。公司近三年无附近居民关于环境问题的投诉。

（11）环保尽职的改进建议

① 环境影响评价及环保设施竣工验收的问题与建议。公司核查时段内实际产量超过环评批复产能，公司环评批复产能为铅蓄电池 $2 \times 10^6 kV \cdot A \cdot h/a$。根据《中华人民共和国环境影响评价法》（2018年12月29日修订）"第二十四条　建设项目的环境影响评价文件经批准后，建设项目的性质、规模、地点、采用的生产工艺或者防治污染、防止生态破坏的措施发生重大变动的，建设单位应当重新报批建设项目的环境影响评价文件"，建议公司重新报批环境影响评价文件。

② 污染物监测的问题与建议。核查时段内公司没有对锅炉排气筒和夜间噪声进行监测。

③ 整改情况。公司已委托环评单位，重新进行了项目立项与备案，依法报批建设项目环境影响文件。公司承诺2019年按照《排污许可证申请与核发技术规范　电池工业》（HJ 967—2018）的要求开展自行监测。

7.4.2　政府环境信息披露

政府环境信息披露发挥治理效应主要通过加大地区环保执法力度和强化公共环境监督两种途径实现。

（1）持续提升区域环境信息透明度

① 整合各类污染物排放标准、产品环保技术要求和环境工程技术规范等法律法规，推进政府环境信息披露法治化建设，提升政府依法合规披露环境信息的能力。

② 加强对环境监察数据的采集和规整，构建"一站式""全覆盖""便捷式"的环境数据服务平台，高质量公开环境监管信息。对于工业园区、居民小区等重点区域，可以协调增设环境监测信息显示屏，实时展示区域环境数据，强化环境信息公开对重点区域环境治理的倒逼机制。

③ 加强环境信息横向流动，构建跨部门、跨区域的环境信息共享机制，并利用5G、大数据、人工智能等技术进行信息及时传递，消除环保数据"信息孤岛"问题。

（2）强化政府环境执法能力建设

一方面，开展移动执法能力建设，打造高效便捷的智慧执法体系。应开发污染源日常环境监管动态信息库，实施生态环境监督执法清单制度，实施差异化环境监管措施，在减少对企业日常经营干扰的同时提高对污染事件的发现率。另一方面，强化环境监管技术支撑，建设"智慧环保"监察系统。可以利用卫星遥感、监测网络等技术手段进行精准识别，并基于大数据、云计算技术进行环境信息甄别与校核，形成环保执法监管信息化、智慧化体系，为环保监察提供强有力的技术支撑。

（3）激励公众发挥监督责任

一方面，应向社会公众加强环保宣传，普及环境治理科学知识，增强全社会成员的环境保护意识，激发社会公众参与环境保护和治理的热情。另一方面，应完善社会公众全过程参与环境治理体制机制，鼓励对地区环境状况有更多了解的公众能够"用手投票"，通过"12369"环保举报热线、政府网站等渠道向环境保护主管部门举报，及时、顺畅地表达环境治理的诉求。此外，上级政府可以考虑加大环境治理在下级官员考核中的比重，塑造"自上而下"和"自下而上"相结合的双向环境治理新格局。

（4）加强企业绿色化补助激励

一方面，政府可以对实施污染治理设施改造升级的企业给予专项的财政资金支持，落实环境保护专用设备的企业所得税返还优惠政策，减轻企业在提升环境绩效过程中面临的成本压力。另一方面，构筑环境惩戒震慑和环保补助奖励两种方式相结合的"胡萝卜＋大棒"环境治理模式，对于污染物排放严重超标的企业，应采取限制生产、停产整治等处罚措施，督促污染企业履行环境保护法定义务，引导企业向高质量发展方向转变。

7.5 新时期环境信息披露制度发展挑战和趋势

7.5.1 新时期环境信息披露制度发展挑战

党中央、国务院高度重视环境信息依法披露制度改革工作，多次做出重要部署。在党的十九大报告中明确提出健全信息强制性披露制度，《中共中央 国务院关于全面加强生态环境保护 坚决打好污染防治攻坚战的意见》《关于构建现代环境治理体系的指导意见》等文件均对建立环境信息披露制度作出部署。真实、准确、完整的企业环境信息披露是推进环境治理体系现代化的基础。我国在推动环境信息披露的法治保障、制度建设等方面开展了大量工作，基本建立了覆盖生态环境管理各制度、全流程、全要素的信息披露体系，取得了扎实进展。但是，现有环境信息披露体系存在着责任分散、内容零散、监管不足、信息质量差、信息获取难等问题，对于生态环境治理支撑的基础性、关键性作用未能得到有效发挥。《改革方案》注重环境信息依法披露制度总体设计，落实企业环境治理主体法定义务，提高监督管理效能，提升公众参与水平，推动形成企业自律、管理有效、监督严格、支撑有力的环境信息依法披露制度，为精准治污、科学治污、依法治污和生态文明制度体系建设提供有力支撑。

7.5.2 新时期环境信息披露制度发展趋势

开展环境信息披露是企业履行环保责任的有效方式，是政府推进现代环境治理体系的重要渠道。结合企事业单位环境信息披露制度与环境信用评价制度等的实施，加强企业依法披露的环境信息和企业环保信用风险分类等评价结果在ESG中的应用。通过环境政策法规导向，引导地方政府、企业以提升环境信息披露水平与生态建设目标协调、政府环保监管、企业环境管理相互关联，以绿色投资管理为主要抓手。加快配套政策的完善与各方协调，对ESG评价尤其是环境维度评价领先的企业给予一定的鼓励政策。

开展披露制度顶层设计和系统性。进一步完善环境信息披露评价体系顶层设计，推动量化可比的环境信息披露框架指引性文件出台，强调环境、碳中和相关指标的创新与构建；出台环境信息披露投资指引性文件，引导市场深化环境信息披露投资意识；对接国际环境信息披露标准，结合企事业单位环境信息披露制度与环境信用评价制度实施，考虑环境指标的多元性和系统性。将环境信息披露纳入金融机构支持绿色创新及转型项目筛选。增强企业绿色治理意识，把可持续发展理念融入公司实际经营计划中，认识到绿色治理对于长期价值的重要性；加强环境信息披露实践，改善自身环境信息披露表现，加强公司内部治理，提高投资效率；进一步完善企业环境信息披露。

环境信息披露促进了企业的外部融资，而在外部融资中债权融资是主要方式，债权融资的来源是金融负债，而非经营负债，环境信息披露能够提高企业社会声誉，优化投资结构，提高外部金融机构的信任，进而吸引更多金融机构贷款；环境信息披露的融资效应具有明显的异质性特点，在高成长型企业、中小企业和弱环境规制地区企业更为显著。供应链在引导企业践行绿色发展，促进生态环境质量改善中起到了关键的作用，供应商集中度能够显著增强环境信息披露质量，起到了"相得益彰"的同频作用，而客户集中度却阻碍了环境信息披露质量的改善，起到了"此消彼长"的互斥作用。供应商（客户）集中度在增强（弱化）环境信息披露质量的同时，进一步提升（降低）了企业未来经济绩效。主要集中于环境信息披露的内容界定、影响因素和经济后果三个方面。未来研究应紧随环境法规政策，积极探索"双碳"目标，"绿色"视角下的环境信息披露。我国的 ESG 环境信息披露制度构建，合规性必须在其本土化发展中得到根本遵循，通过推动统一的 ESG 环境信息披露准则，出台专门的企业环境合规管理指引，并做好与相关法律规范的衔接，最终实现国家在环境治理体系和治理能力方面的现代化。

绿色制造创建引致的环境信息披露质量提升一方面促进了企业研发、绿色创新和企业 ESG 表现的提升，带动了供应链企业的产品绿色化转型，另一方面也驱动了地区层面环境质量的提高。政府建立健全碳信息披露制度和机制，媒体正确把握舆论导向和宣传尺度，上市企业动态调整企业碳管理战略，以发挥企业碳信息披露质量提升的价值效应，实现环境价值与企业价值双赢，推进"双碳"目标的实现。

环境信息披露是实施环境保护的重要抓手，中国环境信息披露的相关政策指引着企业履行环境保护的职责。随着"双碳"目标的提出及施行，中国环境信息披露政策逐渐完善，企业对环境信息披露的意识逐步增强，披露企业数量稳步提升，披露内容及披露形式的多样性，体现出中国对环境保护和生态文明的贡献。环境保护和生态文明建设离不开国家的战略引导与支持，也不能脱离企业及社会大众的监督。通过增强环保责任及社会责任的意识，可以促进企业高质量发展。当然，随着相关技术的进步，会有更多有针对性的解决措施来更好地实现"双碳"目标。

参考文献

[1] 环境保护总局.关于企业环境信息公开的公告解读.2003.

[2] 环境保护部.《国家重点监控企业自行监测及信息公开办法（试行）》和《国家重点监控企业污染源监督性监测及信息公开办法（试行）》解读.2013.

[3] 生态环境部.环境信息依法披露制度改革方案解读.2020.

[4] 生态环境部. 企业环境信息依法披露管理办法解读. 2021.

[5] 生态环境部. 企业环境信息依法披露格式准则解读. 2021.

[6] 李政大，李凤，赵雅婷. 环境信息披露的融资效应——来自重污染企业的证据[J]. 审计与经济研究，2024, 1: 117-127.

[7] 张泽南，孙毅. 供应链关系与环境信息披露质量研究[J]. 会计之友，2023(19): 120-128.

[8] 王希胜，陈馥妍. 环境信息披露研究热点及其演化[J]. 生态经济，2024, 1: 221-119.

[9] 王茂斌，叶涛，孔东民. 绿色制造与企业环境信息披露——基于中国绿色工厂创建的政策实验[J]. 经济研究，2024, 2: 116-134.

[10] 刘子洋，郭忠，蒋鹿夏. 论我国ESG环境信息披露的制度构建——基于企业环境合规视角[J]. 中国地质大学学报（社会科学版），2023, 3(24): 1-7.

[11] 廉宏达，邹玉友，马天一. "双碳"目标下企业碳信息披露质量的价值效应研究[J]. 学术交流，2024(3): 112-125.

[12] 祁伟宏，王丹，秦上博. "双碳"战略前后中国环境信息披露政策对比研究[J]. 改革之窗，2024, 2: 26-31.

第 **8** 章
工业污染源监管创新与展望

8.1 新时期工业污染源监管挑战

我国工业污染源包括了重点工业污染源和非重点源，目前我国纳入环境监管体系的是重点工业污染源。重点工业污染源则是指在所辖范围内，按类型、排污量、毒性危害程度、所处地理位置、大型骨干企业、特异污染物等因素，根据环境管理的需要进行综合分析筛选出来的污染源。我国工业污染源主要分为水污染源、大气污染源、工业固体废物三大类。受"末端治理"环境管理思想以及部门职能划分的影响，目前我国工业污染源环境监管处于分块管理状态，工业污染防治以环境末端监管模式为主。工业污染源清单环境监管政策和制度主要有排污许可证制度、环境统计、环境税和排污权交易、生态环境导向的开发模式、清洁生产制度等几项。

环境监管模式大致可以分为政府监管模式和非政府监管模式。目前我国的环境监管仍属于政府主导型的政府监管模式。根据政府监管组织模式的差异，该监管模式可以分为统一环境监管模式、区域环境监管模式和行业环境监管模式。区域环境监管模式以行政区划为监管范围，以地方环境行政主管部门为监管主体，以该区域内的环境问题为监管对象。我国《环境保护法》明确提出"第六条　地方各级人民政府应当对本行政区域的环境质量负责。""第十条　国务院环境保护主管部门，对全国环境保护工作实施统一监督管理；县级以上地方人民政府环境保护主管部门，对本行政区域环境保护工作实施统一监督管理。"该法条的规定明确了我国环境监管模式之一的区域环境监管模式。区域环境监管模式可以有效地落实地方各级政府的环境监管执行力，利于国家和地方环境监管政策法规的落实和实施。与此同时，可能由于地方保护主义的出现，可能会导致区域环境监管过程中监管不力或者监管的不作为，导致区域环境问题突出，而直接影响全国环境监管工作的总体水平；同时还有可能存在区域之间环境监管机制协调性不强的问题，直接导致跨区域的环境问题无法通过该模式得到有效解决，最终出现了区域环境监管无法有效执行，然而跨区域环境问题日益恶化，如太湖流域的环境监管，由于跨太湖流域的江苏、浙江、安徽等省份环境监管机制和监管制度的差异性，直接导致了太湖领域涉及省份内环境治理全部满足国家各项法律法规的要求，但太湖区域环境监管机制的缺失和环境污染日益突显和恶化，为了解决这个问题成立了太湖流域管理局开展系统监管。

行业环境监管模式是突破了行政区划范围，以各级环境行政监管部门为主体，以特定行业环境问题为监管对象，重点解决行业环境污染问题。该种监管模式可以充分发挥行业技术优势，提高环境监管力度，同时还能在一定程度上解决区域环境监管不能解决的跨区域环境问题。但是行业环境监管会由于行业部门利益冲突，以及监管部门受当地政府部门的直接影响，难免会出现比区域环境监管更多的行业保护和地方保护主义，造成环境监管的不力。

无论哪种监管模式，我国的工业源环境监管仍旧处于"政府主导"的监管模式状态，该模式下政府对污染源负全权监管责任，而企业则完全处于被监管状态，公众由于参与机制不健全和渠道不畅通等，直接导致了更多情况"被隔离"于污染源监管的机制和体系外，因此造成我国工业污染源处于"政府重命令、企业多承令、公众不得令"的监管模式。

我国工业污染源源清单监管机制有如下特征：

① 工业污染源源清单环境监管处于部门分块监管状态；

② 单纯依靠行政手段"自上而下"的监管机制；

③ "政府被动、企业主动、公众无能动"监管模式；

④ 监管制度中参与主体呈现了"权利政府、义务企业、被中立公众"；

⑤ 监管中相关能力建设不足。

我国目前的环境监管手段更多地依赖行政命令控制型，行政命令型监管模式色彩强烈；部分法律法规和标准对涉及主体的权利义务界定模糊。随着"双碳"和污染防治攻坚战形势变化，工业污染源源清单环境监管模式迫切需要运用行政、法律、经济等综合治理手段进行探索和创新，特别是针对监管过程中政府、企业和公众的权利义务的界定，如何最大程度地调动各个主体的能动性，实现监管的成本最小化和监管效益的最大化目标。

此外，从理论发展来看，新时期我国煤化工、冶金、石化等重点行业污染控制迫切需要策略转变，具体体现在如下几个方面。

（1）基于生命周期的重点行业有毒有害污染全过程控制

我国煤化工、冶金、石化等重点行业污染控制迫切需要实现从常规污染物的治理向有毒污染物全过程控制的策略转变，全面深入剖析有毒污染物在不同工艺的全生命周期轨迹，基于污染物生态风险评估和人体健康风险评估的角度，通过对典型污染物产生量以及生态毒理性、生物有效性、生物富集性等特性，对主要污染物的生态效应进行综合环境风险评估，进一步研究典型有毒化学品在不同处理工艺过程的赋存形态与迁移转化规律，完成全生命周期轨迹分析，支撑重点行业全过程有毒污染控制技术创新与跨越式发展。从特征污染物管理、工业排污毒性控制两个角度逐步实施重点行业有毒污染物全过程控制的共性策略，大幅度降低生产过程中的毒性排放强度，保护纳污生态环境完整性，最终实现工业有毒物质大幅度减排和环境风险的有效控制。

（2）多介质协同及区域统筹控污

环境治理已经告别相对单一的时期，跨入多种介质、多项因子、多个领域协同共治的阶段。为高效解决"三废"污染问题，应从多介质协同治污、区域统筹治污等方面入手，提升污染物的监测工作和质量控制，形成空气、水质、土壤等环境介质中多种污染物的协同监测能力。创新治理模式，探索多环境介质污染协同增效治理机制，推广水、气、土等多要素、多领域协同治理技术。同时，为保障我国碳达峰和碳中和目标的实现，将工业行业跨介质污染控制与碳减排协同考虑，提高对污染物处理过程的精准控制。将污染物降解和能源化回收结合，加强低成本、低碳源能耗、高效率的水污染治理技术、药剂、装备等多元化研发，保障污染物控制的低碳运行。加强地区、行业、部门之间协作，通过搭建平台促进企业与研究所、高校展开交流合作，共同开发适合于现代工业的流域区域协同防控资源化技术，促进工业绿色发展。

8.2 工业源监管主体职能优化

环境治理从最初的国家附属政策跃升至中华民族永续发展的千年大计，由政府一元管控发展为政府、市场、公众多元共治，由命令控制型负向激励转变为正负激励并重，由污染控制倒逼发展演变为环境激励助推高质量发展。面向美丽中国的中国式环境治理路径适应了社会经济发展趋势，助力了经济生态化和生态经济化的高质量发展之路，为推进"人与自然和谐共生的现代化"贡献智慧和力量。

（1）地方政府激励

在中国环境治理体系建立初期，形成了以政府为单一主体、以传统命令控制型负向激励为主要手段的环境治理模式。命令控制型负向激励通常自上而下传导，借助严格的环境管理制度，强制解决生态环境破坏问题。但负向激励工具若长期大量使用，往往会带来财政管理费用较高、地区间缺乏稳定合作、治理简单化"一刀切"、部分执法部门执行不力等问题。此外，在地方政府综合考核评价体系中，优先级评价目标仍是经济发展，生态环境领域约束性指标通常作为弱优先级目标。目标优先级的差异，可能导致地方环境治理工作面临政府各部门参与积极性差、机会主义行为盛行、缺乏有效激励机制等问题，一定程度上抑制了地方政府参与环境治理的积极性。

（2）市场主体正负向激励

对于市场主体（如排污企业、污染治理第三方）的激励，意在通过对其成本和收益的调节，使其更为积极主动地推进环境治理。市场主体正向激励地持续发展，实现了环境治理成效和治理能力的提高，但其仍处于环境治理体系中的从属地位。环境保护治理参与主体往往面临高额经济成本，在正向激励不足的情况下，不采取环境治理与环保节能行为的主体反而可以节约成本，获得市场价格优势，出现"环保逆淘汰"现象，削弱市场主体参与环境治理的动力。负向激励约束依然是目前调节环境治理市场主体行为的主要手段。负向激励出现偏差，可能致使市场主体违法违规成本低而守法成本高，引致机会主义行为，影响环境治理效果。例如，现行环境保护税税率普遍低于企业边际治理成本，部分企业宁愿缴纳环境保护税也不愿投入资金进行治理，环境保护税激励约束作用未能充分发挥。同时，在缺乏有效监管的情况下，市场主体还可能通过数据造假、瞒报漏报等手段逃避负向激励政策对其的处罚。

（3）公众参与正向激励

中国式环境治理需要全社会的共同参与。对社会公众的激励是通过刺激引导，提升公众参与环境治理的主动性和监督的积极性。近年来，各级生态环境管理部门逐渐重视公众参与，持续营造公众参与的良好制度和社会氛围，但现有激励手段仍有所不足。以生态环境领域非营利性组织激励为例，除少数组织运营经费获得政府支持外，大部分组织依然缺少申请政府扶持资金的途径；同时，由于税收管理制度不健全，有应税收入的组织需依据经营性要求申报纳税，其环境治理参与能力未得到充分激励和有效释放。对于公众生态环境违法行为举报的奖励，尽管生态环境部印发了《关于实施生态环境违法行为举报奖励制度的指导意见》，并要求各省、市建立并实施举报奖励制度，但仍存在举报对象范围片面、奖励条件严苛、奖励金额设置不合理及举报人权益保障不充分等问题。

8.3　工业源监管制度融合创新

8.3.1　工业污染源监管制度融合

8.3.1.1　排污许可与环境统计融合

以污染物排放为主的调查内容主要以常规环统和第二次全国污染源普查为基准进行分析，统称为环境统计，"二污普"是最高层级的环统制度，是常规环统改革的方向。目前，环境影响评价、排污许可和环境统计对污染源有各自的技术规范。环境影响评价有污染源源强核算技术指南，包括准则和行业技术指南。排污许可的污染源源强核算分：许可排污量和实际排污量两部分。许可排放量核算有排污许可证申请与核发技术规范，包括总则和行业技术规范。实际排放量核算有行业技术规范和《关于发布计算污染物排放量的排污系数和物料衡算方法的公告》（环境保护部公告〔2017〕81号），其中火电等17个行业适用行业技术规范和《纳入排污许可管理的火电等17个行业污染物排放量计算方法（含排污系数、物料衡算方法）（试行）》；17个行业之外出台排污许可技术规范的行业，适用各自的排污许可技术规范；尚未出台排污许可技术规范的行业，主要按照排污许可总则，涉及排污系数和物料衡算方法的适用《未纳入排污许可管理行业适用的排污系数、物料衡算方法（试行）》。环境统计的污染源源强核算方法包含在《环境统计管理办法》和《"十三五"环境统计技术要求》中。环境统计与排污许可具有相同的管理对象。固定污染源是排污许可和环境统计的重点关注对象，也是环境统计的重点调查对象。排污许可与环境统计共同关注的内容包括重点排污单位的基本信息、治理信息、排放信息等。环境统计与排污许可具有相同的责任主体，均是排污单位负有主体责任，管理部门负有监管责任。排污许可与环境统计工作主要以企业范围、指标口径、核算方法等方面为切入点进行融合。

（1）企业范围融合

环境统计对废水、废气等污染物排放量较大或固体废物产生量较大的企业进行重点调查，对其他企业进行整体估算，排污许可则采取名录管理的方式。通过《固定污染源排污许可证分类管理名录（2019年版）》与"二污普"及常规环统覆盖范围对比分析来看，《排污许可分类管理名录》的制定思路，基本是以国民经济行业代码为基础，将各行业拥有重污染工序的企业纳入重点管控范围；同时对普遍分布的锅炉、炉窑、电镀、水处理等通用工序进行了单独规定，将涉及通用工序且符合一定要求的排污单位也纳入重点管理；另外，还将排放量具有一定规模的排污单位纳入重点管控范围。《排污许可分类管理名录》基本覆盖了有重污染排放工序的企业，尽管如工业固体废物等地方覆盖不足，但基本能够满足环境统计重点调查范围的需求。

（2）指标口径融合

排污许可将固定污染源分为重点管理、简化管理、登记管理三类。一般来说，排污许可仅要求重点管理单位报送污染物实际排放量，不要求简化管理和登记管理单位报送污染物实际排放量。而环境统计需要调查所有固定污染源的排放状况，以获取区域整体排放状况。虽然从污染物指标总数上来说差异不大，但由于排污许可中除化学需氧量、氨氮、二氧化硫、氮氧化物、颗粒物5项污染物指标覆盖行业范围较广外，其他污染物指标多数仅适用于个别行业，而环境统计中覆盖全行业的污染物指标数量大于排污许可。排污许可的优势在于强化了典型行业特征污染物指标排放量的管控。污染物产生量是环境统计年报公布的指标，是排放量的重要校核指标，与生产过程密切相关，同时产生量是反映污染治理效果的重要指标，也是识别环境风险的重要因素，所以环境统计从支撑决策的角度保留了产生量调查指标。但排污许可从对排污单位管控的角度与污染物排放标准对应，重点对与生态环境质量关系密切的排放量进行要求。因此，指标融合的内容主要体现在共有指标、特征指标以及排放量。

（3）核算方法融合

根据排污许可证申请与核发技术规范，部分无组织排放贡献不可忽略的行业未包括无组织排放量（如水泥、平板玻璃、有色金属冶炼等行业），而环境统计和"二污普"中包括无组织排放量，如"二污普"考虑了堆场颗粒物排放；2019年之后的环境统计根据"二污普"的成果也增加了堆场颗粒物排放调查。对于废水污染物，排污许可以厂界排放量对间接排放企业的水污染物排放量进行核算，而环境统计与"二污普"均以排入外环境的排放量进行统计核算，即在企业排放量核算时就考虑了下游污水处理厂的去除情况。排污许可重点是按一定比例对排污许可执行报告进行抽查，以点带面；环境统计则是分级审核，基层对逐个调查对象审核，省级和国家级审核重点是对区域、流域、行业数据的同比、环比变化趋势进行合理性论证以及对来源数据互校以评估数据的合理性。

8.3.1.2　排污许可与环保信用制度融合

《环境保护法》明确规定环保部门应当将企业环境违法信息记入社会诚信档案；《土壤污染防治法》《固体废物污染环境防治法》均对企业环境信用的管理做出专门规定。《排污许可管理条例》明确将排污单位环保信用评价与监督检查挂钩，要求根据排污单位信用记录等因素合理确定检查频次和检查方式，将处罚决定纳入国家有关信用信息系统向社会公布。《中共中央　国务院关于深入打好污染防治攻坚战的意见》提出"全面实施环保信用评价"，中办、国办印发的《关于推进社会信用体系建设高质量发展促进形成新发展格局的意见》要求"完善生态环保信用制度"。生态环境部近日印发的《关于加强排污许可执法监管的指导意见》则明确了"强化环保信用监管"的具体要求。

环保信用监管是指生态环境部门基于企业的环境守法表现进行评判，评定一定的等级，将评定结果分享给有关部门，实施相关部门共同的奖励或者约束，对环境守信的企业予以适当褒奖、便利，对失信企业实施联合惩戒。环保信用评价是实施环保信用监管的基础。2000年，江苏省环境保护厅在全国第一个开展企业环境行为评级，确立绿蓝黄红黑五色等级制度。2013年、2015年环境保护部会同国家发改委等部门分别制定颁布《企业环境信用评价办法（试行）》和《关于加强企业环境信用体系建设的指导意见》，明确评价的技术指标、评级标准、部门之间的信息共享、结果公开以及联合惩戒等要求。全国31个省份均不同程度地开展了环保信用评价制度探索和实践工作，部分省份或地区进一步开展环境信用动态评价尝试，兼顾信用管理的时效性要求。环保信用监管改革正由自下而上为主向自下而上和自上而下相结合方式转变。但总体看，环保信用评价政策体系、技术方法等尚不健全，信用监管与执法监管的作用边界亟待进一步厘清，需要在排污许可制度框架内进一步深化固定污染源信用监管改革和探索实践。

将申领排污许可证的排污单位纳入环保信用评价制度，加强环保信用信息归集共享，强化评价结果应用，实施分级分类监管，做好与生态环境执法正面清单衔接，明确了实施固定污染源环保信用监管目标和路径。但在行动上，需要持续深化环保信用监管改革，推动构建以排污许可制为核心的固定污染源环保信用监管体系，丰富和发展以排污许可制为核心的固定污染源执法监管体系。

① 厘清执法监管与信用监管作用边界。固定污染源排污许可执法监管，着眼于守住法律底线，通过优化执法方式、严格执法监管，促进排污单位按证排污；固定污染源环保信用监管，着眼于引导固定污染源建立现代环境治理体系，通过自主履行排污管理义务不断提升排污管理能力，发挥排污管理效益。执法监管强调依法查处违法排污行为，

倒逼排污单位依法排污；信用监管建构于固定污染源依法排污基础之上，侧重于培育持续稳定达标排放能力。

② 构建以排污许可制为核心的固定污染源环保信用评价体系。充分运用排污单位依法公开的污染物排放信息和依法披露的环境信息、生态环境部门依法公开执法监管信息、社会监督提供的违法排污信息，拟定固定污染源排污许可信用评价指标体系和评级标准；推动建立排污单位自评＋属地生态环境部门核查、上级生态环境部门抽查的信用评价体系，完善环保信用评价执行机制。推动排污许可相关数据归集，有效支撑环保信用评价实时更新和修复。

③ 强化信用评价结果运用，构建以排污许可制为核心的固定污染源信用监管体系。将环保信用分级评价结果与执法监管的分类分级、执法频次、检查方式的确定及执法正面清单的调整挂钩，建立执法监管方式和频次、执法正面清单等随信用评价结果进行适时调整的机制。完善环保信用分级激励和惩戒机制，如政府采购、金融信贷、税务、科技成果评定、环保专项资金申报、项目申请、差异化水费及电费等方面的激励及惩戒。

8.3.1.3 排污许可与清洁生产制度融合

为了加强排污许可管理，《排污许可管理条例》自2021年3月1日起施行。将清洁生产审核制度与排污许可制度相衔接，有利于形成制度合力，压实企业事业单位主体责任，有效提高了清洁生产审核的效率和针对性。另外，清洁生产审核所体现的污染物源头削减和全过程管控的特点，也恰恰能够为排污许可制度的实施提供技术理论支撑。

清洁生产审核能支撑排污许可证科学核发，有效促进排污许可规范实施与后续管理。一方面，通过实施清洁生产审核，可以对排污单位生产规模、原辅材料的使用情况、生产工艺设备情况、治污水平等实际情况有全面准确的掌握，为许可证发放以及许可证变更提供了依据。另一方面，清洁生产审核的实施可以对排污单位排污许可证的执行情况进行评价，并将评价结果以清洁生产审核报告的形式呈现出来，通过审核报告可以了解污染源是否按照许可要求进行排放，由此规范排污单位排污行为，有利于后续的环境管理。因此，在融合方向上主要包括以下亮点：

① 排污单位的基本信息、主要产品及产能、主要原辅材料及燃料、产排污环节、污染物及污染防治设施、排污口、有组织无组织排放信息、排污总量、环境管理要求（自行监测）、环境管理台账信息等必须按照排污证副本相关要求，无证不得排污，未按照排污证中进行的任何生产及排污行为均为非法。同时要做好排污单位清洁生产审核工作，重点关注节能、降耗、减污等内容，适应并满足我国绿色低碳循环经济发展的要求。

② 既要将清洁生产审核纳入排污许可证管理，也要将排污许可证的申领、登记及实施情况纳入审核内容。在实施清洁生产审核之前，要以排污许可证为依据，调查企业的主要产品及产能、主要原辅材料及燃料、生产排污环节、排污总量等内容，并按照排污许可证的要求一一核对；实施清洁生产审核之后，大气、水及固体废物的排污浓度和排

污总量在一定程度上减少，审核后达到的减排量应纳入排污许可证管理，使其与排污许可证的更新更换相对应。

8.3.1.4　排污许可与环境经济制度融合

（1）排污许可制改革与环境保护由费改税融合

排污许可制改革与环境保护由费改税成效显著。但在具体实施过程中也暴露出一些问题。例如，排污许可制与环境税契合度不够，联动机制监管不到位；依证监管力度不足，处罚结果不足以形成有力震慑；排污单位治理责任落实不到位，缺乏履行生态环境保护责任的主动性和自觉性等。排污许可制被定位为固定污染源环境管理的核心制度，为推动出台排污许可制与各项环境管理制度衔接融合，各项法规制度的协同执法指明了作战方向。如何使排污许可制与环境税在协同作战中发挥出最大效能，给企事业单位明确稳定的污染排放管控要求和预期、推动形成公平规范的环境执法守法秩序，对减少污染物排放、改善环境质量、推进生态文明建设意义重大。

① 建立协同作战机制，持续发力推动排污许可管理与环境税聚力增效。排污许可制改革提出了"一企一证、分类管理"，环境税的征管也根据排污许可证的执行开展免征、减征等事项。建立排污许可制与环境税协同监管机制非常重要，健全以排污许可为先导的生态环境监测、执法检查与税务纳税人识别、环境税申报复核、税款追征全流程的常态化部门协作机制迫在眉睫。例如，建立环境执法监测与税务稽查的末端协作等措施。监管协作机制应分阶段、分层次实施，主要强化管理部门依证监管能力和排污单位自证守法意识，突出以环境监测数据为依托，以排污许可执行情况为基础，以环境税征管为手段的全要素管理。

② 建立核算复核机制，科学推进排污许可管理与环境税征管精细化管理水平。按照排污许可制改革实施进程，探索建立以排污许可执行数据为基础的环境税核算机制，逐步统一排污许可管理和税源管理范围。在实现"全覆盖"后，税务部门按照排污许可证上的年许可排放限值（总量指标）预征环境税，生态环境部门分别对排污许可证年度执行情况进行核算与评估，税务机关依照核算与评估结果实施税款抵扣、补缴、加征，促使企业按证排污、诚信纳税逐渐成为自觉。分阶段实施主要污染物总量减排，统一污染物分类，以污染减排为依托，逐步建立与环境税相匹配的排污许可执行数据全口径核算体系。研究制定以排污许可证执行核算和评估结果为依据的环境税复核方式，建立健全常态化复核程序并纳入日常管理。研究如何做好排污许可证执行情况的核实清查工作，建立排污许可管理、环境税征管、环境监测执法共治体系，实现"许可执行—监测数据—全口径核算—处罚结果"的全流程复核机制，提高精细化管理水平。

③ 建立大数据共享机制，有序实现排污许可管理信息与涉税信息的耦合提质。推动证后管理信息化建设，推进"双随机、一公开"跨部门协同共治，推行信用监管和"互联网＋监管"改革，优化生态环境执法与税务稽查执法方式，构建排污许可管理信息与

涉税信息平台实施与监管系统，并依托信息平台建立依证依税监管信息化移动终端，将数据的查询、采集、储存等功能关联整合，让依证依税监管更便捷、更智能、更精准。同时，注重监测数据的权威性，尽快建立起保障污染源自动监测运行及使用机制，完善污染源自动监测设备的量值溯源，将量值溯源运维监管后的数据应用到排污许可的执行、环境税征管核算和生态环境监测执法中，以利于排污许可的有效执行和环境税征收管理。

④ 完善法律法规体系，为排污许可制改革和环境税征管有效衔接保驾护航。完善《中华人民共和国环境保护税法》《中华人民共和国税收征收管理法》《中华人民共和国物权法》等法律在暂免征收机制、许可证产权属性上的定位，以《排污许可管理条例》《生态环境监测条例》《环境信用评价管理条例》等法规为支撑，探索依照环境信用等级实施排污许可分级管理以及对应部门的纳税人等级认定后分级管理等政策。通过将相关法规内容进行耦合并建立联动监管审查机制，才能规范治污行为，不断提升环境管理水平。

（2）排污许可与排污权融合

排污许可证是包括排污权在内的各项环境管理要素的综合承载主体，是实施排污许可制的重要载体，是确定排污权、分配排污权、推行排污权交易的法定凭证。管理好排污许可证成为有效推进排污权交易工作的关键。企业更关注自身作为排污主体哪些需要交易、交易什么污染物、交易多少、交易环节有哪些、交易后有效期限如何等。但管理对象、核算要求、核算方法、核算口径等环境管理关键要素衔接不紧密，尚未真正形成"一证式"管理运行机制，证后各类要素衔接执行仍不通畅，给交易主体造成困扰。按照排污许可"一证式"环境管理要求，结合环境资源要素市场化改革试点任务，建议围绕证前衔接、证中落实、证后监督三个环节推动衔接融合。

强化证前衔接。在排污权核定环节，做好排污许可与排污权在核算方法、核算口径、核算内容以及核算要求等方面的衔接，建议口径跟着环评走，方法跟着许可走。在排污权交易环节，建议将排污权交易纳入环评审批承诺制，即"交易作为环评审批的前置条件"调整为"交易作为申请取得排污许可证或填报排污登记表的前置条件"。此举可解决因项目建设周期太长导致的环境资源长期占用和闲置问题，避免因批建不符导致排污权二次转让的问题，在缩短项目审批时限的同时，减少排污单位的前期投入。

强化证中落实。以排污许可证为载体，将无形的污染物排污权指标和管理在有形的许可证中予以确认，有偿、无偿均应纳入许可并载明，打好污染物总量控制基础，推动排污权分配量、环评审批量、许可证允许排放量逐步归于统一。以排污许可证作为排污权抵质押贷款的载体，拓展排污单位融资渠道，更好发挥绿色金融纾困解难的作用，促进企业更好发展。

强化证后监督。落实治污主体责任，推动将排污权交易情况纳入企业排污许可执行报告，定期开展信息披露，建立企业环境守法和诚信信息共享机制，强化排污许可证的信用约束，为排污权等各项环境管理制度精简衔接提供保障。形成监管合力，将排污许可证执法检查和排污权"双随机、一公开"检查相结合，通过执法监测、随机抽查等方式监督监管排污单位的污染排放行为，对相关违法行为进行界定、清理、处罚。通过证后监管督促，实现排污权指标链式循环，推进"一证式"许可证制度有效施行。

8.3.2　工业污染源监管制度创新

8.3.2.1　《减污降碳协同增效实施方案》

当前我国生态文明建设同时面临实现生态环境根本好转和碳达峰碳中和两大战略任务，协同推进减污降碳已成为我国新发展阶段经济社会发展全面绿色转型的必然选择。面对生态文明建设新形势新任务新要求，基于环境污染物和碳排放高度同根同源的特征，必须立足实际，遵循减污降碳内在规律，强化源头治理、系统治理、综合治理，切实发挥好降碳行动对生态环境质量改善的源头牵引作用，充分利用现有生态环境制度体系协同促进低碳发展，创新政策措施，优化治理路线，要把实现减污降碳协同增效作为促进经济社会发展全面绿色转型的总抓手，坚持降碳、减污、扩绿、增长协同推进。

为贯彻落实党中央、国务院重要决策部署，生态环境部、发展改革委、工业和信息化部、住房和城乡建设部、交通运输部、农业农村部、能源局联合印发《减污降碳协同增效实施方案》（以下简称《方案》），明确我国减污降碳协同增效工作总体部署。《方案》是碳达峰碳中和"1+N"政策体系的重要组成部分，对进一步优化生态环境治理、形成减污降碳协同推进工作格局、助力建设美丽中国和实现碳达峰碳中和具有重要意义。

《方案》以习近平新时代中国特色社会主义思想为指导，深入学习贯彻习近平生态文明思想，坚持稳中求进工作总基调，立足新发展阶段，完整、准确、全面贯彻新发展理念，加快构建新发展格局，着力推动高质量发展，科学把握污染防治和气候治理的整体性，以结构调整、布局优化为关键，以优化治理路径为重点，以政策协同、机制创新为手段，完善法规标准，强化科技支撑，全面提高环境治理综合效能，实现环境效益、气候效益、经济效益"多赢"。

① 突出协同增效。坚持系统观念，统筹碳达峰碳中和与生态环境保护相关工作，强化目标协同、区域协同、领域协同、任务协同、政策协同、监管协同，以碳达峰行动进一步深化环境治理，以环境治理助推高质量碳达峰。

② 强化源头防控。紧盯环境污染物和碳排放主要源头，突出主要领域、重点行业和关键环节，强化资源能源节约和高效利用，加快形成有利于减污降碳的产业结构、生产方式和生活方式。

③ 优化技术路径。统筹水、气、土、固体废物、温室气体等领域减排要求，优化治理目标、治理工艺和技术路线，优先采用基于自然的解决方案，加强技术研发应用，强化多污染物与温室气体协同控制，增强污染防治与碳排放治理的协调性。

④ 注重机制创新。充分利用现有法律、法规、标准、政策体系和统计、监测、监管

能力，完善管理制度、基础能力和市场机制，一体推进减污降碳，形成有效激励约束，有力支撑减污降碳目标任务落地实施。

⑤ 鼓励先行先试。发挥基层积极性和创造力，创新管理方式，形成各具特色的典型做法和有效模式，加强推广应用，实现多层面、多领域减污降碳协同增效。

《方案》锚定美丽中国建设和碳达峰碳中和目标，统筹大气、水、土壤、固体废物与温室气体等多领域减排要求，将减污和降碳的目标有机衔接。同时，充分考虑减污降碳工作与其他工作的协调性，重点聚焦"十四五"和"十五五"两个关键期，提出到2025年和2030年的分阶段目标要求。《方案》提出，到2025年，减污降碳协同推进的工作格局基本形成，重点区域和重点领域结构优化调整和绿色低碳发展取得明显成效，形成一批可复制、可推广的典型经验，减污降碳协同度有效提升；到2030年，减污降碳协同能力显著提升，大气污染防治重点区域碳达峰与空气质量改善协同推进取得显著成效，水、土壤、固体废物等污染防治领域协同治理水平显著提高。

《方案》从源头防控协同、重点领域协同、环境治理协同和管理模式协同等方面提出重点任务措施。一是加强源头防控协同。强化生态环境分区管控，构建分类指导的减污降碳政策体系，增强生态环境改善目标对能源和产业布局的引导作用。加强生态环境准入管理，坚决遏制"两高"项目盲目发展。推动能源绿色低碳转型，实施可再生能源替代行动，不断提高非化石能源消费比重。倡导简约适度、绿色低碳的生活方式。二是突出重点领域协同。推动工业、交通运输、城乡建设、农业农村、生态建设等领域减污降碳协同增效，加快工业领域全流程绿色发展，建设低碳交通运输体系，提升城乡建设绿色低碳发展质量，协同实现生态改善、环境扩容与碳汇提升。三是加强环境治理协同。强化环境污染治理与碳减排的措施协同，推动环境治理方式改革创新。加大常规污染物与温室气体协同减排力度，一体推进大气污染深度治理与节能降碳行动。推进污水资源化利用，因地制宜推进农村生活污水集中或分散式治理及就近回用。鼓励绿色低碳土壤修复，强化资源回收和综合利用，加强"无废城市"建设。四是创新协同管理模式。在重点区域、城市、园区、企业开展减污降碳协同创新。在区域层面，加强结构调整、技术创新和体制机制创新；在城市层面，探索不同类型城市减污降碳推进机制；在产业园区，提升资源能源节约高效利用和废物综合利用水平；在企业层面，支持打造"双近零"排放标杆企业。

生态环境部会同有关部门，按照深入打好污染防治攻坚战、碳达峰碳中和"1+N"政策体系安排部署，抓紧推动各项工作落实。一是加强组织领导。生态环境部联合发展改革委、工业和信息化部、住房和城乡建设部、交通运输部、农业农村部、能源局等部门，协同推进《方案》落实。同时，指导各地制定实施方案，跟踪调度目标任务进展情况。二是加强宣传教育。推动将绿色低碳发展纳入国民教育体系，加强干部队伍能力建设，组织开展业务培训。选树减污降碳先进典型，广泛开展宣传教育活动，加大信息公开力度。三是加强国际合作。积极参与引领全球气候和环境治理，与共建"一带一路"国家开展绿色发展政策沟通，加强减污降碳国际经验交流，为实现2030年全球可持续发展目标贡献中国智慧、中国方案。四是加强考核监督。推动将温室气体控制目标完成情况纳入生态环境相关考核,逐步形成体现减污降碳协同增效要求的生态环境考核体系。

为深入贯彻党中央、国务院关于开展减污降碳协同增效工作的决策部署和全国生态环境保护大会精神,生态环境部会同相关部门积极推动《减污降碳协同增效实施方案》重点任务落实,加快形成协同推进工作格局,进一步推进减污降碳协同治理,工作成效日益显现。当前,生态环境部正稳步推开城市和产业园区减污降碳协同创新试点工作,综合各省(自治区、直辖市)生态环境部门推荐、专家评审意见等因素,筛选形成了第一批城市和产业园区试点名单,持续推动减污降碳协同创新试点工作扎实开展。

第一批城市和产业园区试点单位共包括21个城市、43个产业园区。城市涵盖资源型、工业型、综合型、生态良好型等多种类型,产业园区涉及钢铁、有色、石化、汽车、装备制造、新能源等多个行业,试点单位分布广泛、类型多样、代表性较强,与污染防治攻坚任务相衔接,与绿色低碳发展要求相适应,充分体现了多领域、多层次创新试点的工作导向和实践要求。

8.3.2.2 关于加强生态环境分区管控的意见

2024年3月6日,《中共中央办公厅 国务院办公厅关于加强生态环境分区管控的意见》发布,生态环境分区管控是以保障生态功能和改善环境质量为目标,实施分区域差异化精准管控的环境管理制度,是提升生态环境治理现代化水平的重要举措。实施生态环境分区管控是党中央做出的重大决策部署。《长江保护法》《黄河保护法》《海南自由贸易港法》《青藏高原生态保护法》《海洋环境保护法》和43部地方性法规均对加强生态环境分区管控、实施生态环境准入清单管理做出规定。截至2021年底,全国省、市两级生态环境分区管控方案全面完成并发布实施,初步形成了一套全域覆盖、跨部门协同、多要素综合的生态环境分区管控体系。意见深入贯彻习近平生态文明思想,落实全国生态环境保护大会部署,提出新时期全面加强生态环境分区管控的主要目标、重点任务和保障措施,对服务国家和地方重大发展战略实施、助推经济社会高质量发展、支撑美丽中国建设具有重大意义。

加强生态环境分区管控,要协同推进降碳、减污、扩绿、增长,充分尊重自然规律和区域差异,以高水平保护推动高质量发展、创造高品质生活,努力建设人与自然和谐共生的美丽中国。

① 要坚持生态优先、绿色发展。基于生态环境区域特征,把该保护的区域科学地划出来,守牢自然生态安全边界,把发展同保护矛盾突出的区域识别出来,守住环境质量底线,提高保护效率,促进绿色低碳发展。

② 要坚持源头预防、系统保护。统筹山水林田湖草沙一体化保护和系统治理,严格执行生态环境准入清单,充分发挥生态环境分区管控在源头预防体系中的基础性作用,守牢国土空间开发保护底线,科学指导各类开发保护建设活动。

③ 要坚持精准科学、依法管控。聚焦区域性、流域性突出生态环境问题,完善生

态环境分区管控方案，建立从问题识别到解决方案的分区分类管控策略，因地制宜实施"一单元一策略"的精细化管控，防止"一刀切"。

④ 要坚持明确责任、协调联动。落实地方各级党委和政府主体责任，加强与有关部门沟通协调，建立分工协作工作机制，提高政策统一性、规则一致性、执行协同性。

重点任务包括：

① 全面推进生态环境分区管控。坚持国家指导、省级统筹、市级落地的原则，完善省、市两级生态环境分区管控方案，统筹开展定期调整和动态更新。推进国家和省级生态环境分区管控系统与其他业务系统的信息共享、业务协同，完善在线政务服务和智慧决策功能。

② 助推经济社会高质量发展。通过生态环境分区管控，加强整体性保护和系统性治理，服务国家重大战略实施。促进绿色低碳发展，推进传统产业绿色低碳转型升级和清洁生产改造，引导重点行业向环境容量大、市场需求旺盛、市场保障条件好的地区科学布局、有序转移。为地方党委和政府提供决策支撑，在生态环境分区管控信息平台依法依规设置公共查阅权限，加强生态环境分区管控对企业投资的引导。

③ 实施生态环境高水平保护。以"三区四带"为重点区域，分单元识别突出环境问题，落实环境治理差异化管控要求，维护生态安全格局。强化生态环境分区管控在地表水、地下水、海洋、大气、土壤、噪声等生态环境管理中的应用，推动解决突出生态环境问题，防范结构性、布局性环境风险。强化政策协同，将生态环境分区管控要求纳入有关标准、政策等制定修订中。

④ 加强监督考核。对生态功能明显降低的优先保护单元、生态环境问题突出的重点管控单元以及环境质量明显下降的其他区域，加强监管执法。将制度落实中存在的突出问题纳入中央和省级生态环境保护督察。将实施情况纳入污染防治攻坚战成效考核。

8.3.2.3 从单一主体负向激励走向多元共治激励相容制度

中国式环境治理是国家治理体系的主要内容，也是人与自然和谐共生的具体体现和基本要求。中国式环境治理从开启探索逐渐建立健全，由政府一元控制发展为多元共治，由负向激励为主转变为正负激励并重，创新发展了具有中国特色的多元共治激励相容制度。中国式环境治理现代化取得了显著成绩，中国生态环境保护和生态文明建设发生了历史性、转折性、全局性变化，印证了多元共治激励相容制度的现实有效性。但在美丽中国建设目标下，环境治理工作还有不少硬骨头要啃、不少顽瘴痼疾要治。因此，需要不断完善环境治理多元激励机制，建设面向美丽中国的现代环境治理体系。

（1）坚持多措并举激励，强化地方政府责任担当

中央政府应不断探索激励机制以督促地方开展环境治理，坚持正向激励与负向激励并举，既提供动力又施加压力，强化地方政府环境治理责任担当，引导各级政府合力并行。

① 落实"党政同责"，严格责任体系。坚持"党政同责、一岗双责"，鼓励地方党政部门制定主体明确、任务明晰的环境治理责任清单，落实党委统筹领导环境治理工作的总体责任和政府的行政责任，依据地方环境治理重点难点和迫切需求，及时调整扩充环境治理责任体系，以责任清单"凭证化"保障任务制定和问题追责的"科学化"。

② 优化激励政策，释放政策红利。通过各类生态保护、环境治理试点创建活动，充分调动地方政府积极性，并对创建成功的地区给予财政资金奖励、上级政府表彰、环境友好项目倾斜、绿色形象宣传等正向激励政策支持，鼓励地方政府主动提升生态环境治理水平。

③ 健全生态补偿激励机制。建立中央纵向支付与地方政府横向利益补偿相结合、统筹重点区域和流域的综合生态补偿激励相容机制。赋予地方政府适当利益空间，以制度化的激励机制增强地方政府参与环境治理的积极性，形成开放合作、利益共享的利益联结共同体。同时，探索生态补偿机制与模式创新，形成具有财政支付、社会资本等多样化资金渠道，货币补偿、实物补偿、项目补偿、技术补偿、产业转移等多元化补偿模式的生态补偿激励机制。

（2）正负激励"两手抓"，调动市场主体积极性

正向激励与负向激励并重，坚守底线，夯实基线，避免让正向激励发展的政策红利带来变相的投机空间。充分发挥市场主体和政府引导调控的职能作用，同时防止市场失灵，避免政府的缺位和越位，推动生态环境治理向纵深迈进。

① 完善绿色税收体系，探索差别税率。通过强制性减排等负向激励税种以及环境保护税收减免等正向激励措施的结合，形成"胡萝卜＋大棒"的绿色税收体系。结合区域资源和发展情况、行业发展特点以及污染治理费用差别，探索差异化的环境税收激励政策，更好地引导和调节不同地区、不同行业的生态环境治理进程。

② 强化经济激励，提高环境治理的市场流动性。以市场激励为主、命令控制制度为辅，深化碳排放权交易市场与排污权交易市场发展。通过扩大主体范围、动态剔除"僵尸用户"、引导投资机构进入等方式优化参与主体结构，充分释放投资需求，提高交易市场的流动性和活跃度。同时，综合利用排污许可证制度、环境税制度、减污降碳资金补贴等行政政策，促进市场合理有序发展。

③ 聚力生态环境投融资，助推环境治理绿色发展。引导绿色基金、气候基金、保险资金、社会公益基金等金融资源与社会资本进入环境治理领域，对气候投融资试点地区和入库项目予以扩大信贷投放量、定向降准、精简审批流程等信贷优惠正向激励。此外，通过制定相关标准、建立风险共担机制等手段防控市场风险。

（3）强化正向激励

积极引导和推动公众参与政府是环境治理的主要责任方，但环境治理的全面性、系统性和整体性特征表明，多元主体的参与是不可或缺的。

① 提高公众、社会组织等共同参与环境治理的积极性。根据地方实际，灵活授权并实现信息共享，充分利用社会团体的行业优势和专业特长，营造便于社会团体参与的政策环境。鼓励建立环境治理行业联盟等民间组织，引导其通过沟通协调、行动宣传等方式形成环境治理共同体意识。

② 促进完善环境治理的多元监督途径。公众通过监督地方政府环境监管履职和企业环境守法，依法有效参与环境治理。扩大横向监督和常态化监督以充分释放激励效能，建立环境治理公众监督评价平台等共同监督渠道，提高监督的实时性和全面性。

③ 打造公开透明的信息共享机制。为社会公众畅通意见表达和环境投诉渠道，建立制度性信任体系，实现政府、市场主体和社会公众之间的协同互动，以确保信息共享的"真实性"和"客观性"。利用大数据技术建设信息交流平台，推动环境信息跨区域、跨部门、跨主体共享，打破信息"孤岛"，降低信息不对称导致的环境治理成本和损失。

8.4　展望

8.4.1　构建全生命周期的多元共治、激励相容制度协同创新机制

环境治理从最初的国家附属政策跃升至中华民族永续发展的千年大计，由政府一元管控发展为政府、市场、公众多元共治，由命令控制型负向激励转变为正负激励并重，由污染控制倒逼发展演变为环境激励助推高质量发展。面向美丽中国的中国式环境治理路径适应了社会经济发展趋势，助力了经济生态化和生态经济化的高质量发展之路，为推进"人与自然和谐共生的现代化"贡献了智慧和力量。生态环境制度改革需要以服务经济主体和提升生态福祉为导向，通过制度型开放和集成型创新，进一步发挥对"四大功能"的支撑和赋能作用。一是统筹推进人居环境改善和营商环境优化；二是推动环境准入和监管制度的集成性创新；三是协同推进专项研发和环保技术生态环境服务业发展；四是加快环境标准和贸易规则的衔接。

改革开放40多年来，我国建成相对系统的环境科技研究体系，取得了一系列重大环境科技创新成果，为环境质量改善、环境风险防控、生态安全保障提供了强有力的科技支撑。随着生态文明建设进程的推进和科学技术的进步，我国生态环境保护形势必将发生深刻变化，生态文明建设亟需环境科技做全面支撑，环境基础和前沿研究有待加强，环境保护"卡脖子"的关键技术问题亟待突破，对此，环境科技要提前谋划做好支撑工作。环境科技要准确把握未来发展目标和方向，做到"六个融合"，提升创新维度和手段，落实好体制机制保障，以全面提升环境科技创新和支撑能力。随着生态文明建设和污染防治攻坚战的不断深入，污染治理进入深水区，复杂生态环境问题治理难度大、跨学科科研力量布局分散、科研成果应用与转化不足等问题仍未根本解决，亟须进一步推

动生态环境领域科技攻关新型举国体制向纵深发展，推动深入打好污染防治攻坚战，必须把落实"实现减污降碳协同效应"作为总要求。要以制度建设为保障，从"源头—过程—末端"全过程一体化构建减污降碳协同制度体系。将降碳要求纳入现有的生态环境保护制度体系：在源头防控上，与环境影响评价制度、节能评估和审查制度结合；在过程控制上，与清洁生产制度、排污许可制度结合；在末端治理上，与生态环保督察制度、环保激励制度结合，统筹减污与降碳的目标、政策和制度，推动构建减污降碳协同的制度体系。

面对生态文明建设新形势新任务新要求，基于环境污染物和碳排放高度同根同源的特征，必须立足实际，遵循减污降碳内在规律，强化源头治理、系统治理、综合治理，切实发挥好降碳行动对生态环境质量改善的源头牵引作用，充分利用现有生态环境制度体系协同促进低碳发展，创新政策措施，优化治理路线，基于全生命周期推动减污降碳协同增效。中国式环境治理是国家治理体系的主要内容，也是人与自然和谐共生的具体体现和基本要求，由政府一元控制发展为多元共治，由负向激励为主转变为正负激励并重，在全生命周期理论创新的基础上发展具有中国特色的工业污染源多元共治监管激励相容模式。新时期工业源环境监管制度体系如图8-1所示（书后另见彩图）。

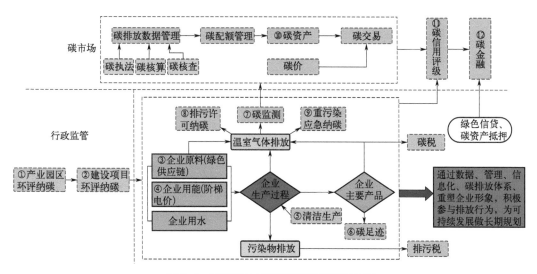

图8-1 新时期工业源环境监管制度体系

8.4.2 工业新质生产力与污染源监管创新

绿色发展是高质量发展的底色，新质生产力本身就是绿色生产力。支撑人类文明进入生态文明新阶段，必须加快发展新质生产力。发展新质生产力必须坚持绿色发展这一重大原则和根本导向，将绿色低碳要求贯穿于高质量发展的全过程和各方面，统筹处理好高质量发展和高水平保护的关系，构建绿色低碳循环经济体系，促进经济社会发展全面绿色转型，决不能回到追求粗放扩张、低效发展的老路上。要构建绿色低碳循环经济体系，为加快形成美丽中国建设的新质生产力释放"加速器"。构建绿色低碳循环经济体系，促进新旧动能接续转换，是解决我国资源环境生态问题的基础之策，也是加快形成新质生产力的题中之义。健全资源环境要素市场化配置体系，推进碳排放权、用能权、用水权、排污权等市场化交易。加强环保信用监管体系建设，促进有效市场和有为政府更好结合。

新质生产力以创新为特点、以全要素生产率大幅提升为核心标志，具有高科技、高效能、高质量特征。坚持创新转型，强化绿色低碳科技创新，符合新质生产力发展要求，能够大幅降低污染物和碳排放，提升产业绿色发展效能，促进生产力发展提质增效。党的十八大以来，我国围绕美丽中国建设目标大力推进绿色科技攻关，在创新转型中推动"中国制造"迈向"中国智造"，在这一过程中攻克了一大批关键共性技术难关，推动一系列重大科技成果产业化应用，有力推动了新能源等新兴产业蓬勃发展。

目前，我国已建成全球规模最大的电力供应系统和清洁发电体系，水电、风电、太阳能发电、生物质发电装机都稳居世界第一。在大力发展绿色新兴产业的同时，充分发挥科技创新对传统产业转型升级的推动作用，以清洁生产技术创新促进资源节约集约利用。2012年至2021年，我国万元国内生产总值能耗下降26.4%。2021年，废钢铁等9种再生资源循环利用量达3.85亿吨。当前，我国经济社会发展已进入加快绿色化、低碳化的高质量发展阶段。在新发展阶段培育和发展新质生产力，迫切需要加大创新转型力度，加快构建与新质生产力发展要求相适应的创新体系，大力开展绿色低碳领域集成创新、技术创新、标准创新、制度创新，努力取得一批具有引领性和原创性的创新成果，为新质生产力发展提供有力支撑。

① 强化集成创新，锻造传统产业转型升级的加速器。当前，人工智能技术在新一轮科技革命和产业变革中所发挥的作用越来越显著。促进经济社会发展全面绿色转型，一个重要方面在于推动数智化技术与环境科技、产业科技深度融合，建立面向产业链的绿色低碳科技创新体系，形成涵盖研发、设计、材料、生产、管理等环节的"大数据"，构建基于资源能源消耗、污染排放、碳排放、环境影响评价的分析预测"大模型"，努力提升全要素生产率，助推传统产业转型升级。

② 强化技术创新，建造培育新兴产业和未来产业的孵化器。要强化绿色低碳技术攻关，为培育壮大新兴产业、开辟未来产业新赛道提供强大技术储备。一方面，基于碳排放与污染物排放同根、同源、同过程的性质，大力发展煤炭、燃油等化石能源清洁化利用技术，积极研发多污染物、多尺度、跨介质污染物协同治理技术，实现行业企业节能、节水、节材、减污、降碳的多重收益，在节能环保领域丰富新质生产力的表现形式。另一方面，加强新兴产业的关键核心技术攻关，强化未来产业前沿技术研究，在绿色低碳领域开辟更多新质生产力发展的新赛道。

③ 强化标准创新，打造发展新质生产力的绿色标尺。标准创新是创新转型的重要内容。以产业全生命周期绿色化为目标，构建与发展新质生产力相适应的绿色标准体系，有助于夯实新质生产力发展的绿色根基，促进经济社会发展全面绿色转型。强化标

准创新，一方面要适时迭代已有环境评价标准，根据生态环境分区管控准入要求，结合区域资源环境实际情况，因时因地修订旧标准，着力解决标龄长、与新质生产力发展要求不适应等问题；另一方面要促进标准协同，前瞻性研究新兴产业和未来产业，将清洁生产、排放等环境标准融入绿色设计、绿色制造、绿色流通、绿色投资等标准制定修订中，建立全生命周期绿色发展标准体系。此外，还需深化国际交流合作，积极参与碳足迹、碳标识等国际标准的制定修订工作，为发展新质生产力创造有利国际环境。

④ 强化制度创新，营造发展新质生产力的良好生态。在创新转型中发展绿色生产力，重在深化科技创新体制机制改革，促进创新链、产业链、资金链、人才链四链融合，努力形成与新质生产力发展相适应的新型生产关系。要着力优化科技项目组织创新机制，从产业实践中明确研究任务，在科技战略制定、科研立项、项目承担等方面给予需求端更多参与权、更大话语权。不断完善绿色科技人才引育机制，鼓励引导科研人员紧盯新质生产力发展需求搞科研，助推绿色科技创新与绿色行业企业双向奔赴。加快构建产学研用融合机制，推动学术界、产业界共建创新联合体，完善绿色科技成果转化激励机制，激励科研单位敢干、创新企业敢投、科技成果敢转，让创新转型的动能更足，绿色高质量发展的势能更强。

参考文献

[1] 王军霞，吕卓，李曼，等. 生态环境统计与排污许可制度衔接的技术分析及建议 [J]. 环境影响评价，2021,4: 10-13.

[2] 生态环境部. 减污降碳协同增效实施方案解读. 2022.

[3] 生态环境部. 关于加强生态环境分区管控的意见解读. 2024.

[4] 王斯一，吕连宏，孙启宏，等. 中国式环境治理五十年：从单一主体负向激励走向多元共治激励相容 [J]. 环境保护，2024, 3: 54-58.

[5] 李海生，孙启宏，高如泰. 基于40年改革开放历程的我国环境科技发展展望 [J]. 环境保护，2018, 23: 7-11.

[6] 李海生. 深入探索生态环境领域科技攻关新型举国体制 [J]. 科技中国，2023, 4:1-4.

[7] 李海生，谢明辉，李小敏，等. 全过程一体化构建减污降碳协同制度体系 [J]. 环境保护，2022, 1: 24-29.

[8] 孙启宏. 生命周期评价在清洁生产领域的应用前景 [J]. 环境科学研究，2002, 4: 4-6.

[9] 孙启宏，段宁. 循环经济的主要科学研究问题 [J]. 科学研究，2005, 4: 490-494.

[10] 刘德春. 大力发展新质生产力 促进经济社会发展全面绿色转型 [R]. 人民网，2024.

[11] 王金南. 加快发展新质生产力 全面推进美丽中国建设 [R]. 人民政协报，2024.

[12] 李海生. 创新转型　为发展新质生产力注入新动能 [R]. 人民日报，2024.

附录
我国目前的工业污染源监管法律法规体系

现场检查人员对工业污染源的现场检查要依法办事，就必须熟悉我国的环境法律体系。我国的环境法律体系主要包括污染防治的法律法规、资源与生态保护的法律法规和与环保有关的法律法规。环境法律体系由下列各部分构成：《宪法》中的环境保护条款；环境保护法律、其他法律中的环境保护条款、我国签署的环境保护国际公约与条约；环境保护行政法规；环境保护部门规章、环境标准、环境保护地方性法规和规章。

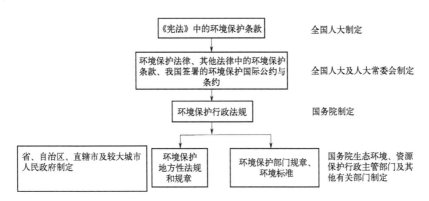

附图1　环境保护法律体系

常用国家工业污染源相关法律法规重点条款如下。

（1）法律法规名称：排污许可管理办法

相关条款节选：

第四条　根据污染物产生量、排放量、对环境的影响程度等因素，对企业事业单位和其他生产经营者实行排污许可重点管理、简化管理和排污登记管理。

实行排污许可重点管理、简化管理的排污单位具体范围，依照固定污染源排污许可分类管理名录规定执行。实行排污登记管理的排污登记单位具体范围由国务院生态环境主管部门制定并公布。

第七条　国务院生态环境主管部门对排污单位及其生产设施、污染防治设施和排放口实行统一编码管理。

第九条　排污许可证执行报告中报告的污染物实际排放量，可以作为开展年度生态环境统计、重点污染物排放总量考核、污染源排放清单编制等工作的依据。

排污许可证应当作为排污权的确认凭证和排污权交易的管理载体。

第十一条　排污许可证正本应当记载《条例》第十三条第一、二项规定的基本信息，排污许可证副本应当记载《条例》第十三条规定的所有信息。

法律法规规定的排污单位应当遵守的大气污染物、水污染物、工业固体废物、工业噪声等控制污染物排放的要求，重污染天气等特殊时段禁止或者限制污染物排放的要求，以及土壤污染重点监管单位的控制有毒有害物质排放、土壤污染隐患排查、自行监测等要求，应当在排污许可证副本中记载。

第十二条　排污单位承诺执行更加严格的排放限值的，应当在排污许可证副本中记载。

第十三条　排污登记表应当记载下列信息：

（一）排污登记单位名称、统一社会信用代码、生产经营场所所在地、行业类别、法定代表人或者实际负责人等基本信息；

（二）污染物排放去向、执行的污染物排放标准及采取的污染防治措施等。

第十八条　排污单位应当依照《条例》第七条、第八条规定提交相应材料，并可以对申请材料进行补充说明，一并提交审批部门。

排污单位申请许可排放量的，应当一并提交排放量限值计算过程。重点污染物排放总量控制指标通过排污权交易获取的，还应当提交排污权交易指标的证明材料。

污染物排放口已经建成的排污单位，应当提交有关排放口规范化的情况说明。

第十九条　排污单位在申请排污许可证时，应当按照自行监测技术指南，编制自行监测方案。

自行监测方案应当包括以下内容：

（一）监测点位及示意图、监测指标、监测频次；

（二）使用的监测分析方法；

（三）监测质量保证与质量控制要求；

（四）监测数据记录、整理、存档要求；

（五）监测数据信息公开要求。

第二十二条　对具备下列条件的排污单位，颁发排污许可证：

（一）依法取得建设项目环境影响报告书（表）批准文件，或者已经办理环境影响登记表备案手续；

（二）污染物排放符合污染物排放标准要求，重点污染物排放符合排污许可证申请与核发技术规范、环境影响报告书（表）批准文件、重点污染物排放总量控制要求；其中，排污单位生产经营场所位于未达到国家环境质量标准的重点区域、流域的，还应当符合有关地方人民政府关于改善生态环境质量的特别要求；

（三）采用污染防治设施可以达到许可排放浓度要求或者符合污染防治可行技术；

（四）自行监测方案的监测点位、指标、频次等符合国家自行监测规范。

第二十九条　有下列情形之一的，审批部门应当依法办理排污许可证的注销手续，并在全国排污许可证管理信息平台上公告：

（一）排污许可证有效期届满未延续的；

（二）排污单位依法终止的；

（三）排污许可证依法被撤销、吊销的；

（四）应当注销的其他情形。

第三十条　有下列情形之一的，可以依法撤销排污许可证，并在全国排污许可证管理信息平台上公告：

（一）超越法定职权审批排污许可证的；

（二）违反法定程序审批排污许可证的；

（三）审批部门工作人员滥用职权、玩忽职守审批排污许可证的；

（四）对不具备申请资格或者不符合法定条件的排污单位审批排污许可证的；

（五）依法可以撤销排污许可证的其他情形。

排污单位以欺骗、贿赂等不正当手段取得排污许可证的，应当依法予以撤销。

第三十四条　排污单位应当按照排污许可证规定和有关标准规范，依法开展自行监测，保存原始监测记录。原始监测记录保存期限不得少于五年。

排污单位对自行监测数据的真实性、准确性负责，不得篡改、伪造。

第三十五条　实行排污许可重点管理的排污单位，应当依法安装、使用、维护污染物排放自动监测设备，并与生态环境主管部门的监控设备联网。

排污单位发现污染物排放自动监测设备传输数据异常的，应当及时报告生态环境主管部门，并进行检查、修复。

第三十六条　排污单位应当按照排污许可证规定的格式、内容和频次要求记录环境管理台账，主要包括以下内容：

（一）与污染物排放相关的主要生产设施运行情况；发生异常情况的，应当记录原因和采取的措施。

（二）污染防治设施运行情况及管理信息；发生异常情况的，应当记录原因和采取的措施。

（三）污染物实际排放浓度和排放量；发生超标排放情况的，应当记录超标原因和采取的措施。

（四）其他按照相关技术规范应当记录的信息。

环境管理台账记录保存期限不得少于五年。

第三十七条　排污单位应当按照排污许可证规定的执行报告内容、频次和时间要求，在全国排污许可证管理信息平台上填报、提交排污许可证执行报告。

排污许可证执行报告包括年度执行报告、季度执行报告和月执行报告。

季度执行报告和月执行报告应当包括以下内容：

（一）根据自行监测结果说明污染物实际排放浓度和排放量及达标判定分析；

（二）排污单位超标排放或者污染防治设施异常情况的说明。

年度执行报告可以替代当季度或者当月的执行报告，并增加以下内容：

（一）排污单位基本生产信息；

（二）污染防治设施运行情况；

（三）自行监测执行情况；

（四）环境管理台账记录执行情况；

（五）信息公开情况；

（六）排污单位内部环境管理体系建设与运行情况；

（七）其他排污许可证规定的内容执行情况。

建设项目竣工环境保护设施验收报告中污染源监测数据等与污染物排放相关的主要内容，应当由排污单位记载在该项目竣工环境保护设施验收完成当年的排污许可证年度执行报告中。排污许可证执行情况应当作为环境影响后评价的重要依据。

排污单位发生污染事故排放时，应当依照相关法律法规规章的规定及时报告。

第三十八条　排污单位应当按照排污许可证规定，如实在全国排污许可证管理信息平台上公开污染物排放信息。

污染物排放信息应当包括污染物排放种类、排放浓度和排放量，以及污染防治设施的建设运行情况、排污许可证执行报告、自行监测数据等；水污染物排入市政排水管网的，还应当包括污水接入市政排水管网位置、排放方式等信息。

第四十一条　生态环境主管部门应当定期组织开展排污许可证执行报告落实情况的检查，重点检查排污单位提交执行报告的及时性、报告内容的完整性、排污行为的合规性、污染物排放量数据的准确性以及各项管理要求的落实情况等内容。

排污许可证执行报告检查依托全国排污许可证管理信息平台开展。生态环境主管部门可以要求排污单位补充提供环境管理台账记录、自行监测数据等相关材料，必要时可以组织开展现场核查。

（2）法律法规名称：碳排放权交易管理暂行条例

相关条款节选：

第七条　纳入全国碳排放权交易市场的温室气体重点排放单位（以下简称重点排放单位）以及符合国家有关规定的其他主体，可以参与碳排放权交易。

生态环境主管部门、其他对碳排放权交易及相关活动负有监督管理职责的部门（以下简称其他负有监督管理职责的部门）、全国碳排放权注册登记机构、全国碳排放权交易机构以及本条例规定的技术服务机构的工作人员，不得参与碳排放权交易。

第八条　国务院生态环境主管部门会同国务院有关部门，根据国家温室气体排放控制目标，制定重点排放单位的确定条件。省、自治区、直辖市人民政府（以下统称省级人民政府）生态环境主管部门会同同级有关部门，按照重点排放单位的确定条件制定本行政区域年度重点排放单位名录。

重点排放单位的确定条件和年度重点排放单位名录应当向社会公布。

第十一条　重点排放单位应当采取有效措施控制温室气体排放，按照国家有关规定和国务院生态环境主管部门制定的技术规范，制定并严格执行温室气体排放数据质量控制方案，使用依法经计量检定合格或者校准的计量器具开展温室气体排放相关检验检测，如实准确统计核算本单位温室气体排放量，编制上一年度温室气体排放报告（以下简称年度排放报告），并按照规定将排放统计核算数据、年度排放报告报送其生产经营场所所在地省级人民政府生态环境主管部门。

重点排放单位应当对其排放统计核算数据、年度排放报告的真实性、完整性、准确性负责。

重点排放单位应当按照国家有关规定，向社会公开其年度排放报告中的排放量、排放设施、统计核算方法等信息。年度排放报告所涉数据的原始记录和管理台账应当至少保存5年。

重点排放单位可以委托依法设立的技术服务机构开展温室气体排放相关检验检测、编制年度排放报告。

第十三条 接受委托开展温室气体排放相关检验检测的技术服务机构，应当遵守国家有关技术规程和技术规范要求，对其出具的检验检测报告承担相应责任，不得出具不实或者虚假的检验检测报告。重点排放单位应当按照国家有关规定制作和送检样品，对样品的代表性、真实性负责。

接受委托编制年度排放报告、对年度排放报告进行技术审核的技术服务机构，应当按照国家有关规定，具备相应的设施设备、技术能力和技术人员，建立业务质量管理制度，独立、客观、公正开展相关业务，对其出具的年度排放报告和技术审核意见承担相应责任，不得篡改、伪造数据资料，不得使用虚假的数据资料或者实施其他弄虚作假行为。年度排放报告编制和技术审核的具体管理办法由国务院生态环境主管部门会同国务院有关部门制定。

技术服务机构在同一省、自治区、直辖市范围内不得同时从事年度排放报告编制业务和技术审核业务。

第十四条 重点排放单位应当根据省级人民政府生态环境主管部门对年度排放报告的核查结果，按照国务院生态环境主管部门规定的时限，足额清缴其碳排放配额。

重点排放单位可以通过全国碳排放权交易市场购买或者出售碳排放配额，其购买的碳排放配额可以用于清缴。

重点排放单位可以按照国家有关规定，购买经核证的温室气体减排量用于清缴其碳排放配额。

第二十一条 重点排放单位有下列情形之一的，由生态环境主管部门责令改正，处5万元以上50万元以下的罚款；拒不改正的，可以责令停产整治：

（一）未按照规定制定并执行温室气体排放数据质量控制方案；

（二）未按照规定报送排放统计核算数据、年度排放报告；

（三）未按照规定向社会公开年度排放报告中的排放量、排放设施、统计核算方法等信息；

（四）未按照规定保存年度排放报告所涉数据的原始记录和管理台账。

第二十二条 重点排放单位有下列情形之一的，由生态环境主管部门责令改正，没收违法所得，并处违法所得5倍以上10倍以下的罚款；没有违法所得或者违法所得不足50万元的，处50万元以上200万元以下的罚款；对其直接负责的主管人员和其他直接责任人员处5万元以上20万元以下的罚款；拒不改正的，按照50%以上100%以下的比例核减其下一年度碳排放配额，可以责令停产整治：

（一）未按照规定统计核算温室气体排放量；

（二）编制的年度排放报告存在重大缺陷或者遗漏，在年度排放报告编制过程中篡改、伪造数据资料，使用虚假的数据资料或者实施其他弄虚作假行为；

（三）未按照规定制作和送检样品。

第二十四条　重点排放单位未按照规定清缴其碳排放配额的，由生态环境主管部门责令改正，处未清缴的碳排放配额清缴时限前1个月市场交易平均成交价格5倍以上10倍以下的罚款；拒不改正的，按照未清缴的碳排放配额等量核减其下一年度碳排放配额，可以责令停产整治。

（3）法律法规名称：生态环境统计管理办法

相关条款节选：

第二条　生态环境统计基本任务是对生态环境状况和生态环境保护工作情况进行统计调查、统计分析，提供统计资料和统计咨询意见，实行统计监督。

生态环境统计内容包括生态环境质量、环境污染及其防治、生态保护、应对气候变化、核与辐射安全、生态环境管理及其他有关生态环境保护事项。

第十二条　生态环境统计调查项目分为综合性调查项目和专项调查项目，调查方法分为全面调查、重点调查、抽样调查等，调查周期包括年度、半年度、季度、月度等。

第十九条　在生态环境统计调查中，排放源排放量按照监测数据法、产排污系数/排放因子法、物料衡算法等方法进行核算。

排污许可证执行报告中的污染物排放量可以作为生态环境统计的依据。

生态环境部组织制定统一的排放源产排污系数，按照规定程序发布，并适时评估修订。

第四十一条　各级生态环境主管部门应当建立监督检查工作机制和相关制度，组织开展生态环境统计监督检查工作。

监督检查事项包括：

（一）生态环境主管部门遵守、执行生态环境统计法律法规章情况；

（二）生态环境主管部门建立防范和惩治生态环境统计造假、弄虚作假责任制情况；

（三）生态环境统计调查对象遵守生态环境统计法律法规章、统计调查制度情况；

（四）法律法规规章规定的其他事项。

第四十六条　生态环境主管部门有下列行为之一的，依照《中华人民共和国统计法》《中华人民共和国统计法实施条例》予以处罚；对直接负责的主管人员和其他直接责任人员，依法予以处分：

（一）未经批准擅自组织实施生态环境统计调查的；

（二）未经批准擅自变更生态环境统计调查制度内容的；

（三）未执行批准或者备案的生态环境统计调查制度的；

（四）拒报、迟报或者伪造、篡改生态环境统计资料的；

（五）要求生态环境统计调查对象或者其他机构、人员提供不真实的生态环境统计资料的；

（六）违法公布生态环境统计资料的；

（七）泄露生态环境统计调查对象的商业秘密、个人信息或者提供、泄露在生态环境统计调查中获得的能够识别或者推断单个生态环境统计调查对象身份的资料的；

（八）其他违反法律法规规定的行为。

（4）法律法规名称：全国污染源普查条例

相关条款节选：

第二条　污染源普查的任务是，掌握各类污染源的数量、行业和地区分布情况，了解主要污染物的产生、排放和处理情况，建立健全重点污染源档案、污染源信息数据库和环境统计平台，为制定经济社会发展和环境保护政策、规划提供依据。

第三条　本条例所称污染源，是指因生产、生活和其他活动向环境排放污染物或者对环境产生不良影响的场所、设施、装置以及其他污染发生源。

第六条　全国污染源普查每10年进行1次，标准时点为普查年份的12月31日。

第十条　污染源普查范围包括：工业污染源，农业污染源，生活污染源，集中式污染治理设施和其他产生、排放污染物的设施。

第十一条　工业污染源普查的主要内容包括：企业基本登记信息，原材料消耗情况，产品生产情况，产生污染的设施情况，各类污染物产生、治理、排放和综合利用情况，各类污染防治设施建设、运行情况等。

第十四条　全国污染源普查领导小组负责领导和协调全国污染源普查工作。

全国污染源普查领导小组办公室设在国务院生态环境主管部门，负责全国污染源普查日常工作。

第三十条　全国污染源普查领导小组办公室统一组织对污染源普查数据的质量核查。核查结果作为评估全国或者各省、自治区、直辖市污染源普查数据质量的重要依据。

污染源普查数据的质量达不到规定要求的，有关污染源普查领导小组办公室应当在全国污染源普查领导小组办公室规定的时间内重新进行污染源普查。

第三十五条　污染源普查取得的单个普查对象的资料严格限定用于污染源普查目的，不得作为考核普查对象是否完成污染物总量削减计划的依据，不得作为依照其他法律、行政法规对普查对象实施行政处罚和征收排污费的依据。

第三十七条　地方、部门、单位的负责人有下列行为之一的，依法给予处分，并由县级以上人民政府统计机构予以通报批评；构成犯罪的，依法追究刑事责任：

（一）擅自修改污染源普查资料的；

（二）强令、授意污染源普查领导小组办公室、普查人员伪造或者篡改普查资料的；

（三）对拒绝、抵制伪造或者篡改普查资料的普查人员打击报复的。

（5）法律法规名称：排污许可管理条例

相关条款节选：

第二条　依照法律规定实行排污许可管理的企业事业单位和其他生产经营者（以下称排污单位），应当依照本条例规定申请取得排污许可证；未取得排污许可证的，不得排放污染物。

根据污染物产生量、排放量、对环境的影响程度等因素，对排污单位实行排污许可分类管理：

（一）污染物产生量、排放量或者对环境的影响程度较大的排污单位，实行排污许可重点管理；

（二）污染物产生量、排放量和对环境的影响程度都较小的排污单位，实行排污许可简化管理。

实行排污许可管理的排污单位范围、实施步骤和管理类别名录，由国务院生态环境主管部门拟订并报国务院批准后公布实施。制定实行排污许可管理的排污单位范围、实施步骤和管理类别名录，应当征求有关部门、行业协会、企业事业单位和社会公众等方面的意见。

第六条　排污单位应当向其生产经营场所所在地设区的市级以上地方人民政府生态环境主管部门（以下称审批部门）申请取得排污许可证。

排污单位有两个以上生产经营场所排放污染物的，应当按照生产经营场所分别申请取得排污许可证。

第七条　申请取得排污许可证，可以通过全国排污许可证管理信息平台提交排污许可证申请表，也可以通过信函等方式提交。

排污许可证申请表应当包括下列事项：

（一）排污单位名称、住所、法定代表人或者主要负责人、生产经营场所所在地、统一社会信用代码等信息；

（二）建设项目环境影响报告书（表）批准文件或者环境影响登记表备案材料；

（三）按照污染物排放口、主要生产设施或者车间、厂界申请的污染物排放种类、排放浓度和排放量，执行的污染物排放标准和重点污染物排放总量控制指标；

（四）污染防治设施、污染物排放口位置和数量，污染物排放方式、排放去向、自行监测方案等信息；

（五）主要生产设施、主要产品及产能、主要原辅材料、产生和排放污染物环节等信息，及其是否涉及商业秘密等不宜公开情形的情况说明。

第八条　有下列情形之一的，申请取得排污许可证还应当提交相应材料：

（一）属于实行排污许可重点管理的，排污单位在提出申请前已通过全国排污许可证管理信息平台公开单位基本信息、拟申请许可事项的说明材料；

（二）属于城镇和工业污水集中处理设施的，排污单位的纳污范围、管网布置、最终排放去向等说明材料；

（三）属于排放重点污染物的新建、改建、扩建项目以及实施技术改造项目的，排污单位通过污染物排放量削减替代获得重点污染物排放总量控制指标的说明材料。

第九条 审批部门对收到的排污许可证申请，应当根据下列情况分别作出处理：

（一）依法不需要申请取得排污许可证的，应当即时告知不需要申请取得排污许可证；

（二）不属于本审批部门职权范围的，应当即时作出不予受理的决定，并告知排污单位向有审批权的生态环境主管部门申请；

（三）申请材料存在可以当场更正的错误的，应当允许排污单位当场更正；

（四）申请材料不齐全或者不符合法定形式的，应当当场或者在3日内出具告知单，一次性告知排污单位需要补正的全部材料；逾期不告知的，自收到申请材料之日起即视为受理；

（五）属于本审批部门职权范围，申请材料齐全、符合法定形式，或者排污单位按照要求补正全部申请材料的，应当受理。

审批部门应当在全国排污许可证管理信息平台上公开受理或者不予受理排污许可证申请的决定，同时向排污单位出具加盖本审批部门专用印章和注明日期的书面凭证。

第十一条 对具备下列条件的排污单位，颁发排污许可证：

（一）依法取得建设项目环境影响报告书（表）批准文件，或者已经办理环境影响登记表备案手续；

（二）污染物排放符合污染物排放标准要求，重点污染物排放符合排污许可证申请与核发技术规范、环境影响报告书（表）批准文件、重点污染物排放总量控制要求；其中，排污单位生产经营场所位于未达到国家环境质量标准的重点区域、流域的，还应当符合有关地方人民政府关于改善生态环境质量的特别要求；

（三）采用污染防治设施可以达到许可排放浓度要求或者符合污染防治可行技术；

（四）自行监测方案的监测点位、指标、频次等符合国家自行监测规范。

第十三条 排污许可证应当记载下列信息：

（一）排污单位名称、住所、法定代表人或者主要负责人、生产经营场所所在地等；

（二）排污许可证有效期限、发证机关、发证日期、证书编号和二维码等；

（三）产生和排放污染物环节、污染防治设施等；

（四）污染物排放口位置和数量、污染物排放方式和排放去向等；

（五）污染物排放种类、许可排放浓度、许可排放量等；

（六）污染防治设施运行和维护要求、污染物排放口规范化建设要求等；

（七）特殊时段禁止或者限制污染物排放的要求；

（八）自行监测、环境管理台账记录、排污许可证执行报告的内容和频次等要求；

（九）排污单位环境信息公开要求；

（十）存在大气污染物无组织排放情形时的无组织排放控制要求；

（十一）法律法规规定排污单位应当遵守的其他控制污染物排放的要求。

第十五条 在排污许可证有效期内，排污单位有下列情形之一的，应当重新申请取得排污许可证：

（一）新建、改建、扩建排放污染物的项目；

（二）生产经营场所、污染物排放口位置或者污染物排放方式、排放去向发生变化；

（三）污染物排放口数量或者污染物排放种类、排放量、排放浓度增加。

第十六条 排污单位适用的污染物排放标准、重点污染物总量控制要求发生变化，需要对排污许可证进行变更的，审批部门可以依法对排污许可证相应事项进行变更。

第十七条 排污许可证是对排污单位进行生态环境监管的主要依据。

排污单位应当遵守排污许可证规定，按照生态环境管理要求运行和维护污染防治设施，建立环境管理制度，严格控制污染物排放。

第十八条 排污单位应当按照生态环境主管部门的规定建设规范化污染物排放口，并设置标志牌。

污染物排放口位置和数量、污染物排放方式和排放去向应当与排污许可证规定相符。

实施新建、改建、扩建项目和技术改造的排污单位，应当在建设污染防治设施的同时，建设规范化污染物排放口。

第十九条 排污单位应当按照排污许可证规定和有关标准规范，依法开展自行监测，并保存原始监测记录。原始监测记录保存期限不得少于5年。

排污单位应当对自行监测数据的真实性、准确性负责，不得篡改、伪造。

第二十条 实行排污许可重点管理的排污单位，应当依法安装、使用、维护污染物排放自动监测设备，并与生态环境主管部门的监控设备联网。

排污单位发现污染物排放自动监测设备传输数据异常的，应当及时报告生态环境主管部门，并进行检查、修复。

第二十一条 排污单位应当建立环境管理台账记录制度，按照排污许可证规定的格式、内容和频次，如实记录主要生产设施、污染防治设施运行情况以及污染物排放浓度、排放量。环境管理台账记录保存期限不得少于5年。

排污单位发现污染物排放超过污染物排放标准等异常情况时，应当立即采取措施消除、减轻危害后果，如实进行环境管理台账记录，并报告生态环境主管部门，说明原因。超过污染物排放标准等异常情况下的污染物排放计入排污单位的污染物排放量。

第二十三条 排污单位应当按照排污许可证规定，如实在全国排污许可证管理信息平台上公开污染物排放信息。

污染物排放信息应当包括污染物排放种类、排放浓度和排放量，以及污染防治设施的建设运行情况、排污许可证执行报告、自行监测数据等；其中，水污染物排入市政排水管网的，还应当包括污水接入市政排水管网位置、排放方式等信息。

第二十六条 排污单位应当配合生态环境主管部门监督检查，如实反映情况，并按照要求提供排污许可证、环境管理台账记录、排污许可证执行报告、自行监测数据等相关材料。

禁止伪造、变造、转让排污许可证。

第二十七条 生态环境主管部门可以通过全国排污许可证管理信息平台监控排污单位的污染物排放情况，发现排污单位的污染物排放浓度超过许可排放浓度的，应当要求排污单位提供排污许可证、环境管理台账记录、排污许可证执行报告、自行监测数据等相关材料进行核查，必要时可以组织开展现场监测。

第二十八条 生态环境主管部门根据行政执法过程中收集的监测数据，以及排污单位的排污许可证、环境管理台账记录、排污许可证执行报告、自行监测数据等相关材料，对排污单位在规定周期内的污染物排放量，以及排污单位污染防治设施运行和维护是否符合排污许可证规定进行核查。

第二十九条 生态环境主管部门依法通过现场监测、排污单位污染物排放自动监测设备、全国排污许可证管理信息平台获得的排污单位污染物排放数据，可以作为判定污染物排放浓度是否超过许可排放浓度的证据。

排污单位自行监测数据与生态环境主管部门及其所属监测机构在行政执法过程中收集的监测数据不一致的，以生态环境主管部门及其所属监测机构收集的监测数据作为行政执法依据。

第三十三条 违反本条例规定，排污单位有下列行为之一的，由生态环境主管部门责令改正或者限制生产、停产整治，处20万元以上100万元以下的罚款；情节严重的，报经有批准权的人民政府批准，责令停业、关闭：

（一）未取得排污许可证排放污染物；

（二）排污许可证有效期届满未申请延续或者延续申请未经批准排放污染物；

（三）被依法撤销、注销、吊销排污许可证后排放污染物；

（四）依法应当重新申请取得排污许可证，未重新申请取得排污许可证排放污染物。

第三十四条 违反本条例规定，排污单位有下列行为之一的，由生态环境主管部门责令改正或者限制生产、停产整治，处20万元以上100万元以下的罚款；情节严重的，吊销排污许可证，报经有批准权的人民政府批准，责令停业、关闭：

（一）超过许可排放浓度、许可排放量排放污染物；

（二）通过暗管、渗井、渗坑、灌注或者篡改、伪造监测数据，或者不正常运行污染防治设施等逃避监管的方式违法排放污染物。

第三十五条 违反本条例规定，排污单位有下列行为之一的，由生态环境主管部门责令改正，处5万元以上20万元以下的罚款；情节严重的，处20万元以上100万元以下的罚款，责令限制生产、停产整治：

（一）未按照排污许可证规定控制大气污染物无组织排放；

（二）特殊时段未按照排污许可证规定停止或者限制排放污染物。

第三十六条 违反本条例规定，排污单位有下列行为之一的，由生态环境主管部门责令改正，处2万元以上20万元以下的罚款；拒不改正的，责令停产整治：

（一）污染物排放口位置或者数量不符合排污许可证规定；

（二）污染物排放方式或者排放去向不符合排污许可证规定；

（三）损毁或者擅自移动、改变污染物排放自动监测设备；

（四）未按照排污许可证规定安装、使用污染物排放自动监测设备并与生态环境主管部门的监控设备联网，或者未保证污染物排放自动监测设备正常运行；

（五）未按照排污许可证规定制定自行监测方案并开展自行监测；

（六）未按照排污许可证规定保存原始监测记录；

（七）未按照排污许可证规定公开或者不如实公开污染物排放信息；

（八）发现污染物排放自动监测设备传输数据异常或者污染物排放超过污染物排放标准等异常情况不报告；

（九）违反法律法规规定的其他控制污染物排放要求的行为。

第三十七条　违反本条例规定，排污单位有下列行为之一的，由生态环境主管部门责令改正，处每次5千元以上2万元以下的罚款；法律另有规定的，从其规定：

（一）未建立环境管理台账记录制度，或者未按照排污许可证规定记录；

（二）未如实记录主要生产设施及污染防治设施运行情况或者污染物排放浓度、排放量；

（三）未按照排污许可证规定提交排污许可证执行报告；

（四）未如实报告污染物排放行为或者污染物排放浓度、排放量。

第四十四条　排污单位有下列行为之一，尚不构成犯罪的，除依照本条例规定予以处罚外，对其直接负责的主管人员和其他直接责任人员，依照《中华人民共和国环境保护法》的规定处以拘留：

（一）未取得排污许可证排放污染物，被责令停止排污，拒不执行；

（二）通过暗管、渗井、渗坑、灌注或者篡改、伪造监测数据，或者不正常运行污染防治设施等逃避监管的方式违法排放污染物。

（6）法律法规名称：中华人民共和国清洁生产促进法

相关条款节选：

第二条　本法所称清洁生产，是指不断采取改进设计、使用清洁的能源和原料、采用先进的工艺技术与设备、改善管理、综合利用等措施，从源头削减污染，提高资源利用效率，减少或者避免生产、服务和产品使用过程中污染物的产生和排放，以减轻或者消除对人类健康和环境的危害。

第十一条　国务院清洁生产综合协调部门会同国务院环境保护、工业、科学技术、建设、农业等有关部门定期发布清洁生产技术、工艺、设备和产品导向目录。

国务院清洁生产综合协调部门、环境保护部门和省、自治区、直辖市人民政府负责清洁生产综合协调的部门、环境保护部门会同同级有关部门，组织编制重点行业或者地区的清洁生产指南，指导实施清洁生产。

第十二条　国家对浪费资源和严重污染环境的落后生产技术、工艺、设备和产品实行限期淘汰制度。国务院有关部门按照职责分工，制定并发布限期淘汰的生产技术、工艺、设备以及产品的名录。

第十九条　企业在进行技术改造过程中，应当采取以下清洁生产措施：

（一）采用无毒、无害或者低毒、低害的原料，替代毒性大、危害严重的原料；

（二）采用资源利用率高、污染物产生量少的工艺和设备，替代资源利用率低、污染物产生量多的工艺和设备；

（三）对生产过程中产生的废物、废水和余热等进行综合利用或者循环使用；

（四）采用能够达到国家或者地方规定的污染物排放标准和污染物排放总量控制指标的污染防治技术。

第二十七条　企业应当对生产和服务过程中的资源消耗以及废物的产生情况进行监测，并根据需要对生产和服务实施清洁生产审核。

有下列情形之一的企业，应当实施强制性清洁生产审核：

（一）污染物排放超过国家或者地方规定的排放标准，或者虽未超过国家或者地方规定的排放标准，但超过重点污染物排放总量控制指标的；

（二）超过单位产品能源消耗限额标准构成高耗能的；

（三）使用有毒、有害原料进行生产或者在生产中排放有毒、有害物质的。

污染物排放超过国家或者地方规定的排放标准的企业，应当按照环境保护相关法律的规定治理。

实施强制性清洁生产审核的企业，应当将审核结果向所在地县级以上地方人民政府负责清洁生产综合协调的部门、环境保护部门报告，并在本地区主要媒体上公布，接受公众监督，但涉及商业秘密的除外。

县级以上地方人民政府有关部门应当对企业实施强制性清洁生产审核的情况进行监督，必要时可以组织对企业实施清洁生产的效果进行评估验收，所需费用纳入同级政府预算。承担评估验收工作的部门或者单位不得向被评估验收企业收取费用。

实施清洁生产审核的具体办法，由国务院清洁生产综合协调部门、环境保护部门会同国务院有关部门制定。

（7）法律法规名称：企业环境信息依法披露管理办法

相关条款节选：

第二条　本办法适用于企业依法披露环境信息及其监督管理活动。

第四条　企业是环境信息依法披露的责任主体。

企业应当建立健全环境信息依法披露管理制度，规范工作规程，明确工作职责，建立准确的环境信息管理台账，妥善保存相关原始记录，科学统计归集相关环境信息。

企业披露环境信息所使用的相关数据及表述应当符合环境监测、环境统计等方面的标准和技术规范要求，优先使用符合国家监测规范的污染物监测数据、排污许可证执行报告数据等。

第五条　企业应当依法、及时、真实、准确、完整地披露环境信息，披露的环境信息应当简明清晰、通俗易懂，不得有虚假记载、误导性陈述或者重大遗漏。

第六条　企业披露涉及国家秘密、战略高新技术和重要领域核心关键技术、商业秘密的环境信息，依照有关法律法规的规定执行；涉及重大环境信息披露的，应当按照国家有关规定请示报告。

任何公民、法人或者其他组织不得非法获取企业环境信息，不得非法修改披露的环境信息。

第七条　下列企业应当按照本办法的规定披露环境信息：

（一）重点排污单位；

（二）实施强制性清洁生产审核的企业；

（三）符合本办法第八条规定的上市公司及合并报表范围内的各级子公司（以下简称上市公司）；

（四）符合本办法第八条规定的发行企业债券、公司债券、非金融企业债务融资工具的企业（以下简称发债企业）；

（五）法律法规规定的其他应当披露环境信息的企业。

第八条　上一年度有下列情形之一的上市公司和发债企业，应当按照本办法的规定披露环境信息：

（一）因生态环境违法行为被追究刑事责任的；

（二）因生态环境违法行为被依法处以十万元以上罚款的；

（三）因生态环境违法行为被依法实施按日连续处罚的；

（四）因生态环境违法行为被依法实施限制生产、停产整治的；

（五）因生态环境违法行为被依法吊销生态环境相关许可证件的；

（六）因生态环境违法行为，其法定代表人、主要负责人、直接负责的主管人员或者其他直接责任人员被依法处以行政拘留的。

第九条　设区的市级生态环境主管部门组织制定本行政区域内的环境信息依法披露企业名单（以下简称企业名单）。

设区的市级生态环境主管部门应当于每年3月底前确定本年度企业名单，并向社会公布。企业名单公布前应当在政府网站上进行公示，征求公众意见；公示期限不得少于十个工作日。

对企业名单公布后新增的符合纳入企业名单要求的企业，设区的市级生态环境主管部门应当将其纳入下一年度企业名单。

设区的市级生态环境主管部门应当在企业名单公布后十个工作日内报送省级生态环境主管部门。省级生态环境主管部门应当于每年4月底前，将本行政区域的企业名单报送生态环境部。

第十条　重点排污单位应当自列入重点排污单位名录之日起，纳入企业名单。

实施强制性清洁生产审核的企业应当自列入强制性清洁生产审核名单后，纳入企业名单，并延续至该企业完成强制性清洁生产审核验收后的第三年。

上市公司、发债企业应当连续三年纳入企业名单；期间再次发生本办法第八条规定情形的，应当自三年期限届满后，再连续三年纳入企业名单。

对同时符合本条规定的两种以上情形的企业，应当按照最长期限纳入企业名单。

第十一条　生态环境部负责制定企业环境信息依法披露格式准则（以下简称准则），并根据生态环境管理需要适时进行调整。

企业应当按照准则编制年度环境信息依法披露报告和临时环境信息依法披露报告，并上传至企业环境信息依法披露系统。

第十二条　企业年度环境信息依法披露报告应当包括以下内容：

（一）企业基本信息，包括企业生产和生态环境保护等方面的基础信息；

（二）企业环境管理信息，包括生态环境行政许可、环境保护税、环境污染责任保险、环保信用评价等方面的信息；

（三）污染物产生、治理与排放信息，包括污染防治设施，污染物排放，有毒有害物质排放，工业固体废物和危险废物产生、贮存、流向、利用、处置，自行监测等方面的信息；

（四）碳排放信息，包括排放量、排放设施等方面的信息；

（五）生态环境应急信息，包括突发环境事件应急预案、重污染天气应急响应等方面的信息；

（六）生态环境违法信息；

（七）本年度临时环境信息依法披露情况；

（八）法律法规规定的其他环境信息。

第十四条　实施强制性清洁生产审核的企业披露年度环境信息时，除了披露本办法第十二条规定的环境信息外，还应当披露以下信息：

（一）实施强制性清洁生产审核的原因；

（二）强制性清洁生产审核的实施情况、评估与验收结果。

第十五条　上市公司和发债企业披露年度环境信息时，除了披露本办法第十二条规定的环境信息外，还应当按照以下规定披露相关信息：

（一）上市公司通过发行股票、债券、存托凭证、中期票据、短期融资券、超短期融资券、资产证券化、银行贷款等形式进行融资的，应当披露年度融资形式、金额、投向等信息，以及融资所投项目的应对气候变化、生态环境保护等相关信息；

（二）发债企业通过发行股票、债券、存托凭证、可交换债、中期票据、短期融资券、超短期融资券、资产证券化、银行贷款等形式融资的，应当披露年度融资形式、金额、投向等信息，以及融资所投项目的应对气候变化、生态环境保护等相关信息。

上市公司和发债企业属于强制性清洁生产审核企业的，还应当按照本办法第十四条的规定披露相关环境信息。

（8）法律法规名称：中华人民共和国环境影响评价法

相关条款节选：

第二十四条　建设项目的环境影响评价文件经批准后，建设项目的性质、规模、地点、采用的生产工艺或者防治污染、防止生态破坏的措施发生重大变动的，建设单位应当重新报批建设项目的环境影响评价文件。

建设项目的环境影响评价文件自批准之日起超过五年，方决定该项目开工建设的，其环境影响评价文件应当报原审批部门重新审核；原审批部门应当自收到建设项目环境影响评价文件之日起十日内，将审核意见书面通知建设单位。

第三十一条　建设单位未依法报批建设项目环境影响报告书、报告表，或者未依照本法第二十四条的规定重新报批或者报请重新审核环境影响报告书、报告表，擅自开工建设的，由县级以上生态环境主管部门责令停止建设，根据违法情节和危害后果，处建设项目总投资额百分之一以上百分之五以下的罚款，并可以责令恢复原状；对建设单位直接负责的主管人员和其他直接责任人员，依法给予行政处分。

建设项目环境影响报告书、报告表未经批准或者未经原审批部门重新审核同意，建设单位擅自开工建设的，依照前款的规定处罚、处分。

建设单位未依法备案建设项目环境影响登记表的，由县级以上生态环境主管部门责令备案，处五万元以下的罚款。

海洋工程建设项目的建设单位有本条所列违法行为的，依照《中华人民共和国海洋环境保护法》的规定处罚。

（9）法律法规名称：中华人民共和国大气污染防治法

相关条款节选：

第二条　防治大气污染，应当以改善大气环境质量为目标，坚持源头治理，规划先行，转变经济发展方式，优化产业结构和布局，调整能源结构。

防治大气污染，应当加强对燃煤、工业、机动车船、扬尘、农业等大气污染的综合防治，推行区域大气污染联合防治，对颗粒物、二氧化硫、氮氧化物、挥发性有机物、氨等大气污染物和温室气体实施协同控制。

第十八条　企业事业单位和其他生产经营者建设对大气环境有影响的项目，应当依法进行环境影响评价、公开环境影响评价文件；向大气排放污染物的，应当符合大气污染物排放标准，遵守重点大气污染物排放总量控制要求。

第十九条　排放工业废气或者本法第七十八条规定名录中所列有毒有害大气污染物的企业事业单位、集中供热设施的燃煤热源生产运营单位以及其他依法实行排污许可管理的单位，应当取得排污许可证。排污许可的具体办法和实施步骤由国务院规定。

第二十条　企业事业单位和其他生产经营者向大气排放污染物的，应当依照法律法规和国务院生态环境主管部门的规定设置大气污染物排放口。

禁止通过偷排、篡改或者伪造监测数据、以逃避现场检查为目的的临时停产、非紧急情况下开启应急排放通道、不正常运行大气污染防治设施等逃避监管的方式排放大气污染物。

第二十一条　国家对重点大气污染物排放实行总量控制。

重点大气污染物排放总量控制目标，由国务院生态环境主管部门在征求国务院有关部门和各省、自治区、直辖市人民政府意见后，会同国务院经济综合主管部门报国务院批准并下达实施。

省、自治区、直辖市人民政府应当按照国务院下达的总量控制目标，控制或者削减本行政区域的重点大气污染物排放总量。

确定总量控制目标和分解总量控制指标的具体办法，由国务院生态环境主管部门会同国务院有关部门规定。省、自治区、直辖市人民政府可以根据本行政区域大气污染防治的需要，对国家重点大气污染物之外的其他大气污染物排放实行总量控制。

国家逐步推行重点大气污染物排污权交易。

第二十四条　企业事业单位和其他生产经营者应当按照国家有关规定和监测规范，对其排放的工业废气和本法第七十八条规定名录中所列有毒有害大气污染物进行监测，并保存原始监测记录。其中，重点排污单位应当安装、使用大气污染物排放自动监测设备，与生态环境主管部门的监控设备联网，保证监测设备正常运行并依法公开排放信息。监测的具体办法和重点排污单位的条件由国务院生态环境主管部门规定。

重点排污单位名录由设区的市级以上地方人民政府生态环境主管部门按照国务院生态环境主管部门的规定，根据本行政区域的大气环境承载力、重点大气污染物排放总量控制指标的要求以及排污单位排放大气污染物的种类、数量和浓度等因素，商有关部门确定，并向社会公布。

第二十五条　重点排污单位应当对自动监测数据的真实性和准确性负责。生态环境主管部门发现重点排污单位的大气污染物排放自动监测设备传输数据异常，应当及时进行调查。

第二十六条　禁止侵占、损毁或者擅自移动、改变大气环境质量监测设施和大气污染物排放自动监测设备。

第二十七条　国家对严重污染大气环境的工艺、设备和产品实行淘汰制度。

国务院经济综合主管部门会同国务院有关部门确定严重污染大气环境的工艺、设备和产品淘汰期限，并纳入国家综合性产业政策目录。

生产者、进口者、销售者或者使用者应当在规定期限内停止生产、进口、销售或者使用列入前款规定目录中的设备和产品。工艺的采用者应当在规定期限内停止采用列入前款规定目录中的工艺。

被淘汰的设备和产品，不得转让给他人使用。

第三十条　企业事业单位和其他生产经营者违反法律法规规定排放大气污染物，造成或者可能造成严重大气污染，或者有关证据可能灭失或者被隐匿的，县级以上人民政府生态环境主管部门和其他负有大气环境保护监督管理职责的部门，可以对有关设施、设备、物品采取查封、扣押等行政强制措施。

第三十三条　国家推行煤炭洗选加工，降低煤炭的硫分和灰分，限制高硫分、高灰分煤炭的开采。新建煤矿应当同步建设配套的煤炭洗选设施，使煤炭的硫分、灰分含量达到规定标准；已建成的煤矿除所采煤炭属于低硫分、低灰分或者根据已达标排放的燃煤电厂要求不需要洗选的以外，应当限期建成配套的煤炭洗选设施。

禁止开采含放射性和砷等有毒有害物质超过规定标准的煤炭。

第三十七条　石油炼制企业应当按照燃油质量标准生产燃油。

禁止进口、销售和燃用不符合质量标准的石油焦。

第四十一条　燃煤电厂和其他燃煤单位应当采用清洁生产工艺，配套建设除尘、脱硫、脱硝等装置，或者采取技术改造等其他控制大气污染物排放的措施。

国家鼓励燃煤单位采用先进的除尘、脱硫、脱硝、脱汞等大气污染物协同控制的技术和装置，减少大气污染物的排放。

第四十三条　钢铁、建材、有色金属、石油、化工等企业生产过程中排放粉尘、硫化物和氮氧化物的，应当采用清洁生产工艺，配套建设除尘、脱硫、脱硝等装置，或者采取技术改造等其他控制大气污染物排放的措施。

第四十四条　生产、进口、销售和使用含挥发性有机物的原材料和产品的，其挥发性有机物含量应当符合质量标准或者要求。

国家鼓励生产、进口、销售和使用低毒、低挥发性有机溶剂。

第四十五条　产生含挥发性有机物废气的生产和服务活动，应当在密闭空间或者设备中进行，并按照规定安装、使用污染防治设施；无法密闭的，应当采取措施减少废气排放。

第四十六条　工业涂装企业应当使用低挥发性有机物含量的涂料，并建立台账，记录生产原料、辅料的使用量、废弃量、去向以及挥发性有机物含量。台账保存期限不得少于三年。

第四十七条　石油、化工以及其他生产和使用有机溶剂的企业，应当采取措施对管道、设备进行日常维护、维修，减少物料泄漏，对泄漏的物料应当及时收集处理。

储油储气库、加油加气站、原油成品油码头、原油成品油运输船舶和油罐车、气罐车等，应当按照国家有关规定安装油气回收装置并保持正常使用。

第四十八条　钢铁、建材、有色金属、石油、化工、制药、矿产开采等企业，应当加强精细化管理，采取集中收集处理等措施，严格控制粉尘和气态污染物的排放。

工业生产企业应当采取密闭、围挡、遮盖、清扫、洒水等措施，减少内部物料的堆存、传输、装卸等环节产生的粉尘和气态污染物的排放。

第四十九条　工业生产、垃圾填埋或者其他活动产生的可燃性气体应当回收利用，不具备回收利用条件的，应当进行污染防治处理。

可燃性气体回收利用装置不能正常作业的，应当及时修复或者更新。在回收利用装置不能正常作业期间确需排放可燃性气体的，应当将排放的可燃性气体充分燃烧或者采取其他控制大气污染物排放的措施，并向当地生态环境主管部门报告，按照要求限期修复或者更新。

第九十九条　违反本法规定，有下列行为之一的，由县级以上人民政府生态环境主管部门责令改正或者限制生产、停产整治，并处十万元以上一百万元以下的罚款；情节严重的，报经有批准权的人民政府批准，责令停业、关闭：

（一）未依法取得排污许可证排放大气污染物的；

（二）超过大气污染物排放标准或者超过重点大气污染物排放总量控制指标排放大气污染物的；

（三）通过逃避监管的方式排放大气污染物的。

第一百条　违反本法规定，有下列行为之一的，由县级以上人民政府生态环境主管部门责令改正，处二万元以上二十万元以下的罚款；拒不改正的，责令停产整治：

（一）侵占、损毁或者擅自移动、改变大气环境质量监测设施或者大气污染物排放自动监测设备的；

（二）未按照规定对所排放的工业废气和有毒有害大气污染物进行监测并保存原始监测记录的；

（三）未按照规定安装、使用大气污染物排放自动监测设备或者未按照规定与生态环境主管部门的监控设备联网，并保证监测设备正常运行的；

（四）重点排污单位不公开或者不如实公开自动监测数据的；

（五）未按照规定设置大气污染物排放口的。

第一百零一条　违反本法规定，生产、进口、销售或者使用国家综合性产业政策目录中禁止的设备和产品，采用国家综合性产业政策目录中禁止的工艺，或者将淘汰的设备和产品转让给他人使用的，由县级以上人民政府经济综合主管部门、海关按照职责责令改正，没收违法所得，并处货值金额一倍以上三倍以下的罚款；拒不改正的，报经有批准权的人民政府批准，责令停业、关闭。进口行为构成走私的，由海关依法予以处罚。

第一百零二条　违反本法规定，煤矿未按照规定建设配套煤炭洗选设施的，由县级以上人民政府能源主管部门责令改正，处十万元以上一百万元以下的罚款；拒不改正的，报经有批准权的人民政府批准，责令停业、关闭。

违反本法规定，开采含放射性和砷等有毒有害物质超过规定标准的煤炭的，由县级以上人民政府按照国务院规定的权限责令停业、关闭。

第一百零三条　违反本法规定，有下列行为之一的，由县级以上地方人民政府市场监督管理部门责令改正，没收原材料、产品和违法所得，并处货值金额一倍以上三倍以下的罚款：

（一）销售不符合质量标准的煤炭、石油焦的；

（二）生产、销售挥发性有机物含量不符合质量标准或者要求的原材料和产品的；

（三）生产、销售不符合标准的机动车船和非道路移动机械用燃料、发动机油、氮氧化物还原剂、燃料和润滑油添加剂以及其他添加剂的；

（四）在禁燃区内销售高污染燃料的。

第一百零四条　违反本法规定，有下列行为之一的，由海关责令改正，没收原材料、产品和违法所得，并处货值金额一倍以上三倍以下的罚款；构成走私的，由海关依法予以处罚：

（一）进口不符合质量标准的煤炭、石油焦的；

（二）进口挥发性有机物含量不符合质量标准或者要求的原材料和产品的；

（三）进口不符合标准的机动车船和非道路移动机械用燃料、发动机油、氮氧化物还原剂、燃料和润滑油添加剂以及其他添加剂的。

（10）法律法规名称：中华人民共和国水污染防治法

相关条款节选：

第二十二条　向水体排放污染物的企业事业单位和其他生产经营者，应当按照法律、行政法规和国务院环境保护主管部门的规定设置排污口；在江河、湖泊设置排污口的，还应当遵守国务院水行政主管部门的规定。

第二十三条　实行排污许可管理的企业事业单位和其他生产经营者应当按照国家有关规定和监测规范，对所排放的水污染物自行监测，并保存原始监测记录。重点排污单位还应当安装水污染物排放自动监测设备，与环境保护主管部门的监控设备联网，并保证监测设备正常运行。具体办法由国务院环境保护主管部门规定。

应当安装水污染物排放自动监测设备的重点排污单位名录，由设区的市级以上地方人民政府环境保护主管部门根据本行政区域的环境容量、重点水污染物排放总量控制指标的要求以及排污单位排放水污染物的种类、数量和浓度等因素，商同级有关部门确定。

第二十四条　实行排污许可管理的企业事业单位和其他生产经营者应当对监测数据的真实性和准确性负责。

环境保护主管部门发现重点排污单位的水污染物排放自动监测设备传输数据异常，应当及时进行调查。

第四十四条　国务院有关部门和县级以上地方人民政府应当合理规划工业布局，要求造成水污染的企业进行技术改造，采取综合防治措施，提高水的重复利用率，减少废水和污染物排放量。

第四十五条　排放工业废水的企业应当采取有效措施，收集和处理产生的全部废水，防止污染环境。含有毒有害水污染物的工业废水应当分类收集和处理，不得稀释排放。

工业集聚区应当配套建设相应的污水集中处理设施，安装自动监测设备，与环境保护主管部门的监控设备联网，并保证监测设备正常运行。

向污水集中处理设施排放工业废水的，应当按照国家有关规定进行预处理，达到集中处理设施处理工艺要求后方可排放。

第四十六条 国家对严重污染水环境的落后工艺和设备实行淘汰制度。

国务院经济综合宏观调控部门会同国务院有关部门，公布限期禁止采用的严重污染水环境的工艺名录和限期禁止生产、销售、进口、使用的严重污染水环境的设备名录。

生产者、销售者、进口者或者使用者应当在规定的期限内停止生产、销售、进口或者使用列入前款规定的设备名录中的设备。工艺的采用者应当在规定的期限内停止采用列入前款规定的工艺名录中的工艺。

依照本条第二款、第三款规定被淘汰的设备，不得转让给他人使用。

第四十七条 国家禁止新建不符合国家产业政策的小型造纸、制革、印染、染料、炼焦、炼硫、炼砷、炼汞、炼油、电镀、农药、石棉、水泥、玻璃、钢铁、火电以及其他严重污染水环境的生产项目。

第四十八条 企业应当采用原材料利用效率高、污染物排放量少的清洁工艺，并加强管理，减少水污染物的产生。

第八十一条 以拖延、围堵、滞留执法人员等方式拒绝、阻挠环境保护主管部门或者其他依照本法规定行使监督管理权的部门的监督检查，或者在接受监督检查时弄虚作假的，由县级以上人民政府环境保护主管部门或者其他依照本法规定行使监督管理权的部门责令改正，处二万元以上二十万元以下的罚款。

第八十二条 违反本法规定，有下列行为之一的，由县级以上人民政府环境保护主管部门责令限期改正，处二万元以上二十万元以下的罚款；逾期不改正的，责令停产整治：

（一）未按照规定对所排放的水污染物自行监测，或者未保存原始监测记录的；

（二）未按照规定安装水污染物排放自动监测设备，未按照规定与环境保护主管部门的监控设备联网，或者未保证监测设备正常运行的；

（三）未按照规定对有毒有害水污染物的排污口和周边环境进行监测，或者未公开有毒有害水污染物信息的。

第八十三条 违反本法规定，有下列行为之一的，由县级以上人民政府环境保护主管部门责令改正或者责令限制生产、停产整治，并处十万元以上一百万元以下的罚款；情节严重的，报经有批准权的人民政府批准，责令停业、关闭：

（一）未依法取得排污许可证排放水污染物的；

（二）超过水污染物排放标准或者超过重点水污染物排放总量控制指标排放水污染物的；

（三）利用渗井、渗坑、裂隙、溶洞，私设暗管，篡改、伪造监测数据，或者不正常运行水污染防治设施等逃避监管的方式排放水污染物的；

（四）未按照规定进行预处理，向污水集中处理设施排放不符合处理工艺要求的工业废水的。

第八十五条　有下列行为之一的，由县级以上地方人民政府环境保护主管部门责令停止违法行为，限期采取治理措施，消除污染，处以罚款；逾期不采取治理措施的，环境保护主管部门可以指定有治理能力的单位代为治理，所需费用由违法者承担：

（一）向水体排放油类、酸液、碱液的；

（二）向水体排放剧毒废液，或者将含有汞、镉、砷、铬、铅、氰化物、黄磷等的可溶性剧毒废渣向水体排放、倾倒或者直接埋入地下的；

（三）在水体清洗装贮过油类、有毒污染物的车辆或者容器的；

（四）向水体排放、倾倒工业废渣、城镇垃圾或者其他废弃物，或者在江河、湖泊、运河、渠道、水库最高水位线以下的滩地、岸坡堆放、存贮固体废弃物或者其他污染物的；

（五）向水体排放、倾倒放射性固体废物或者含有高放射性、中放射性物质的废水的；

（六）违反国家有关规定或者标准，向水体排放含低放射性物质的废水、热废水或者含病原体的污水的；

（七）未采取防渗漏等措施，或者未建设地下水水质监测井进行监测的；

（八）加油站等的地下油罐未使用双层罐或者采取建造防渗池等其他有效措施，或者未进行防渗漏监测的；

（九）未按照规定采取防护性措施，或者利用无防渗漏措施的沟渠、坑塘等输送或者存贮含有毒污染物的废水、含病原体的污水或者其他废弃物的。

有前款第三项、第四项、第六项、第七项、第八项行为之一的，处二万元以上二十万元以下的罚款。有前款第一项、第二项、第五项、第九项行为之一的，处十万元以上一百万元以下的罚款；情节严重的，报经有批准权的人民政府批准，责令停业、关闭。

（11）法律法规名称：中华人民共和国固体废物污染环境防治法

相关条款节选：

第十七条　建设产生、贮存、利用、处置固体废物的项目，应当依法进行环境影响评价，并遵守国家有关建设项目环境保护管理的规定。

第十八条　建设项目的环境影响评价文件确定需要配套建设的固体废物污染环境防治设施，应当与主体工程同时设计、同时施工、同时投入使用。建设项目的初步设计，应当按照环境保护设计规范的要求，将固体废物污染环境防治内容纳入环境影响评价文件，落实防治固体废物污染环境和破坏生态的措施以及固体废物污染环境防治设施投资概算。

建设单位应当依照有关法律法规的规定，对配套建设的固体废物污染环境防治设施进行验收，编制验收报告，并向社会公开。

第十九条　收集、贮存、运输、利用、处置固体废物的单位和其他生产经营者，应当加强对相关设施、设备和场所的管理和维护，保证其正常运行和使用。

第二十条　产生、收集、贮存、运输、利用、处置固体废物的单位和其他生产经营者，应当采取防扬散、防流失、防渗漏或者其他防止污染环境的措施，不得擅自倾倒、堆放、丢弃、遗撒固体废物。

第三十二条　国务院生态环境主管部门应当会同国务院发展改革、工业和信息化等主管部门对工业固体废物对公众健康、生态环境的危害和影响程度等作出界定，制定防治工业固体废物污染环境的技术政策，组织推广先进的防治工业固体废物污染环境的生产工艺和设备。

第三十三条　国务院工业和信息化主管部门应当会同国务院有关部门组织研究开发、推广减少工业固体废物产生量和降低工业固体废物危害性的生产工艺和设备，公布限期淘汰产生严重污染环境的工业固体废物的落后生产工艺、设备的名录。

生产者、销售者、进口者、使用者应当在国务院工业和信息化主管部门会同国务院有关部门规定的期限内分别停止生产、销售、进口或者使用列入前款规定名录中的设备。生产工艺的采用者应当在国务院工业和信息化主管部门会同国务院有关部门规定的期限内停止采用列入前款规定名录中的工艺。

列入限期淘汰名录被淘汰的设备，不得转让给他人使用。

第三十四条　国务院工业和信息化主管部门应当会同国务院发展改革、生态环境等主管部门，定期发布工业固体废物综合利用技术、工艺、设备和产品导向目录，组织开展工业固体废物资源综合利用评价，推动工业固体废物综合利用。

第三十五条　县级以上地方人民政府应当制定工业固体废物污染环境防治工作规划，组织建设工业固体废物集中处置等设施，推动工业固体废物污染环境防治工作。

第三十六条　产生工业固体废物的单位应当建立健全工业固体废物产生、收集、贮存、运输、利用、处置全过程的污染环境防治责任制度，建立工业固体废物管理台账，如实记录产生工业固体废物的种类、数量、流向、贮存、利用、处置等信息，实现工业固体废物可追溯、可查询，并采取防治工业固体废物污染环境的措施。

禁止向生活垃圾收集设施中投放工业固体废物。

第三十七条　产生工业固体废物的单位委托他人运输、利用、处置工业固体废物的，应当对受托方的主体资格和技术能力进行核实，依法签订书面合同，在合同中约定污染防治要求。

受托方运输、利用、处置工业固体废物，应当依照有关法律法规的规定和合同约定履行污染防治要求，并将运输、利用、处置情况告知产生工业固体废物的单位。

产生工业固体废物的单位违反本条第一款规定的，除依照有关法律法规的规定予以处罚外，还应当与造成环境污染和生态破坏的受托方承担连带责任。

第三十八条　产生工业固体废物的单位应当依法实施清洁生产审核，合理选择和利用原材料、能源和其他资源，采用先进的生产工艺和设备，减少工业固体废物的产生量，降低工业固体废物的危害性。

第三十九条　产生工业固体废物的单位应当取得排污许可证。排污许可的具体办法和实施步骤由国务院规定。

产生工业固体废物的单位应当向所在地生态环境主管部门提供工业固体废物的种类、数量、流向、贮存、利用、处置等有关资料，以及减少工业固体废物产生、促进综合利用的具体措施，并执行排污许可管理制度的相关规定。

第四十条　产生工业固体废物的单位应当根据经济、技术条件对工业固体废物加以利用；对暂时不利用或者不能利用的，应当按照国务院生态环境等主管部门的规定建设贮存设施、场所，安全分类存放，或者采取无害化处置措施。贮存工业固体废物应当采取符合国家环境保护标准的防护措施。

建设工业固体废物贮存、处置的设施、场所，应当符合国家环境保护标准。

第四十一条　产生工业固体废物的单位终止的，应当在终止前对工业固体废物的贮存、处置的设施、场所采取污染防治措施，并对未处置的工业固体废物作出妥善处置，防止污染环境。

产生工业固体废物的单位发生变更的，变更后的单位应当按照国家有关环境保护的规定对未处置的工业固体废物及其贮存、处置的设施、场所进行安全处置或者采取有效措施保证该设施、场所安全运行。变更前当事人对工业固体废物及其贮存、处置的设施、场所的污染防治责任另有约定的，从其约定；但是，不得免除当事人的污染防治义务。

对2005年4月1日前已经终止的单位未处置的工业固体废物及其贮存、处置的设施、场所进行安全处置的费用，由有关人民政府承担；但是，该单位享有的土地使用权依法转让的，应当由土地使用权受让人承担处置费用。当事人另有约定的，从其约定；但是，不得免除当事人的污染防治义务。

第四十二条　矿山企业应当采取科学的开采方法和选矿工艺，减少尾矿、煤矸石、废石等矿业固体废物的产生量和贮存量。

国家鼓励采取先进工艺对尾矿、煤矸石、废石等矿业固体废物进行综合利用。

尾矿、煤矸石、废石等矿业固体废物贮存设施停止使用后，矿山企业应当按照国家有关环境保护等规定进行封场，防止造成环境污染和生态破坏。

第七十四条　危险废物污染环境的防治，适用本章规定；本章未作规定的，适用本法其他有关规定。

第七十五条　国务院生态环境主管部门应当会同国务院有关部门制定国家危险废物名录，规定统一的危险废物鉴别标准、鉴别方法、识别标志和鉴别单位管理要求。国家危险废物名录应当动态调整。

国务院生态环境主管部门根据危险废物的危害特性和产生数量，科学评估其环境风险，实施分级分类管理，建立信息化监管体系，并通过信息化手段管理、共享危险废物转移数据和信息。

第七十六条　省、自治区、直辖市人民政府应当组织有关部门编制危险废物集中处置设施、场所的建设规划，科学评估危险废物处置需求，合理布局危险废物集中处置设施、场所，确保本行政区域的危险废物得到妥善处置。

编制危险废物集中处置设施、场所的建设规划，应当征求有关行业协会、企业事业单位、专家和公众等方面的意见。

相邻省、自治区、直辖市之间可以开展区域合作，统筹建设区域性危险废物集中处置设施、场所。

第七十七条　对危险废物的容器和包装物以及收集、贮存、运输、利用、处置危险废物的设施、场所，应当按照规定设置危险废物识别标志。

第七十八条　产生危险废物的单位，应当按照国家有关规定制定危险废物管理计划；建立危险废物管理台账，如实记录有关信息，并通过国家危险废物信息管理系统向所在地生态环境主管部门申报危险废物的种类、产生量、流向、贮存、处置等有关资料。

前款所称危险废物管理计划应当包括减少危险废物产生量和降低危险废物危害性的措施以及危险废物贮存、利用、处置措施。危险废物管理计划应当报产生危险废物的单位所在地生态环境主管部门备案。

产生危险废物的单位已经取得排污许可证的，执行排污许可管理制度的规定。

第七十九条　产生危险废物的单位，应当按照国家有关规定和环境保护标准要求贮存、利用、处置危险废物，不得擅自倾倒、堆放。

第八十条　从事收集、贮存、利用、处置危险废物经营活动的单位，应当按照国家有关规定申请取得许可证。许可证的具体管理办法由国务院制定。

禁止无许可证或者未按照许可证规定从事危险废物收集、贮存、利用、处置的经营活动。

禁止将危险废物提供或者委托给无许可证的单位或者其他生产经营者从事收集、贮存、利用、处置活动。

第八十一条　收集、贮存危险废物，应当按照危险废物特性分类进行。禁止混合收集、贮存、运输、处置性质不相容而未经安全性处置的危险废物。

贮存危险废物应当采取符合国家环境保护标准的防护措施。禁止将危险废物混入非危险废物中贮存。

从事收集、贮存、利用、处置危险废物经营活动的单位，贮存危险废物不得超过一年；确需延长期限的，应当报经颁发许可证的生态环境主管部门批准；法律、行政法规另有规定的除外。

第八十二条　转移危险废物的，应当按照国家有关规定填写、运行危险废物电子或者纸质转移联单。

跨省、自治区、直辖市转移危险废物的，应当向危险废物移出地省、自治区、直辖市人民政府生态环境主管部门申请。移出地省、自治区、直辖市人民政府生态环境主管部门应当及时商经接受地省、自治区、直辖市人民政府生态环境主管部门同意后，在规定期限内批准转移该危险废物，并将批准信息通报相关省、自治区、直辖市人民政府生态环境主管部门和交通运输主管部门。未经批准的，不得转移。

危险废物转移管理应当全程管控、提高效率，具体办法由国务院生态环境主管部门会同国务院交通运输主管部门和公安部门制定。

第八十三条　运输危险废物，应当采取防止污染环境的措施，并遵守国家有关危险货物运输管理的规定。

禁止将危险废物与旅客在同一运输工具上载运。

第八十四条　收集、贮存、运输、利用、处置危险废物的场所、设施、设备和容器、包装物及其他物品转作他用时，应当按照国家有关规定经过消除污染处理，方可使用。

第八十五条　产生、收集、贮存、运输、利用、处置危险废物的单位，应当依法制定意外事故的防范措施和应急预案，并向所在地生态环境主管部门和其他负有固体废物污染环境防治监督管理职责的部门备案；生态环境主管部门和其他负有固体废物污染环境防治监督管理职责的部门应当进行检查。

第八十六条　因发生事故或者其他突发性事件，造成危险废物严重污染环境的单位，应当立即采取有效措施消除或者减轻对环境的污染危害，及时通报可能受到污染危害的单位和居民，并向所在地生态环境主管部门和有关部门报告，接受调查处理。

第八十七条　在发生或者有证据证明可能发生危险废物严重污染环境、威胁居民生命财产安全时，生态环境主管部门或者其他负有固体废物污染环境防治监督管理职责的部门应当立即向本级人民政府和上一级人民政府有关部门报告，由人民政府采取防止或者减轻危害的有效措施。有关人民政府可以根据需要责令停止导致或者可能导致环境污染事故的作业。

第八十八条　重点危险废物集中处置设施、场所退役前，运营单位应当按照国家有关规定对设施、场所采取污染防治措施。退役的费用应当预提，列入投资概算或者生产成本，专门用于重点危险废物集中处置设施、场所的退役。具体提取和管理办法，由国务院财政部门、价格主管部门会同国务院生态环境主管部门规定。

第八十九条　禁止经中华人民共和国过境转移危险废物。

第九十条　医疗废物按照国家危险废物名录管理。县级以上地方人民政府应当加强医疗废物集中处置能力建设。

县级以上人民政府卫生健康、生态环境等主管部门应当在各自职责范围内加强对医疗废物收集、贮存、运输、处置的监督管理，防止危害公众健康、污染环境。

医疗卫生机构应当依法分类收集本单位产生的医疗废物，交由医疗废物集中处置单位处置。医疗废物集中处置单位应当及时收集、运输和处置医疗废物。

医疗卫生机构和医疗废物集中处置单位，应当采取有效措施，防止医疗废物流失、泄漏、渗漏、扩散。

第九十一条　重大传染病疫情等突发事件发生时，县级以上人民政府应当统筹协调医疗废物等危险废物收集、贮存、运输、处置等工作，保障所需的车辆、场地、处置设施和防护物资。卫生健康、生态环境、环境卫生、交通运输等主管部门应当协同配合，依法履行应急处置职责。

第一百零二条　违反本法规定，有下列行为之一，由生态环境主管部门责令改正，处以罚款，没收违法所得；情节严重的，报经有批准权的人民政府批准，可以责令停业或者关闭：

（一）产生、收集、贮存、运输、利用、处置固体废物的单位未依法及时公开固体废物污染环境防治信息的；

（二）生活垃圾处理单位未按照国家有关规定安装使用监测设备、实时监测污染物的排放情况并公开污染排放数据的；

（三）将列入限期淘汰名录被淘汰的设备转让给他人使用的；

（四）在生态保护红线区域、永久基本农田集中区域和其他需要特别保护的区域内，建设工业固体废物、危险废物集中贮存、利用、处置的设施、场所和生活垃圾填埋场的；

（五）转移固体废物出省、自治区、直辖市行政区域贮存、处置未经批准的；

（六）转移固体废物出省、自治区、直辖市行政区域利用未报备案的；

（七）擅自倾倒、堆放、丢弃、遗撒工业固体废物，或者未采取相应防范措施，造成工业固体废物扬散、流失、渗漏或者其他环境污染的；

（八）产生工业固体废物的单位未建立固体废物管理台账并如实记录的；

（九）产生工业固体废物的单位违反本法规定委托他人运输、利用、处置工业固体废物的；

（十）贮存工业固体废物未采取符合国家环境保护标准的防护措施的；

（十一）单位和其他生产经营者违反固体废物管理其他要求，污染环境、破坏生态的。

附表1　典型的工业污染源制度指导性文件

法律法规名称	文件号	生成或印发时间
（一）环境统计制度		
关于印发《大气污染物与温室气体融合排放清单编制技术指南（试行）》的通知	环办大气函〔2024〕28号	2024-01-30
关于印发《减污降碳协同增效实施方案》的通知	环综合〔2022〕42号	2022-06-13
关于统筹和加强应对气候变化与生态环境保护相关工作的指导意见	环综合〔2021〕4号	2021-01-11
（二）排污许可制度		
关于印发《关于推进实施水泥行业超低排放的意见》《关于推进实施焦化行业超低排放的意见》的通知	环大气〔2024〕5号	2024-01-19
关于印发《京津冀及周边地区、汾渭平原2023—2024年秋冬季大气污染综合治理攻坚方案》的通知	环大气〔2023〕73号	2023-12-25
国务院关于印发《空气质量持续改善行动计划》的通知	国发〔2023〕24号	2023-11-30
关于印发钢铁/焦化、现代煤化工、石化、火电四个行业建设项目环境影响评价文件审批原则的通知	环办环评〔2022〕31号	2022-12-02

续表

法律法规名称	文件号	生成或印发时间
关于做好重大投资项目环评工作的通知	环环评〔2022〕39号	2022-05-31
关于印发《"十四五"环境影响评价与排污许可工作实施方案》的通知	环环评〔2022〕26号	2022-04-01
关于在产业园区规划环评中开展碳排放评价试点的通知	环办环评函〔2021〕471号	2021-10-28
关于开展工业固体废物排污许可管理工作的通知	环办环评〔2021〕26号	2021-12-21
关于进一步加强煤炭资源开发环境影响评价管理的通知	环环评〔2020〕63号	2020-11-04
关于进一步加强石油天然气行业环境影响评价管理的通知	环办环评函〔2019〕910号	2019-12-13
关于做好环境影响评价制度与排污许可制衔接相关工作的通知	环办环评〔2017〕84号	2017-11-15
国务院办公厅关于印发控制污染物排放许可制实施方案的通知	国办发〔2016〕81号	2016-11-10
（三）环境经济制度		
关于印发《国家重点低碳技术征集推广实施方案》的通知	环办气候〔2024〕2号	2024-02-18
关于印发《生态环境导向的开发（EOD）项目实施导则（试行）》的通知	环办科财〔2023〕22号	2023-12-22
生态环境部等11部门关于印发《甲烷排放控制行动方案》的通知	环气候〔2023〕67号	2023-11-07
关于全国碳排放权交易市场2021、2022年度碳排放配额清缴相关工作的通知	环办气候函〔2023〕237号	2023-07-17
关于做好2021、2022年度全国碳排放权交易配额分配相关工作的通知	国环规气候〔2023〕1号	2023-03-13
关于加强企业温室气体排放报告管理相关工作的通知	环办气候〔2021〕9号	2021-03-29
关于印发《2019—2020年全国碳排放权交易配额总量设定与分配实施方案（发电行业）》《纳入2019—2020年全国碳排放权交易配额管理的重点排放单位名单》并做好发电行业配额预分配工作的通知	国环规气候〔2020〕3号	2020-12-30
关于促进应对气候变化投融资的指导意见	环气候〔2020〕57号	2020-10-21
关于推荐生态环境导向的开发模式试点项目的通知	环办科财函〔2020〕489号	2020-09-23
国务院关于创新重点领域投融资机制鼓励社会投资的指导意见	国发〔2014〕60号	2014-11-16
（四）清洁生产制度		
国家发展改革委等部门关于印发电解锰等2项行业清洁生产评价指标体系的通知	发改环资规〔2023〕61号	2023-01-15
关于推荐清洁生产审核创新试点项目的通知	环办科财函〔2022〕178号	2022-05-06
关于推荐清洁生产先进技术的通知	环办科财函〔2022〕137号	2022-04-02
国务院关于加快建立健全绿色低碳循环发展经济体系的指导意见	国发〔2021〕4号	2021-02-22
关于"十四五"大宗固体废弃物综合利用的指导意见	发改环资〔2021〕381号	2021-03-18
关于印发《绿色技术推广目录（2020年）》的通知	发改办环资〔2020〕990号	2020-12-31

续表

法律法规名称	文件号	生成或印发时间
关于深入推进重点行业清洁生产审核工作的通知	环办科财〔2020〕27号	2020-10-16
关于印发《清洁生产审核评估与验收指南》的通知	环办科技〔2018〕5号	2018-04-12
清洁生产审核办法	国家发展改革委、环境保护部令第38号	2016-05-16
关于印发重点企业清洁生产审核程序的规定的通知	环发〔2005〕151号	2005-12-13
关于加快推行清洁生产工作的意见	国办发〔2003〕100号	2003-12-17
（五）信息披露制度		
关于印发《企业环境信用评价办法（试行）》的通知	环发〔2013〕150号	2013-12-18
关于公布《生态环境部政府信息主动公开基本目录》的公告	公告2019年第9号	2019-03-06
关于印发《企业环境信息依法披露格式准则》的通知	环办综合〔2021〕32号	2022-01-04

附表2　排污许可技术规范目录

序号	标准名称	标准号
1	排污许可证申请与核发技术规范　钢铁工业	HJ 846—2017
2	排污许可证申请与核发技术规范　水泥工业	HJ 847—2017
3	排污许可证申请与核发技术规范　石化工业	HJ 853—2017
4	排污许可证申请与核发技术规范　炼焦化学工业	HJ 854—2017
5	排污许可证申请与核发技术规范　电镀工业	HJ 855—2017
6	排污许可证申请与核发技术规范　玻璃工业——平板玻璃	HJ 856—2017
7	排污许可证申请与核发技术规范　制药工业——原料药制造	HJ 858.1—2017
8	排污许可证申请与核发技术规范　制革及毛皮加工工业——制革工业	HJ 859.1—2017
9	排污许可证申请与核发技术规范　农副产品加工工业——制糖工业	HJ 860.1—2017
10	排污许可证申请与核发技术规范　农副产品加工工业——淀粉工业	HJ 860.2—2018
11	排污许可证申请与核发技术规范　纺织印染工业	HJ 861—2017
12	排污许可证申请与核发技术规范　农药制造工业	HJ 862—2017
13	排污许可证申请与核发技术规范　有色金属工业——铅锌冶炼	HJ 863.1—2017
14	排污许可证申请与核发技术规范　有色金属工业——铝冶炼	HJ 863.2—2017
15	排污许可证申请与核发技术规范　有色金属工业——铜冶炼	HJ 863.3—2017
16	排污许可证申请与核发技术规范　化肥工业——氮肥	HJ 864.1—2017
17	排污许可证申请与核发技术规范　有色金属工业——汞冶炼	HJ 931—2017
18	排污许可证申请与核发技术规范　有色金属工业——镁冶炼	HJ 933—2017
19	排污许可证申请与核发技术规范　有色金属工业——镍冶炼	HJ 934—2017
20	排污许可证申请与核发技术规范　有色金属工业——钛冶炼	HJ 935—2017

序号	标准名称	标准号
21	排污许可证申请与核发技术规范 有色金属工业——锡冶炼	HJ 936—2017
22	排污许可证申请与核发技术规范 有色金属工业——钴冶炼	HJ 937—2017
23	排污许可证申请与核发技术规范 有色金属工业——锑冶炼	HJ 938—2017
24	排污许可证申请与核发技术规范 农副产品加工工业——屠宰及肉类加工工业	HJ 860.3—2018
25	排污许可证申请与核发技术规范 有色金属工业——再生金属	HJ 863.4—2018
26	排污许可证申请与核发技术规范 磷肥、钾肥、复混肥料、有机肥料及微生物肥料工业	HJ 864.2—2018
27	排污许可证申请与核发技术规范 总则	HJ 942—2018
28	排污单位环境管理台账及排污许可证执行报告技术规范 总则（试行）	HJ 944—2018
29	排污许可证申请与核发技术规范 锅炉	HJ 953—2018
30	排污许可证申请与核发技术规范 陶瓷砖瓦工业	HJ 954—2018
31	排污许可证申请与核发技术规范 电池工业	HJ 967—2018
32	排污许可证申请与核发技术规范 汽车制造业	HJ 971—2018
33	排污许可证申请与核发技术规范 水处理（试行）	HJ 978—2018
34	排污许可证申请与核发技术规范 家具制造工业	HJ 1027—2019
35	排污许可证申请与核发技术规范 酒、饮料制造工业	HJ 1028—2019
36	排污许可证申请与核发技术规范 畜禽养殖行业	HJ 1029—2019
37	排污许可证申请与核发技术规范 食品制造工业——乳制品制造工业	HJ 1030.1—2019
38	排污许可证申请与核发技术规范 食品制造工业——调味品、发酵制品制造工业	HJ 1030.2—2019
39	排污许可证申请与核发技术规范 食品制造工业——方便食品、食品及饲料添加剂制造工业	HJ 1030.3—2019
40	排污许可证申请与核发技术规范 电子工业	HJ 1031—2019
41	排污许可证申请与核发技术规范 人造板工业	HJ 1032—2019
42	排污许可证申请与核发技术规范 工业固体废物和危险废物治理	HJ 1033—2019
43	排污许可证申请与核发技术规范 废弃资源加工工业	HJ 1034—2019
44	排污许可证申请与核发技术规范 无机化学工业	HJ 1035—2019
45	排污许可证申请与核发技术规范 聚氯乙烯工业	HJ 1036—2019
46	排污许可证申请与核发技术规范 危险废物焚烧	HJ 1038—2019
47	排污许可证申请与核发技术规范 生活垃圾焚烧	HJ 1039—2019
48	排污许可证申请与核发技术规范 煤炭加工——合成气和液体燃料生产	HJ 1101—2020
49	排污许可证申请与核发技术规范 化学纤维制造业	HJ 1102—2020
50	排污许可证申请与核发技术规范 专用化学产品制造工业	HJ 1103—2020
51	排污许可证申请与核发技术规范 日用化学产品制造工业	HJ 1104—2020
52	排污许可证申请与核发技术规范 医疗机构	HJ 1105—2020
53	排污许可证申请与核发技术规范 环境卫生管理业	HJ 1106—2020

序号	标准名称	标准号
54	排污许可证申请与核发技术规范 码头	HJ 1107—2020
55	排污许可证申请与核发技术规范 羽毛（绒）加工工业	HJ 1108—2020
56	排污许可证申请与核发技术规范 农副食品加工工业——水产品加工工业	HJ 1109—2020
57	排污许可证申请与核发技术规范 农副产品加工工业——饲料加工、植物油加工工业	HJ 1110—2020
58	排污许可证申请与核发技术规范 金属铸造工业	HJ 1115—2020
59	排污许可证申请与核发技术规范 涂料、油墨、颜料及类似产品制造业	HJ 1116—2020
60	排污许可证申请与核发技术规范 铁合金、电解锰工业	HJ 1117—2020
61	排污许可证申请与核发技术规范 储油库、加油站	HJ 1118—2020
62	排污许可证申请与核发技术规范 石墨及其他非金属矿物制品制造	HJ 1119—2020
63	排污许可证申请与核发技术规范 水处理通用工序	HJ 1120—2020
64	排污许可证申请与核发技术规范 工业炉窑	HJ 1121—2020
65	排污许可证申请与核发技术规范 橡胶和塑料制品工业	HJ 1122—2020
66	排污许可证申请与核发技术规范 制鞋工业	HJ 1123—2020
67	排污许可证申请与核发技术规范 铁路、船舶、航空航天和其他运输设备制造业	HJ 1124—2020
68	排污许可证申请与核发技术规范 稀有稀土金属冶炼	HJ 1125—2020
69	火电行业排污许可证申请与核发技术规范	—
70	造纸行业排污许可证申请与核发技术规范	—
71	固定污染源排污许可分类管理名录（2019年版）	—
72	控制污染物排放许可制实施方案	—
73	排污单位编码规则	HJ 608—2017

附表3 已发布的最佳可行技术指南

序号	文件名称	发文号或标准号
1	城镇污水处理厂污泥处理处置污染防治最佳可行技术指南（试行）	环境保护部公告2010年第26号
2	钢铁行业采选矿工艺污染防治最佳可行技术指南（试行）	环境保护部公告2010年第38号
3	钢铁行业焦化工艺污染防治最佳可行技术指南（试行）	环境保护部公告2010年第93号
4	钢铁行业炼钢工艺污染防治最佳可行技术指南（试行）	环境保护部公告2010年第93号
5	钢铁行业轧钢工艺污染防治最佳可行技术指南（试行）	环境保护部公告2010年第93号
6	铅冶炼污染防治最佳可行技术指南（试行）	环境保护部公告2012年第4号
7	医疗废物处理处置污染防治最佳可行技术指南（试行）	环境保护部公告2012年第4号
8	造纸行业木材制浆工艺污染防治可行技术指南（试行）	环境保护部公告2013年第81号
9	造纸行业非木材制浆工艺污染防治可行技术指南（试行）	环境保护部公告2013年第81号
10	造纸行业废纸制浆及造纸工艺污染防治可行技术指南（试行）	环境保护部公告2013年第81号
11	电解锰行业污染防治可行技术指南（试行）	环境保护部公告2014年第81号

序号	文件名称	发文号或标准号
12	钢铁行业烧结、球团工艺污染防治可行技术指南（试行）	环境保护部公告2014年第81号
13	水泥工业污染防治可行技术指南（试行）	环境保护部公告2014年第81号
14	关于发布《再生铅冶炼污染防治可行技术指南》的公告	环境保护部公告2015年第11号
15	铜冶炼污染防治可行技术指南（试行）	环境保护部公告2015年第24号
16	钴冶炼污染防治可行技术指南（试行）	环境保护部公告2015年第24号
17	镍冶炼污染防治可行技术指南（试行）	环境保护部公告2015年第24号
18	火电厂污染防治可行技术指南	HJ 2301—2017
19	制浆造纸工业污染防治可行技术指南	HJ 2302—2018
20	纺织工业污染防治可行技术指南	HJ 1177—2021
21	工业锅炉污染防治可行技术指南	HJ 1178—2021
22	涂料油墨工业污染防治可行技术指南	HJ 1179—2021
23	家具制造工业污染防治可行技术指南	HJ 1180—2021
24	汽车工业污染防治可行技术指南	HJ 1181—2021
25	屠宰及肉类加工业污染防治可行技术指南	HJ 1285—2023
26	铸造工业大气污染防治可行技术指南	HJ 1292—2023
27	农药制造工业污染防治可行技术指南	HJ 1293—2023
28	电子工业水污染防治可行技术指南	HJ 1298—2023
29	氮肥工业污染防治可行技术指南	HJ 1302—2023
30	电镀污染防治可行技术指南	HJ 1306—2023
31	调味品、发酵制品制造工业污染防治可行技术指南	HJ 1303—2023
32	制革工业污染防治可行技术指南	HJ 1304—2023
33	制药工业污染防治可行技术指南　原料药（发酵类、化学合成类、提取类）和制剂类	HJ 1305—2023

附表4　已发布55类行业清洁指标体系

标准名称	发文号
清洁生产评价指标体系编制通则（试行稿）	国家发展改革委、环境保护部、工业和信息化部公告2013年第33号
钢铁行业清洁生产评价指标体系	国家发展改革委、环境保护部、工业和信息化部公告2014年第3号
水泥行业清洁生产评价指标体系	
电力（燃煤发电企业）行业清洁生产评价指标体系	国家发展改革委、环境保护部、工业和信息化部公告2015年第9号
制浆造纸行业清洁生产评价指标体系	
稀土冶炼行业清洁生产评价指标体系	

标准名称	发文号
平板玻璃行业清洁生产评价指标体系	国家发展改革委、环境保护部、工业和信息化部公告2015年第25号
电镀行业清洁生产评价指标体系	
铅锌采选行业清洁生产评价指标体系	
黄磷工业清洁生产评价指标体系	
生物药品制造业（血液制品）清洁生产评价指标体系	
再生铅行业清洁生产评价指标体系	国家发展改革委、环境保护部、工业和信息化部公告2015年第36号
锑行业清洁生产评价指标体系	
镍钴行业清洁生产评价指标体系	
电池行业清洁生产评价指标体系	
涂装行业清洁生产评价指标体系	国家发展改革委、环境保护部、工业和信息化部公告2016年第21号
电解锰行业清洁生产评价指标体系	
黄金行业清洁生产评价指标体系	
光伏电池行业清洁生产评价指标体系	
合成革行业清洁生产评价指标体系	
1,4-丁二醇行业清洁生产评价指标体系	国家发展改革委、环境保护部、工业和信息化部公告2017年第7号
有机硅行业清洁生产评价指标体系	
环氧树脂行业清洁生产评价指标体系	
活性染料行业清洁生产评价指标体系	
制革行业清洁生产评价指标体系	
电子器件（半导体芯片）制造业清洁生产评价指标体系	国家发展改革委、生态环境部、工业和信息化部公告2018年第17号
印刷业清洁生产评价指标体系	
再生纤维素纤维制造业（粘胶法）清洁生产评价指标体系	
合成纤维制造业（氨纶）清洁生产评价指标体系	
合成纤维制造业（维纶）清洁生产评价指标体系	
合成纤维制造业（锦纶6）清洁生产评价指标体系	
合成纤维制造业（聚酯涤纶）清洁生产评价指标体系	
合成纤维制造业（再生涤纶）清洁生产评价指标体系	
再生铜行业清洁生产评价指标体系	
钢铁行业（烧结、球团）清洁生产评价指标体系	
钢铁行业（高炉炼铁）清洁生产评价指标体系	
钢铁行业（炼钢）清洁生产评价指标体系	
钢铁行业（钢压延加工）清洁生产评价指标体系	
钢铁行业（铁合金）清洁生产评价指标体系	

标准名称	发文号
洗染业清洁生产评价指标体系	国家发展改革委、生态环境部、商务部公告　2018年第15号
污水处理及其再生利用行业清洁生产评价指标体系	国家发展改革委、生态环境部、工业和信息化部公告2019年第8号
肥料制造业（磷肥）清洁生产评价指标体系	
锌冶炼业清洁生产评价指标体系	
煤炭采选业清洁生产评价指标体系	
硫酸锌行业清洁生产评价指标体系	
化学原料药制造业清洁生产评价指标体系	国家发展改革委、生态环境部、工业和信息化部　发改环资规〔2020〕1993号
硫酸行业清洁生产评价指标体系	
再生橡胶行业清洁生产评价指标体系	
锗行业清洁生产评价指标体系	
住宿餐饮业清洁生产评价指标体系	
淡水养殖业（池塘）清洁生产评价指标体系	
电解锰行业清洁生产评价指标体系	国家发展改革委、生态环境部、工业和信息化部　发改环资规〔2023〕61号
烧碱、聚氯乙烯行业清洁生产评价指标体系	
铜冶炼行业清洁生产评价指标体系	国家发展改革委、生态环境部、工业和信息化部　发改环资规〔2024〕45号
铅冶炼行业清洁生产评价指标体系	

索引

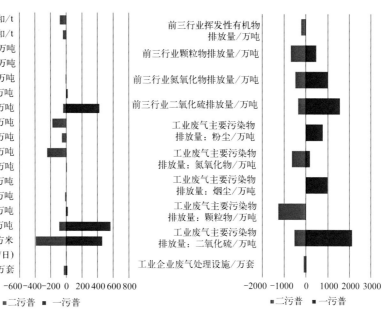

(a) 一污普与二污普工业源水污染情况对比   (b) 一污普与二污普工业源大气污染情况对比

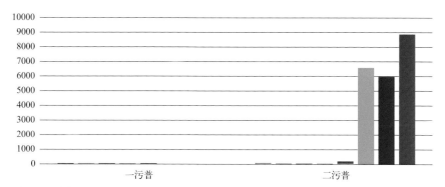

■一般工业固体废物产生量/亿吨   ■一般工业固体废物综合利用量/亿吨   ■一般工业固体废物处置量/亿吨
■一般工业固体废物当年贮存量/亿吨   ■一般工业固体废物倾倒丢弃量/万吨   ■危险废物产生量/万吨
■危险废物综合利用和处置量/万吨   ■危险废物年末累计贮存量/万吨

(c) 一污普与二污普工业固体废物污染情况对比

图1-4　一污普和二污普结果比较

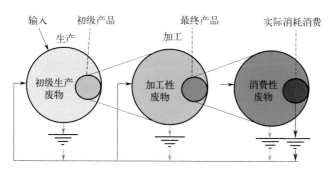

图2-1　生态工业的串联耦合

前言
1.适用范围
2.规范性引用文件 } 总体要求
3.术语和定义
4.排污单位基本情况填报要求 → 载明内容（许可要求）
5.产排污节点、对应排放口及许可排放限值
6.污染防治可行技术要求
7.自行监测管理要求
8.环境管理台账记录与执行报告编制要求 } 管理要求
9.实际排放量核算方法
10.合规判定方法

附录A（资料性附录）废气污染防治可行推行技术
附录B（资料性附录）废气污染防治可行推行技术
附录C（资料性附录）环境管理台账记录参考表
附录D（资料性附录）手工监测报表示例表
附录E（资料性附录）排污许可证执行报告编制内容

图4-5 排污许可技术规范的核心内容

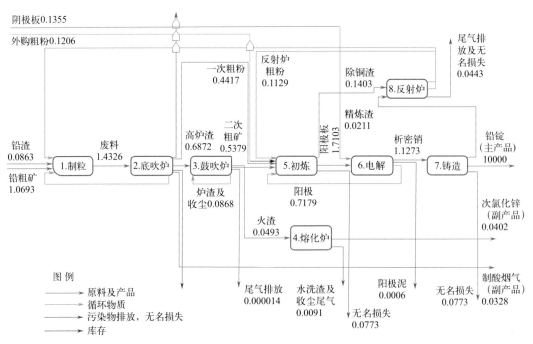

图4-8 SKS工艺铅冶炼企业Pb元素流代谢图（单位：t）

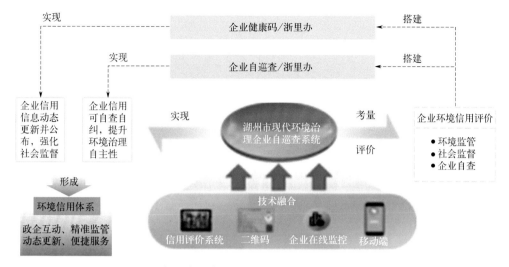

图4-13　湖州市初步构建固定污染源"六位一体"全过程管理体系

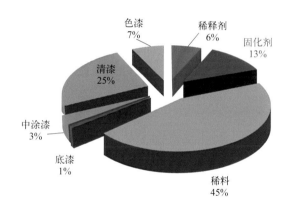

图6-4　VOCs来源占比

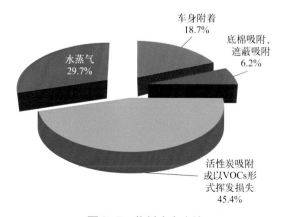

图6-5　物料去向占比

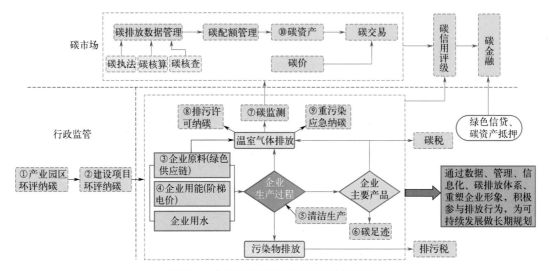

图8-1　新时期工业源环境监管制度体系